普通高等教育公共课系列教材

计算机应用基础项目式教程
(Windows 10 + Office 2016)

主　编 ○ 罗　印　　徐文平

西安电子科技大学出版社

内容简介

本书全面系统地介绍了计算机的基础知识及基本操作。全书共分7个项目，32个任务，主要内容包括计算机基础知识、Windows 10操作系统、Word文档的编辑、Excel表格数据的处理、PPT演示文稿的制作、计算机网络和计算机维护等。

本书采用项目式方式展开，以任务为驱动，各任务均按照"任务描述＋知识准备＋任务实现"的结构进行讲解，着重培养学生应用计算机知识解决问题的能力。本书参考了部分职业院校计算机基础课程的课时设置，任务量安排适中，适合作为职业院校计算机基础课程的教材或参考用书，也可作为计算机初学者或计算机等级考试一级MS Office的参考用书。

图书在版编目 (CIP) 数据

计算机应用基础项目式教程：Windows10 + Office2016/ 罗印，徐文平主编 . —西安：西安电子科技大学出版社，2023.8(2025.7 重印)
ISBN 978－7－5606－7010－2

Ⅰ . ①计…   Ⅱ . ①罗… ②徐…   Ⅲ . ①Windows 操作系统—教材②办公自动化—应用软件—教材   Ⅳ . ①TP316.7 ②TP317.1

中国国家版本馆 CIP 数据核字 (2023) 第 154513 号

策　　划　刘统军
责任编辑　马晓娟
出版发行　西安电子科技大学出版社 (西安市太白南路 2 号)
电　　话　(029)88202421　88201467　　　邮编　710071
网　　址　www.xduph.com　　　　　　　电子邮箱　xdupfxb001@163.com
经　　销　新华书店
印刷单位　咸阳华盛印务有限责任公司
版　　次　2023 年 8 月第 1 版　　2025 年 7 月第 8 次印刷
开　　本　787 毫米 ×1092 毫米　　1/16　印张 19.25
字　　数　459 千字
定　　价　56.00 元

ISBN 978－7－5606－7010－2
XDUP 7312001－8
*** 如有印装问题可调换 ***

前　言

在科技飞速发展的今天，计算机已经遍布各行各业，计算机的基本使用技能已成为大学生步入社会、进入工作岗位的必备技能之一。本书结合高等院校技术技能型人才培养的实际需求和学生特点，采用项目式、任务驱动、案例教学的理念设计内容，力求通过"做中学，学中做"，激发学生的学习兴趣。

本书以 Windows 10 和 Office 2016 的应用为主线，辅以计算机基础知识、计算机网络基础知识的讲解。全书共分 7 个项目，32 个任务。

项　　目	主　要　内　容
项目一 学习计算机基础知识	计算机的发展，计算机的工作原理，信息的表示和存储，多媒体技术
项目二 使用计算机操作系统	Windows 10 操作系统简介，Windows 10 的基本功能与工作环境，资源的管理
项目三 编辑 Word 文档	Word 文档的创建与设置，Word 文档版面设计与内容编排，Word 域的应用，Word 文档的修订与打印
项目四 处理 Excel 表格数据	Excel 电子表格的创建与编辑，Excel 数据的计算、管理与分析，Excel 电子表格的打印
项目五 制作 PPT 演示文稿	幻灯片的创建、编辑、布局和美化，幻灯片中图片的处理，使用图表、表格和多媒体文件，动画效果的设置，放映和打印演示文稿
项目六 使用计算机网络	计算机网络简介，Internet 和电子邮件的使用
项目七 做好计算机维护	系统与磁盘的维护，计算机病毒的防治

本书由罗印、徐文平主编。其中，罗印编写了项目一、项目二、项目五和项目七，徐文平编写了项目三、项目四和项目六。

感谢各级领导在本书编写过程中给予的大力支持与帮助，感谢我校大学计算机基础课程教学一线的老师们对本书编写提出的宝贵意见。在编写本书的过程中，我们参考了相关的书籍及资料，在此向有关文献的作者致以诚挚的敬意和感谢！

由于编者水平有限，书中难免存在疏漏或不妥之处，敬请广大读者批评指正。

编　者
2023 年 3 月

目 录
CONTENTS

项目一　学习计算机基础知识 ··· 1

　　任务一　了解计算机的发展 ·· 1

　　任务二　学习计算机的工作原理 ······································ 10

　　任务三　学习计算机中信息的表示和存储 ·························· 23

　　任务四　了解多媒体技术 ·· 34

　　项目小结 ·· 40

　　课后练习 ·· 40

项目二　使用计算机操作系统 ··· 43

　　任务一　认识 Windows 10 操作系统 ································· 43

　　任务二　使用 Windows 10 的基本功能 ······························ 50

　　任务三　定制 Windows 10 的工作环境 ······························ 64

　　任务四　使用 Windows 10 管理计算机资源 ·························· 77

　　项目小结 ·· 87

　　课后练习 ·· 87

项目三　编辑 Word 文档 ··· 91

　　任务一　创建 Word 文档 ·· 91

　　任务二　设置 Word 文档格式 ·· 106

　　任务三　设计 Word 文档版面 ·· 129

　　任务四　编排 Word 文档内容 ·· 135

　　任务五　应用 Word 域 ·· 160

　　任务六　修订和打印 Word 文档 ······································ 165

　　项目小结 ·· 170

　　课后练习 ·· 170

项目四　处理 Excel 表格数据 ··· 172

　　任务一　创建 Excel 电子表格 ·· 172

任务二　编辑 Excel 电子表格 ································· 180

任务三　计算 Excel 数据 ····································· 190

任务四　管理 Excel 数据 ····································· 199

任务五　分析 Excel 数据 ····································· 205

任务六　打印 Excel 电子表格 ································· 214

项目小结 ··· 218

课后练习 ··· 218

项目五　制作 PPT 演示文稿 ······························· 221

任务一　创建和编辑幻灯片 ··································· 221

任务二　布局和美化幻灯片 ··································· 231

任务三　处理幻灯片中的图片 ································· 238

任务四　使用图表和表格 ····································· 245

任务五　添加多媒体文件 ····································· 249

任务六　设置动画效果 ······································· 251

任务七　放映和打印演示文稿 ································· 257

项目小结 ··· 262

课后练习 ··· 262

项目六　使用计算机网络 ································· 265

任务一　认识计算机网络 ····································· 265

任务二　使用 Internet ······································· 274

任务三　收发电子邮件 ······································· 280

项目小结 ··· 282

课后练习 ··· 282

项目七　做好计算机维护 ································· 284

任务一　维护系统与磁盘 ····································· 284

任务二　防治计算机病毒 ····································· 293

项目小结 ··· 299

课后练习 ··· 299

参考文献 ··· 302

项目一 学习计算机基础知识

电子计算机简称"计算机"，通称"电脑"，是一种能够按照指令对各种数据进行自动加工和处理的电子设备，已成为信息时代的重要工具之一。掌握以计算机为核心的信息技术应用，是当今各行业从业人员的必备素质。本项目通过 4 个任务介绍计算机的基础知识，包括计算机的发展、计算机的工作原理、计算机中信息的表示和存储以及多媒体技术等相关知识，为后面的进一步学习奠定基础。

学习目标

- 了解计算机的发展
- 熟知计算机的工作原理
- 掌握信息的表示和存储方法
- 了解多媒体技术

任务一 了解计算机的发展

任务描述

小明是刚进大学的新生，虽然在生活和学习中已经使用到计算机，但对计算机相关知识，如计算机是如何诞生的，计算机有哪些具体的功能和应用，以及未来的计算机又是怎样的等知识了解不够。作为一名大学生，小明迫切地想要系统学习这些知识。

本任务要求了解计算机的诞生及发展，认识计算机的特点、分类和应用，了解计算机的发展趋势，熟悉信息技术的相关概念。

知识准备

一、计算机的发展

电子计算机诞生以前，人类曾经发明了多种计算工具：算盘、计算尺、机械式计算机。目前公认的第一台电子计算机是在 1946 年 2 月，由美国宾夕法尼亚大学研制成功的"电子数字积分计算机"(Electronic Numerical Integrator and Calculator，ENIAC)，如图 1-1 所示。ENIAC 采用电子管作为基本组成元件，每秒能进行 5000 次加减运算，占地 170 m^2，采用了近 18000 个电子管，1500 多个继电器，70000 多个电阻，10000 多个电容，重约 30t，功率约为 150kW。与现在的计算机相比，ENIAC 是个庞然大物并且运算速度慢，但是 ENIAC 的问世却具有划时代的意义——奠定了计算机发展的基础，标志着计算机时代的到来。

图 1-1　世界上第一台计算机 ENIAC

自第一台计算机诞生以来，计算机技术的发展非常迅速，计算机的应用已经普及到社会的各个领域，它不仅服务于科学、生产、国防、教育等领域，也服务于家庭和个人，它已经成为人类日常工作、学习、日常娱乐等活动中的一种非常重要的工具，是促进人类社会不断进步的重要手段。在计算机的发展历程中，根据计算机所采用的基本物理元件，可将计算机的发展划分为四个时代。

1. 第一代——电子管计算机 (1946—1957)

第一代计算机采用电子管作为计算机的基本部件，运算速度为每秒几千次，内存容量为几 KB，其软件主要采用机器语言、汇编语言，主要应用于军事和科学研究领域。这一时期计算机的特点是体积大、内存容量小、耗电量大、可靠性差、价格昂贵、维修复杂。

2. 第二代——晶体管计算机 (1958—1964)

第二代计算机用晶体管代替了电子管。由于晶体管的体积比电子管的体积小很多，耗电量也少，而且价格便宜，运算速度快，产生的热量少，因此第二代计算机缩小了体积，降低了功耗，提高了速度，可靠性及内存容量也有了较大的提高。第二代计算机的主存储器采用磁芯器，外存储器采用先进的磁盘、磁带，外部设备种类也有所增加。在这个时期，软件也在继续发展，出现了各种各样的高级语言及编译程序，还出现了以批处理为主的操作系统。第二代计算机的应用范围也从第一代计算机的单纯数据运算扩展到数据处理、事务管理和工程控制等更多的领域。

3. 第三代——集成电路计算机 (1965—1970)

标志第三代计算机发展技术的是集成电路。这种硅集成电路在单个芯片上可集成几十个晶体管，所以第三代计算机的体积大大减小。随着存储器的进一步发展，第三代计算机体积越来越小，价格越来越低。到了 20 世纪 60 年代末，计算机的速度已经达到每秒几千万次，同时内存容量及可靠性也都有了很大提高；软件出现了分时操作系统及会话式语言等多种高级语言，开发出了功能较强的操作系统，而且实现了多道程序 (内存中同时可以有多个程序) 和虚拟内存技术。这一时期，计算机同时向多样化、通用化发展，也出现了计算机联网技术，计算机的应用领域有了更大的扩展。

4. 第四代——大规模集成电路 (1970 至今)

第四代计算机称为大规模集成电路计算机。自 20 世纪 70 年代以来，计算机的逻辑元件采用大规模集成电路 (LSI) 和超大规模集成电路 (VLSI) 技术。大规模集成电路的出现，使得在一个芯片上集成几十万甚至几百万个晶体管成为可能，而超大规模集成电路的集成度比大规模集成电路更高。集成度很高的半导体存储器代替了磁芯存储器，使得计算机的存储能力进一步提高。这一时期，计算机发展到了微型化、耗电量少、可靠性很高的阶段，具有图形功能的高清晰彩色显示器得到广泛应用。随着大规模集成电路的迅速发展，计算机除了向巨型机方向发展外，还朝着超小型机和微型机方向飞跃前进。20 世纪 80 年代出现的微型计算机，使计算机的应用范围迅速扩大。微型计算机也称个人计算机 (Personal Computer，PC)，其应用已经扩展到各行各业，成为办公室的宠儿。同时由于价格的迅速降低，PC 机开始进入平常百姓家。

二、计算机的特点

计算机的应用范围如此广泛，与其自身的特点密不可分。计算机的特点主要有以下几个方面：

1. 运算速度快

计算机的运算速度是指单位时间内执行指令的条数。现在，计算机的运算速度非常快，微型计算机每秒能进行几亿次至几十亿次的运算，世界上一些较先进的巨型计算机的运算速度可以达到每秒数千亿次甚至上万亿次。例如，气象、水情预报要分析大量资料，如果用手工计算需 10 多天甚至更长的时间才能完成，其结果就失去了预报的意义。现在利用计算机的快速运算能力，10 多分钟就能做出一个地区的气象、水情预报。

2. 存储能力强

计算机的存储装置可以存储大量的数据资料，这是人脑所无法相比的。在计算机中承担记忆存储功能的部件是存储器，既能存储各类数据信息 (如数字、文字、图形、图像、声音等)，又能存储处理加工这些数据信息的程序。计算机的存储容量大，存储准确，为计算机能够自动、高速、正确运行提供了保证。

3. 逻辑判断能力强

计算机不但能进行算术运算，还能够进行逻辑判断。例如，判断某个数是大于 100 还是小于 100，判断某个表达式是成立还是不成立等。具有判断能力，计算机可以进行逻辑推理运算，还可以根据逻辑判断的结果，自行决定以后执行的命令。人们正是利用计算机的这种逻辑判断能力，开发计算机在信息处理和人工智能等方面的功能。

4. 自动化程度高

计算机是一个自动化程度极高的电子设备，能够存储人们事先编写好的程序，在程序的控制和指挥下自动完成规定的操作，不需要人工干预。这给很多行业带来了方便，也适合应用到人类难以胜任的、有毒的、有害的作业场所。

5. 可靠性高

由于计算机采用存储程序的工作方式，因此计算机在数据加工和计算上，差错率极低，除非程序设计有问题或硬件设备出现故障，一般不会出现差错。

6. 计算精度高

计算机采用二进制表示各种信息，表示二进制数值的位数越多，精度就越高。根据这一特性可以用加大计算机中二进制数位数的方法和运用计算技巧，使数值计算的精度越来越高。一般情况下，计算机所能表示的数值数据的有效位数可以达到数十位，这是任何其他计算工具所不能达到的。

三、计算机的分类和应用

计算机在诞生初期主要被应用到科研和军事领域，随着科技的不断进步和社会发展，计算机的性能不断提高，种类繁多，已被应用到社会的各个领域。

1. 计算机的分类

随着计算机技术的发展和应用范围的扩大，尤其是微处理器的发展，计算机的类型呈现出多样化的特点，出现了多种分类方法。

1) 按工作原理划分

计算机按工作原理可分为模拟计算机和数字计算机两大类。

模拟计算机的主要特点是：参与运算的数值由不间断的连续量表示，运算过程也是连续的。模拟计算机由于受元器件质量的影响，计算精度较低，应用范围较窄，目前已很少生产。

数字计算机的主要特点是：参与运算的数值由不连续的数值表示，运算是按位进行计算的。数字计算机由于具有逻辑判断等功能，是以近似人类大脑的"思维"方式进行工作的，所以又被称为"电脑"。

2) 按计算能力划分

计算机按规模、速度和功能等又可分为巨型机、大型机、中型机、小型机、微型机。它们之间的基本区别主要是体积大小、结构复杂程度、功率消耗、性能指标、数据存储容量、指令系统和设备、软件配置等。

(1) 巨型机。

巨型计算机也称为超级计算机。一般来说，巨型计算机的运算速度很高，每秒可执行几亿条指令，数据存储容量很大。巨型机采用大规模并行处理体系结构，规模大，结构复杂，价格昂贵，主要用于军事、海洋和气象预报等领域。巨型机是衡量一国科学实力的一个重要标志。近年来，我国巨型机的研制取得了很大的成绩，自行研制成功了"曙光""银河""天河一号"等高水平的巨型机系统，并在国民经济的重要领域得到了应用。

(2) 大型机。

大型计算机的特点是：有极强的综合处理能力，有较快的处理速度，存储容量仅次于巨型机。大型机主要用于计算机网络、大银行、大公司等。

(3) 小型机。

小型计算机的规模较小，结构简单，用户不需经过长期培训即可操作和维护，因此小型机比大型机的应用范围更广。小型机主要用于科学计算和数据处理，广泛用于企业管理及大学、研究所的科学计算等。

(4) 微型机。

微型计算机通常简称为微机（或个人电脑），主要分为台式机和笔记本电脑两类。自1981 年美国 IBM 公司推出 IBM-PC 以来，微型计算机以其使用方便、价格低、体积小的优势很快就普及到社会生活的各个领域中。

3) 按用途划分

计算机按用途及使用范围又可分为专用计算机和通用计算机。专用计算机与通用计算机在效率、速度、配置、结构复杂程度、造价和适应性等方面是有区别的。

专用计算机主要用来解决某类特定问题和用于某种专门的用途，功能单一，装配有解决特定问题的软、硬件，针对某类问题能显示出最有效、最快速和最经济的特性；但它的适应性较差，不适于其他方面的应用。目前导弹和火箭上使用的计算机很大部分就是专用计算机。

通用计算机具有很强的综合处理能力，可以用来完成不同的任务，主要用于科学计算、数据处理。我们日常使用的微机属于通用计算机。通用计算机适用性很强，应用面很广。

2. 计算机的应用

计算机的应用领域非常广泛，可以概括为以下几个方面：

1) 科学计算

科学计算也称数值计算，是计算机发明最初的主要目的，也一直是电子计算机的重要应用领域之一。科学计算是指利用计算机解决科学技术和工程中大量设计复杂且人工在短时间内难以完成的计算问题。由于计算机的运算速度快且运算精度高，大大缩减了运算时间，提高了科学研究和工程设计的效率与质量。在天文学、核物理学、量子化学等领域中，都需要依靠计算机进行复杂的运算，因此计算机的产生直接推动了现代科学技术的发展。

2) 过程控制

过程控制又称实时控制，是指计算机及时搜集检测数据，分析计算后选取最佳控制值对事物进程进行调节控制，如工业生产的自动控制。利用计算机进行实时控制，既可提高自动化水平，保证产品质量，也可降低成本，减轻劳动强度。因此，计算机在科学研究、工业生产、交通运输等方面得到了十分广泛的应用。

3) 计算机辅助系统

计算机辅助系统是近几年发展起来的一个新的计算机应用领域。利用计算机辅助系统帮助或代替人的工作，不仅缩短了工作时间，而且大大提高了产品质量。目前常见的计算机辅助系统有计算机辅助设计 (CAD)、计算机辅助制造 (CAM)、计算机辅助教学 (CAI) 等。

计算机辅助设计 (CAD) 是指利用计算机进行设计，实现最佳设计效果的一项实用技术。由于计算机具有快速数值计算、较强数据处理及模拟等能力，因此采用计算机辅助设计可以大大缩短设计周期，加速产品的更新换代，节省人力物力，而且能使产品质量有保证。目前，计算机辅助设计在船舶、飞机等设计制造中，占有越来越重要的地位。

计算机辅助制造 (CAM) 是指利用计算机进行计划、管理和控制加工设备的操作。例如，在产品的制造和生产过程中，利用计算机控制机器的运行及对产品进行检验等。利用计算机辅助制造可以提高产品质量，降低生产成本，提高生产率和改善工作条件等。

计算机辅助教学 (CAI) 是指利用计算机帮助教师进行教学活动。利用计算机辅助教学可以改变传统的教学方法和教学模式，丰富教学形式和教学环境。随着多媒体技术的蓬勃发展，计算机辅助教学可以使传统的书本教学变得图文并茂，充分调动学生的学习积极性，提高教学质量。计算机辅助教学与计算机网络结合，可以实现远程教学和网络教学等，对教育事业起着积极的推动作用。

4) 信息处理

信息处理也称数据处理，是指利用计算机对原始数据进行收集、整理、分类、选择、存储、制表、检索、输出等的加工过程。把数据按照一定的组织方式输入到计算机中，通过计算机的运算、加工，输出所需要的有用信息。信息处理是计算机应用的一个重要方面，涉及的范围和内容十分广泛，如自动阅卷系统、图书检索系统、财务管理系统、生产管理系统、医疗诊断系统、编辑排版系统，等等。通过计算机实现科学化、自动化管理，可以节省大量的人力、物力和时间。

5) 智能模拟

智能模拟亦称人工智能。人工智能是指将人脑中进行演绎推理的思维过程、规则和所采取的策略、技巧等设计成计算机程序，从而在计算机中存储一些公理和推理规则，然后让机器依据这些推理规则去自动探索解题的方法。我们还可以让计算机具有一定的学习和推理功能，能够自己积累知识，并且独立地按照人类赋予的推理逻辑来解决问题。

利用计算机模拟人类的智力活动，以替代人类部分脑力劳动，是一个很有发展前途的学科方向。第五代计算机的开发，将成为智能模拟研究成果的集中体现。具有一定"学习、推理和联想"能力的机器人的不断出现，正是智能模拟研究工作取得进展的标志。智能计算机作为人类智能的辅助工具，将会越来越多地应用到人类社会的各个领域。

四、计算机的发展趋势

随着人类社会的发展和科学技术的不断进步，计算机技术也在不断发展和进步。虽然计算机的体积不断变小，性能和速度不断提高，新的计算机产品不断涌现，但计算机总的发展趋势是向着微型化、巨型化、网络化和智能化这 4 个方向发展。

1. 微型化

20 世纪 70 年代，微型计算机的出现和大规模生产，使计算机的应用普及到社会各个领域。由于计算机制造采用超大规模集成电路，使计算机更加微型化，运算速度进一步提高，内存容量大大增加，性能更稳定，功能更完备，应用更广泛。

2. 巨型化

社会和科学技术在不断发展，一些尖端科学技术以及军事、气象、航天等领域需要对大量的数据进行准确且快速的计算和处理，这对计算机的速度和存储容量的要求也越来越高，因而计算机必须向超高速、大容量、强功能的巨型化方向发展。我国曙光计算机公司研制的 1200 多万亿次的巨型计算机，国防科技大学研制的"天河一号"二期计算能力更是达到 2507 万亿次，这些都是世界顶尖水平的巨型计算机。

3. 网络化

一台计算机的硬件和软件资源是有限的，功能也是有限的，为了能够将不同地理位置的多台计算机的硬件及软件资源和数据资源进行共享，就促成了计算机向网络化的方向发展。计算机网络是计算机技术和通信技术相结合的产物，利用通信设备和通信线路，将分布在不同地理位置的、功能独立的多个计算机系统连接起来，通过功能完善的网络软件实现网络中的资源共享和信息传递。计算机网络的出现，使得人们的生活和思维方式发生了巨大的改变。因特网是目前世界上用户最多、规模最大、资源最丰富的网络，它的范围覆盖了全球。

4. 智能化

自从计算机诞生以来，随着计算机技术的发展和应用范围的扩大，计算机在人类各项活动中的地位越来越重要。随着人工智能技术的发展，人们对计算机提出了更高的要求，计算机系统将具有更多的智能化特性。所谓智能化，就是指通过设计使计算机能够像人一样具备思考、推理、学习等能力。人工智能是计算机科学的一个分支，它期望了解智能的实质，并生产出一种新的能与人类智能相似的方式做出反应的智能机器，该领域的研究包括机器人、语言识别、图像识别、自然语言处理和专家系统等。

五、信息技术相关概念

信息社会的一个显著特点就是信息增长特别快，有信息"爆炸"之说，信息已成为现代社会中使用最多、最广泛、频率最高的一个词。

1. 信息

目前关于信息的定义有很多，各种说法是从不同的领域提出的，都有一定的道理，因此，人们日常所谈到的信息是一个不甚精确的概念。对于信息的定义应具有普遍性，应能适应一切领域。

什么是信息？较普通的说法是，信息是客观世界各种事物变化和特征的反映。人们通过获得信息来认识事物、区别事物和改造世界。人们对信息的获取，除了通过感官直接获取以外，大量的是通过传输工具来获取的。所以，信息是可以通信的。

数据和信息的区别。数据是记录下来可以被鉴别的符号，它本身并没有意义。记录的手段可以是语言、语音、文字、数字、图形、图像、视频等各种媒体符号，这些媒体符号统称为数据。数据与信息可以看作原料与成品的关系，如图 1-2 所示。数据和信息之间的这种"原料"和"成品"的关系，说明信息有相对性，同一件东西对某个人来讲是信息，而对另外一个人来讲，可能只是一种数据。

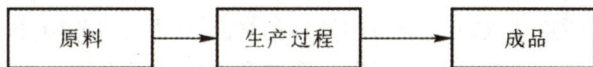

$$\boxed{原料} \longrightarrow \boxed{生产过程} \longrightarrow \boxed{成品}$$

图 1-2　数据与信息的关系

信息系统是指在一个组织中实施控制和支持决策的系统，是将一组用于收集、处理、存储、传播信息的部件组织而成的相关联的整体。信息系统的目标是配合组织的目标，对一个组织运作中内部或外部的数据进行收集和加工，最后输出该组织所需要的信息。

从信息系统的角度看，信息具有以下基本属性：

(1) 事实性。

事实是信息的中心价值，事实性就是真实性，不符合事实的信息不仅不能让人增加任何知识，而且有害。我们常说的实事求是，要求的就是事实性。

(2) 扩散性。

扩散是信息的本性，它通过各种渠道向各个方面传播。信息的扩散性存在两面性：一方面有利于知识的传播，另一方面造成信息的贬值，不利于保密。在信息的建设中，若没有很好的保密手段，就不能调动用户使用信息的积极性，造成系统的失败。

(3) 传输性。

信息可以通过各种手段传输到很远的地方。它的传输性优于物质和能源，因为信息的传输可以加快资源的传输。

(4) 共享性。

信息可以共享，这一点不同于物质。如果我给了你一张纸，我就少了一张，但信息则不是，我把某个信息告诉了你，我的信息量不会减少。

(5) 增值性。

用于某种目的的信息，随着时间的推移它可能就没有使用的价值了，但对另一个目的又可能显示出其价值。例如天气预报信息，预报期一过，对当前就没有用了，但通过对各年同期天气进行比较，又可以用来预报未来的天气。这种增值性可在量变的基础上引起质变。利用信息的增值性，从信息的"废品"中提炼有用的信息，已成为收集信息的重要手段。

(6) 不完全性。

关于客观事实的知识不可能全部得到，也没有必要收集全部信息，要分清主次，合理取舍，才能正确使用信息。

(7) 等级性。

信息是分等级的，一般分为战略级、战术级和作业级。不同级别的信息，有不同的属性。不同级别的信息其用途也不同。

(8) 滞后性。

数据经过加工以后才能成为信息，利用信息决策才能产生结果，这就是信息的滞后性。

2. 信息技术和信息处理

信息技术 (Information Technology，IT) 是应用于信息加工和处理中的科学、技术与工程的训练方法和管理技巧，而这些方法和技巧的应用，涉及人与计算机的相互作用，以及与之相应的社会、经济和文化等事务。由此可见，信息技术一般是指与计算机、通信相关的一系列技术，是能够对巨大数据量的、格式各异且变化的、分布的信息进行收集、记忆、处理、展示、发布和使用的技术，是与文本、图形、图像、声音、视频等多种媒体相关联的技术。总体来说，信息技术就是管理和处理信息时所采用的各种技术的总称。它主要是应用计算机科学和通信技术来设计、开发、安装和实施信息系统及应用软件，因此也常被称为信息和通信技术 (Information and Communications Technology，ICT)。ICT 主要包括传感技术、计算机技术和通信技术。

信息技术的应用包括计算机硬件和软件、网络和通信技术、应用软件开发工具等。随着计算机和互联网的普及，人们日益普遍使用计算机来生产、处理、交换和传播各种形式的信息(如书籍、商业文件、报刊、唱片、电影、电视节目、语音、图形、影像等)。

在企业、学校和其他组织，信息技术体系结构是一个为达成战略目标而采用和发展信息技术的综合结构，包括管理和技术的成分。其中，管理成分包括使命、职能与信息需求、系统配置和信息流程，技术成分包括用于实现管理体系结构的信息技术标准、规则等。由于计算机是信息管理的中心，计算机部门通常被称为"信息技术部门"，有些公司称这个部门为"信息服务"(IS)或"管理信息服务"(MIS)。有一些企业选择外包信息技术部门，以获得更好的效益。

大致来讲，信息技术主要包括感测与识别技术、信息传递技术、信息处理与再生技术、信息使用技术等。

总之，信息技术是研究信息的获取、传输和处理的技术，由计算机技术、通信技术、微电子技术结合而成，有时也叫作"现代信息技术"。也可以说，信息技术是利用计算机进行信息处理，利用现代电子通信技术从事信息采集、存储、加工、利用以及相关产品制造、技术开发、信息服务的新学科。

3. 信息安全

信息既是一种资源，也是一种财富。随着知识经济时代的到来，保护重要信息的安全已成为全社会普遍关注的问题。目前，计算机犯罪、计算机病毒、误操作、计算机设备的物理性破坏已成为威胁计算机信息安全的四大主要隐患，如何来预防和消除这些隐患已成为全民关注的焦点。

计算机作为信息处理的主要工具，存储着各种信息，这些信息有着不可估量的价值。保证计算机信息的安全就是要保护计算机硬件、软件、数据等不因偶然的或恶意的因素而遭到破坏和更改。我们可以从技术角度、法律法规和道德规范三个方面来保证计算机信息的安全。

(1) 技术角度。

所谓从技术角度来保护计算机信息安全，是指通过各种专业途径或手段如采用数据备份技术、密码技术、数字签名技术、网络安全技术、防火墙入侵检测技术、E-mail安全与网络加密技术、计算机病毒防治技术、防止非法用户入侵技术等来保护计算机信息不被破坏和修改。

(2) 法律法规。

在信息社会中，由于不同的人出于不同的目的，在各自的活动过程中常常会伴随着各种各样问题的出现，如果单纯从技术角度来保证计算机信息安全，只能解决某一方面的问题，而不能从长远角度上进行全面的规范，只有通过法律、法规，充分利用法律的规范性、稳定性、普遍性、强制性，才能更有效地保护信息活动中当事人的合法权益，增强打击处罚的力度。

(3) 道德规范。

信息社会，人们每天都将面临大量的信息，如来自报纸、杂志、广播、电视、多媒体、计算机、网络等方面的信息。我们要能迅速、主动地挖掘有用信息，收集、整理并加工信息使之成为自己发展前进的帮手，而不是迷失在信息的海洋中；要能自觉抵制信息污染，培养信息道德，提高信息素质；要树立正确的信息意识，勇敢面对信息世界，对色情网站、污秽电子信息制品说"不"，为创建理想的信息社会环境贡献自己的力量。

▶ 任务实现

在学习了计算机的相关基础知识后，对计算机的诞生和发展，计算机的特点、功能和主要应用领域，计算机未来发展趋势等有了一定的了解，读者可通过查阅纸质和网络资料等方式，进一步拓展学习有关计算机的知识，了解未来计算机的发展趋势，培养信息安全意识。

可以从以下网址下载参考学习资料：

[1] https://baike.baidu.com/item/ 计算机 /140338?fromModule=lemma_search-box

[2] https://flk.npc.gov.cn/detail2.html? ZmY4MDgwODE2ZjNjYmIzYzAxNmY0MTI4ZGGVhNDFhNWI :《中华人民共和国计算机信息系统安全保护条例》

[3] https://flk.npc.gov.cn/detail2.html? ZmY4MDgwODE2ZjNjYmIzYzAxNmY0MGRkYTNkZDA4MmY%3D :《计算机信息网络国际联网安全保护管理办法》

[4] https://flk.npc.gov.cn/detail2.html? ZmY4MDgwODE2ZjNjYmIzYzAxNmY0MTE4ZTQ3NjE2ZjE%3D :《互联网信息服务管理办法》

[5] https://flk.npc.gov.cn/detail2.html? ZmY4MDgwODE2ZjNjYmIzYzAxNmY0MTM5OTJiMjFmkYjk%3D :《信息网络传播权保护条例》

任务二 学习计算机的工作原理

📋 任务描述

小明在学习了解计算机的基础知识后，对计算机特别感兴趣，对计算机的快速发展、强大功能和广泛应用感到震撼。他迫切想知道计算机是如何工作的，计算机由哪些部分组成，怎样才能配置一台适合自己的计算机。

本任务要求学习计算机工作原理，了解计算机系统的组成，为小明配置一台适合软件技术专业学习的台式电脑或选购一款适合的笔记本电脑。

📑 知识准备

一、计算机工作原理

自从第一台电子计算机研制成功以来，计算机的制造技术发生了巨大的变化，主要构造部件经历了由电子管到超大规模集成电路的变化，但其基本原理却一直沿用美籍匈牙利数学家冯·诺依曼提出的"程序存储"设计思想。冯·诺依曼也因此被称为"计算机之父"。

1."程序存储"设计思想

按照冯·诺依曼设计理论，可以先将执行的任务编制成程序，输入到计算机进行存储，然后计算机自动执行程序指令，并将结果输出。

冯·诺依曼设计思想的主要内容如下：

(1) 计算机内部的数据和指令用二进制数表示。

(2) 将事先编好的程序和需要处理的数据存入存储器中，在计算机执行程序的过程中，不需要人工干预，计算机会自动地从存储器中按照顺序一条一条地取出指令并执行。

程序和数据首先存储到存储器中即"存储程序"——这个概念被誉为"计算机发展史上的一个里程碑"，它标志着电子计算机时代的真正开始，指导着以后的计算机设计。因为计算机采用"存储程序"的方式工作，只要给它编写不同的程序，它就可以做不同的事情。

(3) 确立计算机硬件系统的基本组成。计算机由运算器、控制器、存储器、输入设备和输出设备五大基本部分组成。冯·诺依曼设计思想对这五大部分的基本功能进行了规定和说明。

只有了解了冯·诺依曼的"存储程序"设计思想，我们才能理解计算机的工作原理及工作过程。

2. 指令和指令系统

按照冯·诺依曼的"存储程序"设计思想，计算机是根据程序，按照步骤顺序执行的。在计算机中，每一个操作的步骤称为"指令"，即"命令"。计算机执行的所有指令的集合就构成了"指令系统"。

1) 指令

指令是能够被计算机识别且执行的一组二进制代码，它规定了计算机执行的一个操作步骤。每一条指令都是由操作码和操作数两部分组成的，如图 1-3 所示。

操作码	操作数

图 1-3　指令组成示意图

(1) 操作码：指令的操作码表示该指令应进行什么类型或性质的操作，如做加法、输出数据等。组成操作码字段的二进制位数一般取决于计算机指令系统的规模。

(2) 操作数：指令的操作数表示该指令操作对象的内容或其所在的地址。在一般情况下，操作数是地址码(可以是 0 ~ 3 个)。从地址码得到的可以是操作对象的地址，也可以是操作结果所存放的地址。

2) 指令系统

指令系统是指一台计算机能执行的所有指令的集合。不同类型的计算机，其指令系统包括的指令条数也不尽相同。任何一个比较完善的指令系统都应包括数据传送指令、算术运算指令、逻辑运算指令、程序控制指令、输入输出指令和其他指令。

(1) 数据传送指令：负责数据在内存与 CPU 之间或 CPU 内部的存储器之间进行数据传送。

(2) 算术运算指令：负责数据的算术运算。

(3) 逻辑运算指令：负责数据的逻辑或关系运算。

(4) 程序控制指令：负责控制程序中指令的执行顺序，如顺序执行、条件转移、子程序调用，等等。

(5) 输入输出指令：负责实现主机与外部设备之间的数据传输。

(6) 其他指令：用作其他辅助用途的指令，如对计算机的硬件进行管理等。

3. 程序

通俗地讲，程序就是要让计算机完成某一项任务而编制的工作步骤，只是这个工作步骤是用计算机指令来描述的。从计算机技术角度来讲，程序是指令的有序集合。指令可以是机器指令，由机器指令编制的程序叫作机器语言程序，用高级语言指令编制的程序叫作高级语言程序。

"存储程序"的设计思想要求事先根据特定的问题和要求编制程序，然后把程序存储在计算机的存储器中；计算机在执行程序所对应的指令时，按存储器中存储指令的首地址取出第一条指令并执行，接着取出并执行第二条指令，整个过程都按照程序规定的顺序执行指令，直到所有必须执行的指令都被执行完毕。

程序设计是计算机系统的用户依据解决问题的步骤和方法，用计算机指令编写的有序集合。这种程序叫作机器语言程序。对程序设计人员来说，编制机器语言程序是非常痛苦的事情，因为机器指令不易于人们记忆。为了便于编程，出现了高级语言程序，但程序输入计算机后必须由特定的翻译程序进行编译。编译的目的是将高级语言中的指令转化为计算机所能识别的机器指令，每条机器指令都是一组二进制代码。CPU 只能识别和执行机器指令。

4. 计算机的工作过程

在了解了指令和"程序存储"原理的基础上，我们对计算机的工作过程和工作原理就不难理解了。基于冯·诺依曼体系结构的计算机的工作过程，实际上就是计算机执行指令的过程。指令的执行过程如下：

(1) 取指令：CPU 按照程序计数器中的内容即指令所在存储器的地址，从内存储器中取出指令并将指令送到指令寄存器中。

(2) 分析指令：对指令寄存器中的指令进行分析和译码，将指令的操作码转换成对应的电位控制信号，然后分析指令过程，确定操作数的地址。

(3) 执行指令：CPU 根据分析指令得到的信息完成本条指令所要求的操作。

(4) 指向下一条指令：一条指令执行完成，修改程序计数器中的值，让其指向下一条要执行的指令。

计算机的指令执行过程如图 1-4 所示。

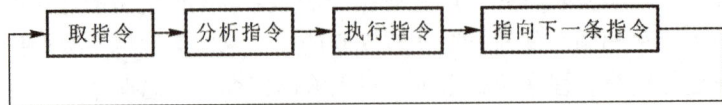

$$\text{取指令} \rightarrow \text{分析指令} \rightarrow \text{执行指令} \rightarrow \text{指向下一条指令}$$

图 1-4　指令执行过程

二、计算机系统组成

一个完整的计算机系统由硬件系统和软件系统两大部分组成，硬件与软件相辅相成，缺一不可，如图1-5所示。冯·诺依曼的结构理论提出了计算机的硬件由运算器、存储器、控制器、输入设备、输出设备五大部分组成，其基本功能是在计算机程序的控制下，完成数据的输入、运算和输出等任务。

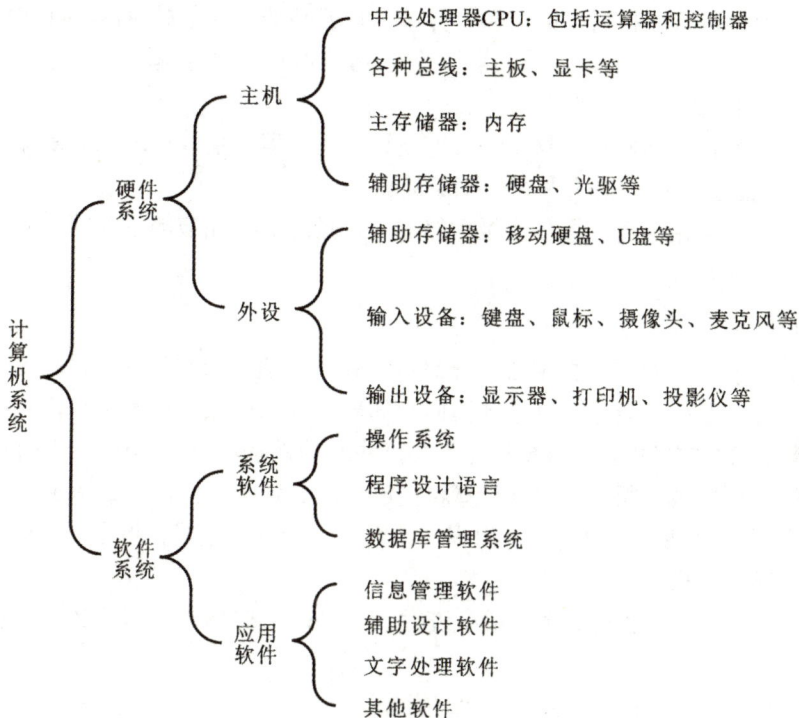

图1-5　计算机系统的组成

1. 计算机硬件系统

硬件系统是指组成一台计算机的物理设备的总称。根据冯·诺依曼的设计思想，计算机硬件系统包括运算器、控制器、存储器、输入设备和输出设备五大基本部分，计算机硬件系统结构如图1-6所示。

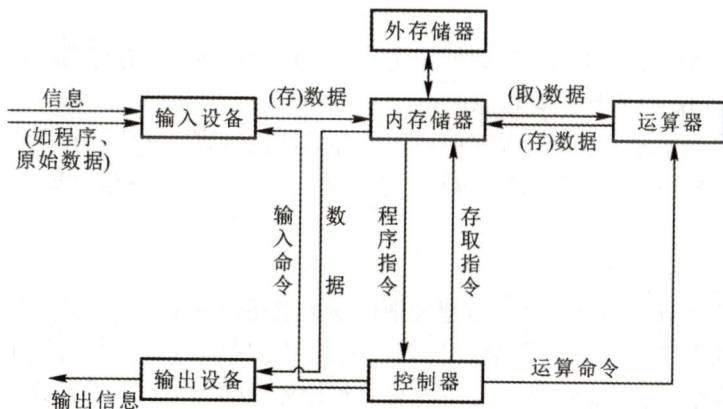

图1-6　计算机硬件系统结构

13

1) 运算器

运算器又称算术逻辑单元 (Arithmetic Logic Unit，ALU)，主要负责对二进制代码进行算术和逻辑运算，是计算机进行各种运算的最重要的部分。算术运算包括加、减、乘、除等基本运算，逻辑运算包括与、或、非、异或，以及逻辑判断 (对与错、真与假、成立与不成立等) 和关系比较 (大于、等于、小于等)。运算器只能执行基本的运算，复杂的计算需要分解后由基本运算一步一步实现。

随着计算机硬件技术及相关技术的飞速发展，运算器的运算速度已非常惊人，现代的计算机具有很强的数据处理能力和逻辑判断能力。

所需处理的数据由内存储器传送至运算器，经过运算器相应的运算处理后，将运算结果再传送回内存储器。

2) 控制器

控制器是计算机的控制指挥中心。计算机是在控制器的控制指挥下进行工作，它类似于人的大脑。控制器的功能是通过地址访问存储器，并从中依次取出指令，对指令进行分析、译码，确定指令的类型，再根据指令类型产生相应的控制信号作用于相关的各个部件，以控制完成指令所要求的操作，保证计算机能够自动、连续、协调一致地工作。

控制器是一个复杂的逻辑电路，由程序计数器、指令寄存器、指令译码器及操作控制电路和时序电路等组成。

(1) 程序计数器：对组成程序的指令进行计数，确保控制器能够依次逐条从内存储器中读取指令。

(2) 指令寄存器：用来保存正要执行的指令。

(3) 指令译码器：用来分析指令寄存器中的指令，并识别指令的功能。

(4) 操作控制电路和时序电路：根据指令产生各种控制操作命令。

在计算机硬件系统中，通常将运算器和控制器集成在一块芯片上，组成中央处理器 (Central Processing Unit，CPU)，如果把 CPU 所需要的电路集成在一个芯片上，就称为微处理器 (Micro-Processing Unit，MPU)。CPU 是计算机硬件系统的核心，负责指挥和控制整个计算机，并进行运算和数据处理。因此，CPU 的性能直接影响整个计算机系统的性能。

3) 存储器

基于冯·诺依曼体系结构的计算机硬件系统都包括存储器。存储器的作用是用来存放程序和数据以及中间计算结果等信息。

随着计算机技术的发展，计算机中使用的存储器也有许多种类。按照功能划分，存储器可以分为两大类：内存储器 (简称内存，也称为主存储器) 和外存储器 (简称外存，也称为辅助存储器)。

(1) 内存。

内存一般由半导体材料制造，由超大规模集成电路构成。它的功能是用来存储当前计算机正在运行的程序、正在使用的数据、运算过程中的中间结果及最终结果。任何程序都必须存储到内存中才有可能得到执行。内存要与计算机的各个部件进行数据交换，因此内存的存取速度将直接影响计算机的运算速度。半导体存储器的体积小、功耗低、速度快，缺点是停电后所保存的信息将丢失。相对于外存，内存的容量小、价格高。

(2) 外存。

外存一般是由磁性材料或光学材料制造而成的。外存的作用是用来存储计算机暂时不用的或需要长期保存的程序、数据、结果等信息。外存的最大特点是能够长久地存储信息并且在断电或关机后，其存储的信息仍不会丢失。与内存相比，外存的存储量大、价格低，但是存取速度较慢。

常见的外存有硬盘、软盘、光盘、优盘 (U 盘，也称闪盘)。

4) 输入设备

输入设备用于将需要计算机运行的程序和数据输入计算机，并将这些信息转换成计算机可以识别的二进制编码。常见的输入设备有键盘、鼠标、扫描仪、光笔、麦克风等。

5) 输出设备

输出设备用于接收从计算机内存传送的处理结果，并以人们熟悉的文字、图形、声音等形式展现出来。常见的输出设备有显示器、打印机、音响等。

2. 计算机软件系统

软件系统是指由系统软件和应用软件组成的，为了运行、管理和维护计算机而编制的各种程序、数据和相关资料的总称。硬件与软件是彼此相互独立的，欲使硬件按要求工作，离不开软件的支持，软件也不能离开硬件而存在，因此，软件与硬件是相辅相成协调运行的一个整体。软件系统可分为系统软件和应用软件两大类。

系统软件是负责管理、控制、协调计算机及其外部设备资源的一种软件，主要功能是有机地联合计算机系统的硬件和软件协调工作，提高计算机的工作效率，方便用户更好地使用计算机。系统软件一般包括操作系统、编译类软件、数据库管理类软件等。其中操作系统是系统软件的核心，计算机在正常工作之前必须安装操作系统软件，只有这样用户才可以通过操作系统对计算机输入指令。

目前操作系统主要有 Windows 操作系统及 Linux 操作系统。在个人和办公等计算机设备上常见的操作系统是 Windows 系统，比如 Windows XP、Windows 7、Windows Vista、Windows 8、Windows 10 等；而在工业及一些特殊领域上使用的操作系统是 Linux 系统，比如 Ubuntu、Opens USE、Debian、RHEL、CentOS、Solaris 等

应用软件是以服务为主，帮助人们解决在日常生活、工作等方面出现的问题而特别开发的软件程序的总称，是帮助用户提高工作质量和效率的一种实用性软件。应用软件对硬件系统和操作系统都有特定的要求，需要在操作系统上安装，并且要得到硬件系统和软件系统支持才能正常运行。应用软件使用范围比较广泛，如会计核算软件、出行旅游软件、通信聊天软件、文字图形处理软件、辅助设计开发 CAD 软件、防火墙和杀毒软件等。

▶ 任务实现

在学习了计算机的基本工作原理和系统组成后，对计算机如何工作，一台计算机应该包括哪些部分有了了解，现在可以为小明同学配置适合他的台式电脑。

上机操作步骤如下：

(1) 在浏览器地址栏中输入：https://diy.jd.com/#/selfload，打开京东装机大师页面，单击"自助装机"菜单，进入自助装机页面，如图 1-7 所示。

图 1-7　京东装机大师"自助装机"页面

(2) 在图 1-7 所示页面的 CPU 栏中，单击【添加】按钮，为电脑选择适合的 CPU，如图 1-8 所示。

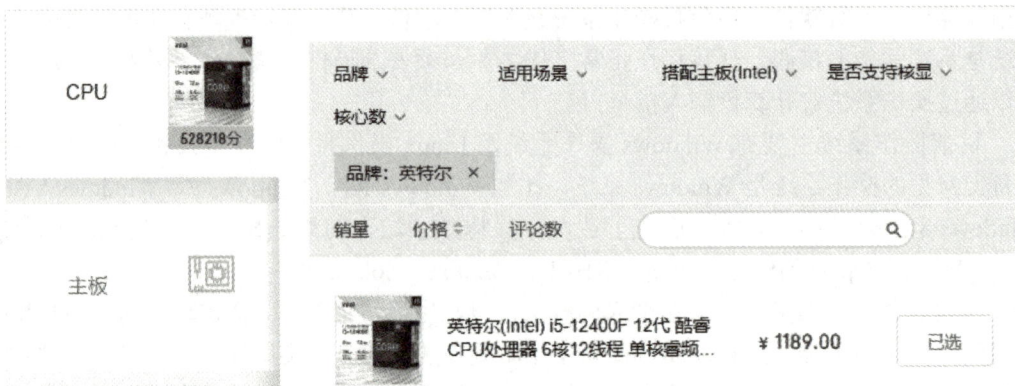

图 1-8　选择 CPU

CPU(Central Processing Unit) 即中央处理器，是计算机的核心。它的功能是进行算术运算和逻辑运算，并根据程序的指令产生控制信号以控制整台计算机的工作。

CPU 核心的两个部件是运算器和控制器。运算器的主要功能是完成算术运算和逻辑运算，控制器则根据程序指令负责全机的控制工作，计算机各个部件就是在控制器的统一指挥下协调工作。

CPU 的主要组成部件还有寄存器和片内高速缓存静态存储器 (Cache)。寄存器的速度快、容量小，可用来暂存参加运算的操作数和运算过程的结果。高速缓存静态存储器主要起到 CPU 与主存之间数据缓冲的作用。由于 CPU 的数据处理速度快，而主存的数据读写速度相对较慢，CPU 直接从主存中取数据就会产生大量的等待时间，大大降低了整机的性能。CPU 在处理数据时，首先访问速度很快的 Cache，只有当 Cache 中没有 CPU 所需要的数据时，才从主存中取数据，这样就大大降低了等待时间，提高了整机的性能。

衡量一个 CPU 的性能的主要指标包括字长、主频、指令集、片内 Cache 等。字长指 CPU 一次能处理的二进制位数。字长越长，CPU 一次能处理的数据就越多，处理速度也越快，计算精度越高，性能也就越好。早期 CPU 的字长只有 16 位，现在主流 CPU 的字长已达到 64 位。主频是 CPU 的工作频率，通常以吉赫兹 (GHz) 为单位。主频越大，在单位时间内执行的指令就越多，性能也越好。指令集是 CPU 所能执行的所有指令的集合。CPU 通过执行指令完成各种运算和控制，指令的实现依赖于 CPU 内部的电路设计，指令集越高级，电路设计越复杂，处理信息的能力就越强，CPU 越先进。

CPU 的性能指标除了字长、指令集、主频和片内 Cache 外，还有生产工艺、核心电压、超频性能等。

当前较新的 Intel 酷睿 i9 9900K 的 CPU 如图 1-9 所示。

(a) 正面　　　　　　　　　　　　　　　　(b) 针脚面

图 1-9　Intel 酷睿 i9 9900K 的 CPU

(3) 继续在图 1-7 所示页面中，选择合适的主板，如图 1-10 所示。

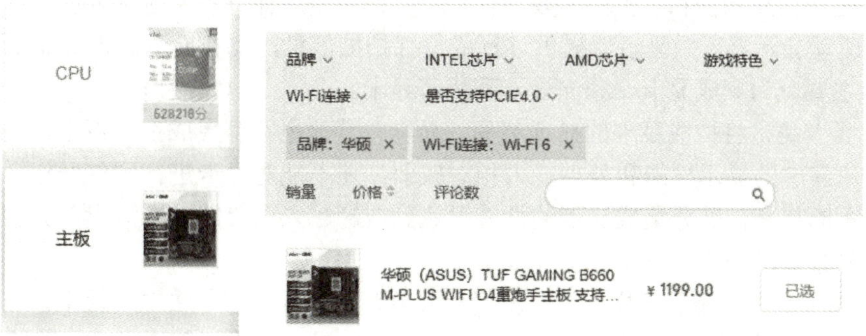

图 1-10　选择主板

主板 (Main Board) 又称为母板、系统板，是微型计算机中各种设备的载体或联系通道，主要由芯片组、高速缓存、系统 BIOS、总线、各种接口和插槽组成。计算机的其他硬件大多需要与主板连接，例如 CPU、显卡、内存条、硬盘等均需连接到主板上，通过主板上的总线实现相互通信。图 1-11 所示为华硕 (ASUS)PRIME B660M-K D4 主板。

图 1-11　华硕 (ASUS)PRIME B660M-K D4 主板

(4) 选择合适的显卡，如图 1-12 所示。(此步骤可以跳过)

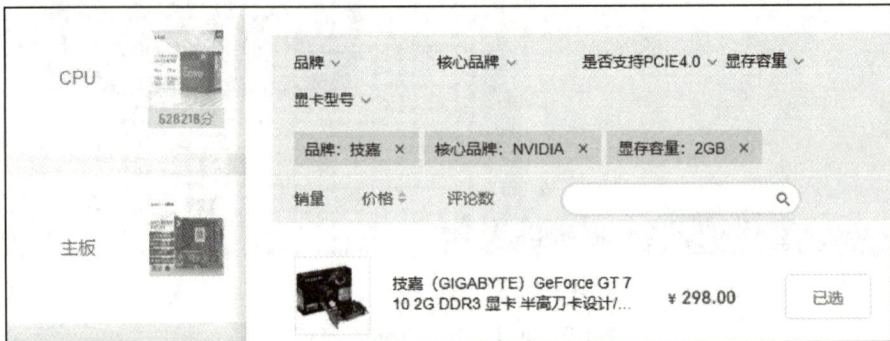

图 1-12　选择显卡

显卡是连接显示器和主板的重要部件，主要作用是对计算机系统需要显示的信息进行转换，并驱动显示器，向显示器提供逐行或隔行扫描信息，控制显示器正确显示。

显卡主要分为集成显卡、独立显卡和核芯显卡。

集成显卡是指将构成显卡的显示芯片、显存及其他电路都集成在主板上，与主板融为一体。集成显卡的显示性能和处理能力相对较弱，还不能对显卡进行硬件升级。但随着主板性能的不断提高，部分集成显卡的性能已达到或超越入门级的独立显卡，完全能胜任一般学习和办公显示的要求。

独立显卡是指将显示芯片、显存及其相关电路单独集成在一块电路板上，作为一块独立的板卡存在，通过主板上的扩展插槽与主板相连。独立显卡一般有独立的显存，不占用系统内存，在性能上一般优于集成显卡。对于游戏和专业绘图人员可以选择独立显卡，以获得更好的显示效果。

核芯显卡是将图形处理单元与处理器核心单元集成在一起的图形处理器。它能依托处理器强大的运算能力和智能能效调节设计，能在更低功耗下实现同样出色的图形处理性能和流畅的应用体验。核芯显卡的显著优势是低功耗和高性能，完全能满足普通用户的显示需求。

图 1-13 所示为七彩虹 (Colorful)RTX3060 显卡。

图 1-13　七彩虹 (Colorful)RTX3060 显卡

(5) 选择合适的内存，如图 1-14 所示。

图 1-14　选择内存

内存又称为主存，是计算机中不可或缺的存储设备，用来存储需要处理的程序和数据。CPU 从主存中获取数据并处理，再将数据送回主存。内存储器又分为只读储存器 (ROM) 和随机存储器 (RAM)。

ROM 只能读取其中的数据，不能再写入内容，常用于存放固定不变、需要重复使用的程序，比如 BIOS。

RAM 是可以重复读写其中的数据，比如计算机中常见的内存条。RAM 属于电子式存储设备，由电路板和芯片组成，其特点是体积小、速度快，在开机状态可存储数据，关机后自动清空所有数据。RAM 一般可分为两类：静态 RAM(即 SRAM) 和动态 RAM(即 DRAM)。SRAM 的造价较高，总体存储量较小，但读取速度快；DRAM 则相反。为了克服 DRAM 存取速度慢的缺点，出现了新型的 DRAM——SDRAM 和 DDR SDRAM(Double Data Rate SDRAM，双倍速率同步动态随机存储器)。DDR SDRAM 通常简称 DDR，是在 SDRAM 内存基础上发展而来的，其数据传输速度为系统时钟频率的两倍。由于速度增加，DDR 的传输性能优于传统的 SDRAM。目前大多数台式和笔记本电脑的内存都采用 DDR。

普通用户选择主存时，主要考虑两个指标：存储容量和主频。存储容量反映了存储器空间的大小，代表数据存储的能力，容量越大运行效率越高。主流计算机的内存一般选择 16GB 或 32GB。内存主频代表该内存工作时能达到的最高频率，一般以兆赫为单位。内存主频越高，则数据读取速度越快，性能越好。常见内存的主频为 2666MHz 和 3200MHz。

联想 (Lenovo)32GB DDR4 3200 台式机内存条如图 1-15 所示。

图 1-15　联想 (Lenovo)32GB DDR4 3200 台式机内存条

(6) 选择合适的硬盘，如图 1-16 所示。

图 1-16　选择硬盘

硬盘是绝大多数微型计算机必备的外部存储器，操作系统和各种应用软件一般都存放在硬盘上的，没有硬盘计算机无法完成日常工作。硬盘一般分为机械硬盘 (Hard Disk Drive，HDD) 和固态硬盘 (Solid State Drive，SSD)。机械硬盘主要由盘片、磁头、盘片转轴及控制电机、磁头控制器、数据转换器、接口和缓存等部分组成，如图 1-17 所示。固态硬盘是用固态电子存储芯片阵列制成的硬盘，相较于传统硬盘，固态硬盘具有快速读写、质量轻、能耗低及体积小等特点，但其价格相对较贵，硬件一旦损坏数据较难恢复。固态硬盘如图 1-18 所示。

图 1-17　机械硬盘

图 1-18　固态硬盘

(7) 选择合适的主机箱，如图 1-19 所示。

图 1-19　选择主机箱

主机箱是用于放置计算机主机部分硬件的容器。计算机硬件中的 CPU、主板、显卡、内存、硬盘等部件，一般放置于主机箱内部，称为主机；显示器、键盘、鼠标、U 盘等设备往往置于主机箱外部，称为外设。

(8) 选择合适的电源，如图 1-20 所示。

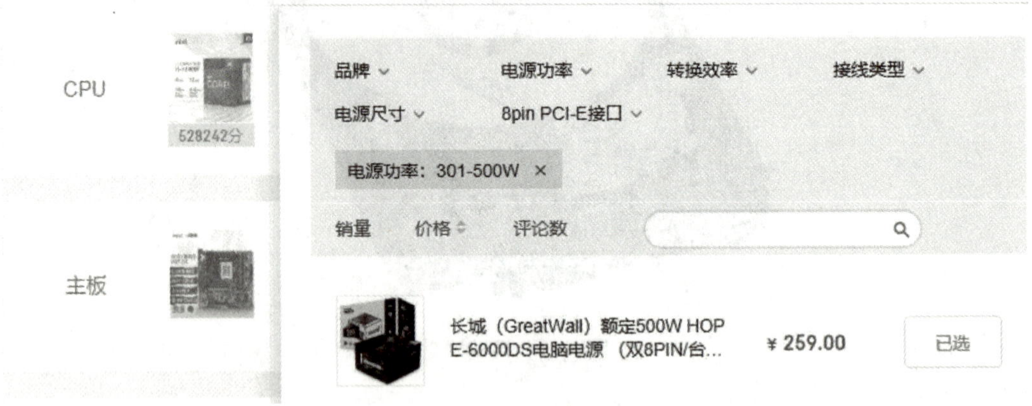

图 1-20　选择合适电源

电脑电源是一种安装在主机箱内的封闭式独立部件，其作用是将交流电变换为 +5V、-5V、+12V、-12V、+3.3V、-3.3V 等不同电压、稳定可靠的直流电，供给主机箱内的系统板、各种适配器和扩展卡、硬盘驱动器、光盘驱动器等系统部件及键盘和鼠标使用。

(9) 选择合适的显示器，如图 1-21 所示。

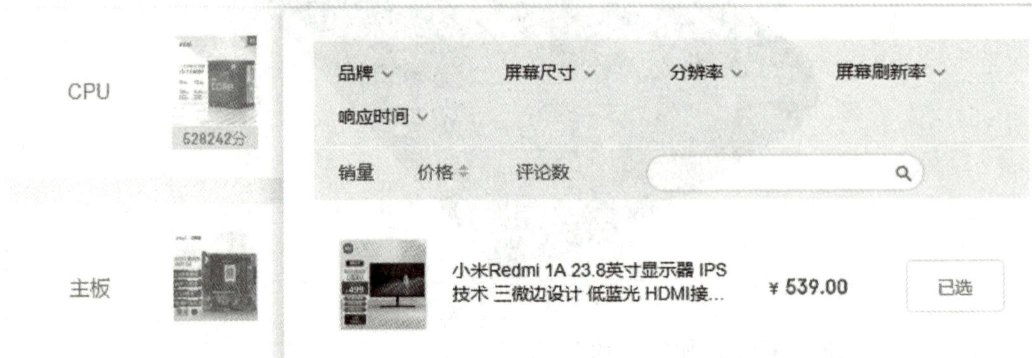

图 1-21　选择显示器

显示器 (Display Screen) 即电脑屏幕，用于接收电脑的信号并形成图像。显示器分为 CRT(Cathode Ray Tube) 显示器和液晶显示器，目前较常见的是液晶显示器。普通用户选购显示器一般参考两个重要的性能指标：分辨率和刷新率。分辨率 (Resolution) 是指构成图像的像素和，即屏幕包含像素的多少，它一般表示为水平分辨率 (一个扫描行中像素的数目) 和垂直分辨率 (扫描行的数目) 的乘积。如 1920×1080，表示水平方向包含 1920 个像素，垂直方向包含 1080 个像素，屏幕总像素的个数就是它们的乘积。分辨率越高，画面包含的像素数就越多，图像也就越细腻、清晰。显示器的刷新率是指显示器每秒更新图像的频率，一般以赫兹 (Hz) 为单位。例如，刷新率为 60Hz，则意味着显示器每秒刷新 60 张图像。显示器的刷新率越高，屏幕刷新越快，显示就会越平滑。常见显示器的刷新率有 60Hz、75Hz、120Hz、144Hz、165Hz、240Hz 等。

(10) 选择合适的键盘、鼠标，如图 1-22 所示。

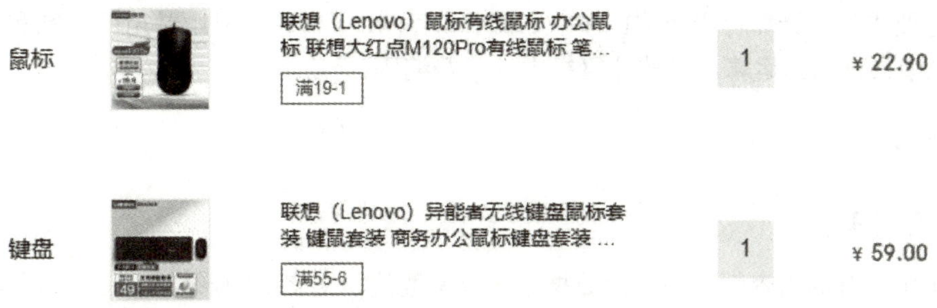

鼠标
联想（Lenovo）鼠标有线鼠标 办公鼠标 联想大红点M120Pro有线鼠标 笔...
满19-1
1
¥ 22.90
键盘
联想（Lenovo）异能者无线键盘鼠标套装 键鼠套装 商务办公鼠标键盘套装 ...
满55-6
1
¥ 59.00

图 1-22　选择键盘、鼠标

键盘、鼠标是最常见的计算机输入设备，用于将信息录入到计算机系统。键盘由按键、键盘微处理器、键盘扫描电路、电缆和插头组成。常见的全尺寸键盘一般分为主键盘区、功能键区、控制键区、数字键区和状态指示区五个区，如图 1-23 所示。鼠标可以对当前屏幕上的游标进行定位，并通过按键和滚轮装置对游标所经过位置的屏幕元素进行操作。

功能键区
状态指示区
主键盘区
控制键区
数字键区

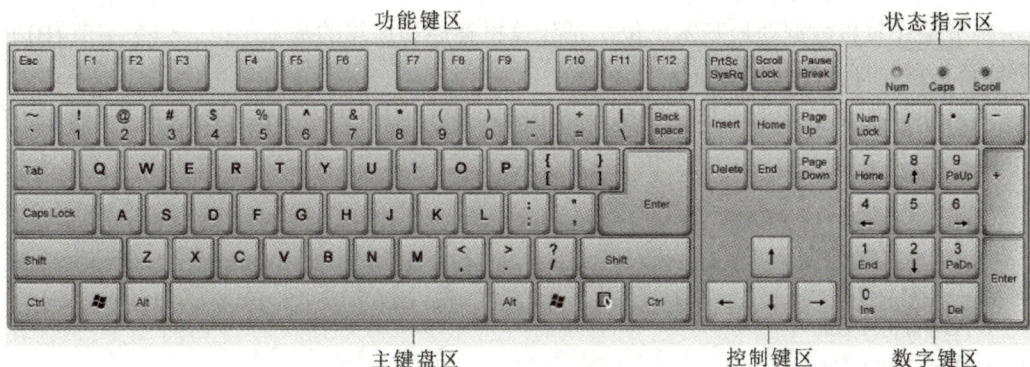

图 1-23　键盘分区

(11) 完成并保存装机单。

读者可根据实际需求更改或添加装机单中的硬件，以满足实际需要。在选配各部分硬件时，要综合考虑各部件之间的协调，才能提高整机的性能。笔记本电脑的选购方法类似，只不过大部分的笔记本电脑不允许单独组装各硬件，读者可以对比不同款笔记本电脑的硬件配置，选择适合自己所需配置的笔记本电脑。

任务三　学习计算机中信息的表示和存储

任务描述

作为大一新生的小明同学，迫切地想学习计算机的相关知识，在配置电脑过程中遇到了 KB、GB、TB 等特殊的符号，在翻阅计算机相关书籍时又发现了一些由“0”和“1”

构成的有趣序列。小明想知道这些符号在计算机中有着什么样的作用，计算机又是如何对多种多样的信息进行存储和表示的。

本任务要求学习计算机中数据的单位、表示和存储，了解计算机中常用的数制和转换，理解计算机中二进制的运算，了解计算机中的字符编码。

📇 知识准备

一、数据及其单位

计算机中所有的内容都可以称为数据，可以是数值、文字、图形、图像、视频等各种数据形式。这些数据在计算机内部都采用由二进制 0 和 1 组成的代码来表示，由此产生了衡量这些数据的量的一些单位。

1. 位 (bit)

位又称为比特，是计算机存储数据和进行运算的最小单位。位是二进制数中的一个数位，代码只有 0 和 1。

2. 字节 (Byte)

字节是计算机数据的最基本单位，是计算机存储和运算的基本单位。一个字节 (B) 由 8 个比特构成，即 1 Byte = 8 bit。

通常用到的单位还有 KB(千字节)、MB(兆字节)、GB(吉字节)、TB(太字节) 和 PB(拍字节)，它们与字节的关系是：

1 KB = 1024 B
1 MB = 1024 KB
1 GB = 1024 MB
1 TB = 1024 GB
1 PB = 1024 TB

3. 字 (Word)

两个字节可组成一个"字"数据处理单位，双字由 4 个字节组成。计算机中有些指令是以字或双字为数据的基本处理单位。

二、数制及其转换

1. 数制

数制是人们利用符号来计数的科学方法。数制分为非进位计数制和进位计数制。人们日常生活中使用的是进位十进制。计算机中对数据的表示和处理均采用二进制。较常用的还有八进制和十六进制。数制都有两个相同的概念：基数和位权。基数是指在这种进位制中允许使用的基本数码，也即每个数位上能使用的数码个数。例如，十进制数的基数是 10，二进制数的基数是 2。位权，代表数码在数据中的大小。例如十进制数 123，其中，1 在百位上，代表 100，2 在十位上，代表 20，3 在个位上，代表 3 个。

位权与基数的关系是：各进位制中位权的值是基数的若干次幂。因此，用任何一种数制表示的数都可以写成按位权展开的多项式之和。可以用以下表达式表示一个任意进制的数 X：

$$X = a_n N^n + \cdots a_0 + b_1 N^{-1} + \cdots + b_m N^{-m} \tag{1}$$

式中：N 是计数制的基数；a_n 和 b_m 可以是 0，1，$\cdots$，$N-1$ 中的任一个数码，它是由 X 的数值决定的。

常用的几种进位计数制表示如表 1-1 所示。

表 1-1 常见进位计数制表示

数制	基数	数码（基本符号）	位权	举 例
二进制	2	0、1	2^n	$(1011)_B$ 二进制数 1011
八进制	8	0~7	8^n	$(37)_O$ 八进制数 37
十进制	10	0~9	10^n	$(123)_D$ 十进制数 123
十六进制	16	0~9、A~F	16^n	$(1EF)_H$ 十六进制数 1EF

2. 数制间的转换

1）非十进制数转换为十进制数

非十进制数转换成十进制数的统一方法是按位权展开相加，即"乘权求和法"。具体操作方法：将非十进制数按权展开，把各位的权数与该位上的数码相乘，然后按十进制运算规则相加即可。

例如：分别将二进制数 $(1001.101)_2$、八进制数 $(432.57)_8$、十六进制数 $(6C.4)_{16}$ 转换成十进制数。

$$(1001.101)_2 = 1 \times 2^3 + 0 \times 2^2 + 0 \times 2^1 + 1 \times 2^0 + 1 \times 2^{-1} + 0 \times 2^{-2} + 1 \times 2^{-3} = 9.625$$

即二进制数 $(1001.101)_2$ 转换为十进制数是 9.625。

$$(43.7)_8 = 4 \times 8^1 + 3 \times 8^0 + 7 \times 8^{-1} = 35.875$$

即八进制数 $(43.7)_8$ 转换为十进制数是 35.875。

$$(6C.4)_{16} = 6 \times 16^1 + 12 \times 16^0 + 4 \times 16^{-1} = 108.25$$

即十六进制数 $(6C.4)_{16}$ 转换为十进制数是 108.25。十六进制数中的字符 A～F，分别表示 10～15。

2）十进制数转换成其他进制数

十进制数转换成二进制数、八进制数和十六进制数，可以将整数和小数部分分别进行转换，然后拼接起来。

整数部分转换采用"除 R 取余法"（R 表示相应的进制，如 2、8、16）。例如将十进制整数转换成二进制数，整数部分除以 2，得到一个商和一个余数（标记为 K_0），再将这个商除以 2，又得到一个商和一个余数（标记为 K_1），这样依次除下去，并且按照顺序依次记下得到的余数 K_n，直到得到的商是 0 时停止除以 2 的步骤；最后将每次除以 2 得到的余数依次记下来得到 K_n，$\cdots$，K_1，K_0，此时得到的结果就是这个十进制数整数部分转换成二进制的表示。

小数部分转换采用"乘 R 取整法"（R 表示相应的进制，如 2、8、16）。例如将十进制小数转换成二进制，用十进制小数乘以 2，得到一个整数部分（标记为 F_1）和小数部分，再将得到的小数部分再乘以 2，又得到一个整数部分（标记为 F_2）和一个小数部分，这样依次重复乘以 2 的操作，并且按照顺序依次记下得到的整数 F_n，直到得到的小数部分为 0 或满足要求的精度为止，停止乘以 2 的步骤；最后，将每次乘以 2 得到的整数依次记下来得到 F_1，F_2，…，F_n，此时得到的结果就是这个十进制数小数部分转换成二进制的表示。

例如，将十进制数 $(102.625)_{10}$ 分别转换为二进制数、八进制数和十六进制数。

转换为二进制数：

整数部分　102　　　　　　　　　　　　小数部分　0.625

因此，$(102.625)_{10}$ =$(110\,0110.101)_2$

转换为八进制数：

整数部分　102　　　　　　　　　　　　小数部分　0.625

因此，$(102.625)_{10}$ =$(146.5)_8$

转换为十六进制数：

整数部分　102　　　　　　　　　　　　小数部分　0.625

因此，$(102.625)_{10}$ = $(66.A)_{16}$

3) 二进制数转换成八进制数、十六进制数

因为二进制的基数是 2，八进制的基数是 8，并且 $8 = 2^3$，也就是说，3 位二进制数对应 1 位八进制数。所以，二进制数转换成八进制数的方法是：以小数点为界分别向左右分组，每三位为一组，左右两头不足 3 位可以补 0 凑满 3 位，最后把每组二进制数都按照对应关系转换成八进制数。

例如，将二进制数 $(1001011.11001)_2$ 转换为八进制数，方法如下：

二进制数：　001　001　011　.　110　010
八进制数：　　1　1　3　.　6　2

因此，$(1001011.11001)_2$ =$(113.62)_8$

同理，十六进制的基数是 16，并且 $16 = 2^4$，也就是说，4 位二进制数对应 1 位十六进制数。所以，二进制数转换成十六进制数的方法是：以小数点为界分别向左右分组，每 4 位为一组，左右两头不足 4 位可以补 0 凑满 4 位，最后把每组二进制数都按照对应关系转换成十六进制数。

例如，将二进制数 $(1001011.11001)_2$ 转换为十六进制数，方法如下：

二进制数： 0100　　1011　.　1100　　1000

十六进制数： 4　　　B　.　C　　8

因此，$(1001011.11001)_2 = (4B.C8)_{16}$

4) 八进制数、十六进制数转换成二进制数

八进制数转二进制数的方法是将八进制数的每一位按照对应关系转换成 3 位的二进制数即可。

例如，将八进制数 $(142.5)_8$ 转换为二进制数，方法如下：

八进制数： 1　　4　　2　.　5

二进制数： 001　100　010　.　101

因此，$(142.5)_8 = (001100010.101)_2$

同理，十六进制转换成二进制数的方法是把十六进制数的每一位按照对应关系转换成 4 位的二进制数。

例如，将十六进制数 $(142.5)_{16}$ 转换为二进制数，方法如下：

十六进制数： 1　　4　　2　.　5

二进制数： 0001　0100　0010　.　0101

因此，$(142.5)_{16} = (000101000010.0101)_2$

部分十进制数、八进制数、二进制数、十六进制数的对照如表 1-2 所示。

表 1-2 几种进制数的对照

十进制数	二进制数	八进制数	十六进制数	十进制数	二进制数	八进制数	十六进制数
0	0000	0	0	8	1000	10	8
1	0001	1	1	9	1001	11	9
2	0010	2	2	10	1010	12	A
3	0011	3	3	11	1011	13	B
4	0100	4	4	12	1100	14	C
5	0101	5	5	13	1101	15	D
6	0110	6	6	14	1110	16	E
7	0111	7	7	15	1111	17	F

三、二进制数的运算

二进制数的运算包括算术运算和逻辑运算。

1. 算术运算

二进制数的算术运算与十进制数的算术运算一样，包括加法、减法、乘法和除法。其中加法和减法是基本运算，利用加法和减法可以实现二进制数的乘法和除法。

1) 加法运算

二进制数的加法运算法则：

$0+0=0$　　$0+1=1$　　$1+0=1$　　$1+1=10$　　（逢二进一，向高位进位）

例如，计算 $(1010)_2 + (1101)_2$

```
   1010
+  1101
  10111
```

因此，$(1010)_2 + (1101)_2 = (10111)_2$

例如，计算 $(1110001)_2 + (10101)_2$

```
   1110001
+    10101
  10000110
```

因此，$(1110001)_2 + (10101)_2 = (10000110)_2$

2）减法运算

二进制数的减法运算法则：

$0-0=0$　　$1-0=1$　　$1-1=0$　　$10-1=01$　　（向高位借位，借一当二）

例如，计算 $(1110)_2 - (1010)_2$

```
   1110
-  1010
   0100
```

因此，$(1110)_2 - (1010)_2 = (100)_2$

例如，计算 $(10100)_2 - (1110)_2$

```
   10100
-   1110
   00110
```

因此，$(10100)_2 - (1110)_2 = (110)_2$

3）乘法运算

二进制数的乘法运算法则：

$0 \times 0 = 0$　　$0 \times 1 = 0$　　$1 \times 0 = 0$　　$1 \times 1 = 1$

例如，计算 $(101)_2 \times (110)_2$

```
     101
×    110
     000
     101
    101
   11110
```

因此，$(101)_2 \times (110)_2 = (11110)_2$

例如，计算 $(1011)_2 \times (100)_2$

$$
\begin{array}{r}
1011 \\
\times \quad 100 \\
\hline
0000 \\
0000 \\
1011 \\
\hline
101100
\end{array}
$$

因此，$(1011)_2 \times (100)_2 = (101100)_2$

4) 除法运算

二进制数的除法运算法则：

$0 \div 0 = 0 \qquad 0 \div 1 = 0 \qquad 1 \div 1 = 1 \qquad$（不能进行 $1 \div 0$ 的运算）

例如，计算 $(11001)_2 \div (101)_2$

$$
\begin{array}{r}
101 \\
101 \, \overline{\smash{)}\, 11001} \\
\underline{101} \\
101 \\
\underline{101} \\
0
\end{array}
$$

因此，$(11001)_2 \div (101)_2 = (101)_2$

2. 逻辑运算

计算机只能识别二进制信息，所以在计算机内用二进制数"1"和"0"来代表逻辑概念上的真与假、对与错、是与否、有与无等，并称"1"和"0"为逻辑变量，逻辑变量之间的运算就称为逻辑运算。逻辑运算包括逻辑与、逻辑或、逻辑非、逻辑异或4种，并可以从这些基本逻辑运算中推导出其他运算。

1) 逻辑"与"运算

逻辑"与"运算又称为逻辑乘法运算，通常用符号"×"或"∧"来表示两个逻辑变量之间的逻辑与关系。逻辑"与"的运算规则：

$0 \wedge 0 = 0 \qquad 0 \wedge 1 = 0 \qquad 1 \wedge 0 = 0 \qquad 1 \wedge 1 = 1$

由逻辑"与"运算规则可以看出，在给定的逻辑变量中，只要有一个逻辑变量为"0"，逻辑与的运算结果都为"0"；只有两个逻辑变量都为"1"时，其结果才为"1"。也就是说，只有当给定的所有条件都符合时，结果才符合。例如，某通知要求周二下午没有课的班干部参加选举会议，那么只有当周二下午没有课且为班干部这两个条件都满足时，才能参会。

2) 逻辑"或"运算

逻辑"或"运算又称为逻辑加法运算，通常用符号"+"或"∨"来表示两个逻辑变量之间的或关系。逻辑"或"的运算规则：

$0 \vee 0 = 0$ $0 \vee 1 = 1$ $1 \vee 0 = 1$ $1 \vee 1 = 1$

由逻辑"或"运算规则可以看出，在给定的逻辑变量中，只要有一个逻辑变量为"1"，逻辑或的运算结果都为"1"；只有两个逻辑变量都为"0"时，其结果才为"0"。也就是说，在给定的所有条件中，只要有一个条件符合，结果就符合。例如，某通知要求周二下午没有课，或班干部参加选举会议，那么只要满足周二下午没有课和班干部两个条件中的 1 个或 2 个条件的，都应该参会。

3) 逻辑"非"运算

逻辑"非"运算又称为逻辑否定运算，通常是在逻辑变量的上方加一横线来表示，如 $\overline{A}$。逻辑"非"的运算规则：

$\overline{0} = 1$ $\overline{1} = 0$

逻辑"非"运算经常用来表示与其相反的一面。例如，变量 A 表示女性，则 $\overline{A}$ 表示非女性，即男性。

4) 逻辑"异或"运算

逻辑"异或"运算，通常用符号"⊕"来表示。逻辑"异或"的运算规则：

$0 \oplus 0 = 0$ $0 \oplus 1 = 1$ $1 \oplus 0 = 1$ $1 \oplus 1 = 0$

由逻辑"异或"运算规则可以看出，在给定的逻辑变量中，当变量值不同时，结果为 1；当变量值相同时，结果为 0。

四、字符编码

计算机是以二进制的形式存储和处理数据的，因此只能对"0"和"1"构成的二进制序列进行处理，对于字母、符号、汉字、语音、图片、图形等非数值信息，就必须将其转换成用"0"和"1"组成的、按特定规则排列的二进制序列，这一转换过程就是编码。不同种类的信息，有相应的不同编码方式。

1. 西文字符的编码

对字符进行编码的方式有多种，在计算机中采用的最基本的编码方式是 ASCII 和 Unicode 两种编码方式。

1) ASCII 编码

美国信息交换标准代码 (American Standard Code for Information Interchange，ASCII)，是标准的单字节字符编码方案，用于基于文本的计算机数据 (即字符) 的表示。ASCII 码分为两种编码方式：标准 ASCII 码和扩展 (或"高")ASCII 码。标准 ASCII 码使用指定的 7 位二进制数组合进行编码，可以表示 128 个字符 ($2^7 = 128$)，其中包括英文大小写字母、数字 0 ~ 9、标点符号和美式英语中使用的特殊控制字符。标准 ASCII 码对照表如表 1-3 所示。ASCII 现已被国际标准化组织 (ISO) 采纳，成为一种国际上通用的信息交换代码，是世界范围内各种微型计算机普遍采用的标准编码。

表 1-3 标准 ASCII 码对照表

ASCII 码	键符	ASCII 码	键符	ASCII 码	键符	ASCII 码	键符
27	ESC	32	SPACE	33	!	34	"
35	#	36	$	37	%	38	&
39	'	40	(	41	)	42	*
43	+	44	'	45	-	46	.
47	/	48	0	49	1	50	2
51	3	52	4	53	5	54	6
55	7	56	8	57	9	58	:
59	;	60	<	61	=	62	>
63	?	64	@	65	A	66	B
67	C	68	D	69	E	70	F
71	G	72	H	73	I	74	J
75	K	76	L	77	M	78	N
79	O	80	P	81	Q	82	R
83	S	84	T	85	U	86	V
87	W	88	X	89	Y	90	Z
91	[	92	\	93	]	94	^
95	_	96	`	97	a	98	b
99	c	100	d	101	e	102	f
103	g	104	h	105	i	106	j
107	k	108	l	109	m	110	n
111	o	112	p	113	q	114	r
115	s	116	t	117	u	118	v
119	w	120	x	121	y	122	z
123	{	124	|	125	}	126	~

目前，大多数基于 Intel 硬件系统的计算机都支持使用扩展（或"高"）ASCII 码字符。扩展的 ASCII 码允许将每个字符的第 8 位用于确定附加的 128 个特殊的符号字符、外来语字母和图形符号。

当通过键盘向计算机输入各种字符时，实际上是通过键盘的电路把键盘扫描信号（即"键盘扫描码"）转换为相应的计算机内表示字符的相应编码。在计算机内部进行存储和传输的是输入字符的二进制编码（实际上是电信号），计算机在输出时会将字符的编码转换成相应的字符输出到打印机或显示器等输出设备中。

从标准 ASCII 码表中可以看出，0～9、A～Z、a～z 都是顺序排列的，且大写字母码值比小写字母码值小 32，方便大小写字母之间的转换。

另外需要指出的是，计算机处理的基本信息单位是字节，即 8 位二进制数。为了方便计算机处理，一般在标准 ASCII 码最高位前增加一个"0"以凑成一个字节。

2）Unicode 编码

ASCII 码所能表示字符的个数十分有限（最多 256 个字符），不能用它表示出拥有

众多字符的语言 (比如汉字中的常用字符就超过 6000 个)。因此,有关国际组织制定了 Unicode-16 字符集,这种编码方式已经作为世界上大多数编程语言的编码标准而被采用。Unicode-16 使用 2 个字节,即 16 位二进制数表示每个字符,允许定义出 65 536 个不同的字符,因此 Unicode-16 字符集可以表示几乎世界上所有的可书写语言。

2. 汉字的编码

汉字是象形文字,数量多、结构复杂,因此对汉字的编码相对来说比较困难。另外,在一个汉字处理系统中,输入、内部处理、输出对汉字编码的要求不相同,所以对每一个汉字都有四种表示方法,即输入码、国标码、内码和字形码。

1) 输入码

输入码又称为外码。汉字输入方式有很多种,包括键盘输入、模式识别输入 (如扫描仪、手写板等) 和语音输入。目前使用最多、应用最普及的是通过随机配置的西文标准键盘输入的方式,所以要让计算机能够处理汉字,就必须解决汉字输入问题。输入码所解决的问题就是如何使用西文键盘把汉字输入到计算机中,并利用计算机标准键盘上按键的不同排列组合来对输入的汉字进行编码。目前常见的输入码主要分为以下三类:

(1) 数字编码,就是用数字串来代表一个汉字。常用的是国际区位码。

(2) 字音编码,以汉字拼音为基础的编码,如全拼、双拼、智能 ABC 等。它的优点是易学易操作,但由于汉字同音字太多,输入后一般要进行选择,所以输入速度较慢。

(3) 字形编码,以汉字的固有形状为基础的编码,按照汉字的笔画部件,拆分成部首,然后用字母或数字进行编码,常见的有五笔输入法、郑码输入法等。使用这一类型编码输入速度较快,但要记住字根和要会拆字。

2) 国标码

计算机与其他系统或设备进行汉字信息交换时所使用的标准编码称为汉字国标码,也称为交换码。1980 年,我国根据相关国际标准发布了 GB/T 2312—1980《信息交换用汉字编码字符集 基本集》,简称国标码。该标准收集了 6763 个汉字和 682 个字符 (包括英文、日文、希腊字母、序号等),其中,汉字共分为两级,一级汉字 3755 个 (属于常用汉字),按汉语拼音字母顺序排序;二级汉字 3008 个 (属于非常用汉字),按部首顺序排序。

国标码规定,每个汉字 (包括非汉字的一些符号) 用 2 字节代码表示。每个字节的最高位为 0,只使用低 7 位,而低 7 位的编码中又有 34 个用于控制,这样每个字节只有 128 - 34 = 94 个编码用于汉字,2 个字节就有 94×94=8836 个汉字编码。在表示一个汉字的 2 个字节中,高字节对应编码表中的行号,称为区号;低字节对应编码表中的列号,称为位号。国标码的起始二进制位置 00100001(33) 是为了跳过 ASCII 码中前 32 个控制字符和空格字符 SP,终止二进制位置 01111110(126) 是为了跳过 ASCII 码中最后 1 个删除字符 DEL。因此,国标码的高位和低位分别比对应的区位码大 32(十进制数) 或 00100000(二进制数) 或 20H(十六进制数),即:国标码高位 = 区码 + 20H(H 表示十六进制),国标码低位 = 位码 + 20H。

3) 内码

内码是计算机在其内部进行汉字的存储、传输和运算时所使用的汉字编码。无论使用何种输入码,输入到计算机内部就会被转换成对应的内码。汉字内码采用双字节编码方案,即用两个字节(16 位二进制数)表示一个汉字的内码。

4) 字形码

字形码又称为汉字的输出码,是汉字在显示器上显示或在打印机上打印时所采用的汉字编码,其作用是在输出设备上输出汉字的形状。汉字字形码有两种:点阵码和矢量码。

(1) 点阵码。

点阵码是用点阵的形式表示汉字字形的编码。所谓点阵就是把汉字作为二维图形来处理,将汉字置于由多行、多列组成的网状方格内,用黑白点来表示。有笔画经过的点为黑点(二进制数"1"表示),无笔画经过的点为白点(二进制数"0"表示),这样任何一个汉字都可以用一串二进制代码来表示,这个二进制代码就称为点阵码。中文"英"字的点阵码如图 1-24 所示。用二进制数表示的字符点阵叫作字模(也称字形)。每一种字体的字符集都有其相应的字模库。

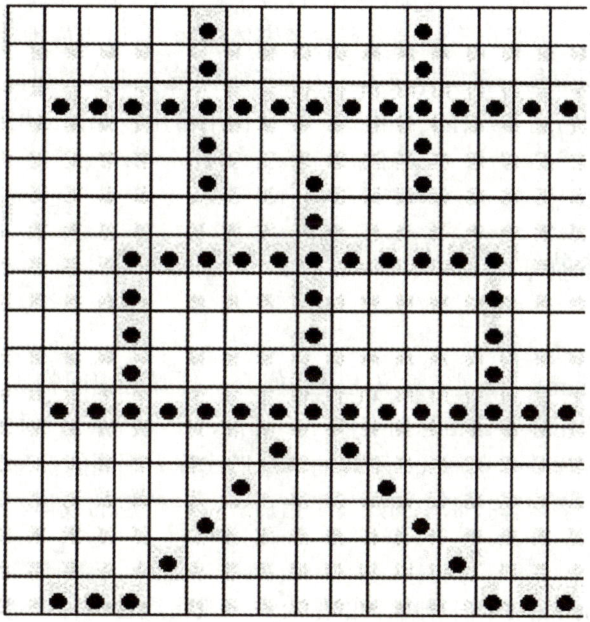

图 1-24 "英"字的点阵码

根据输出汉字要求的不同,点阵的多少也不同,有 16 × 16、24 × 24、32 × 32、40 × 40 等多种点阵。以 16 × 16 点阵为例,每行有 16 个点即有 16 个二进制位,存储一行二进制代码需要 2 个字节,那么 16 行共需 16 × 2 = 32 个字节,所以一个汉字字模需要 32 字节的存储容量。国标字符集中有 7445 个汉字和字符,全部汉字字模的集合称为汉字字模库,简称汉字库。如果不以压缩方式存储,需要 238 240(32 × 7445)个字节,约占 240 KB 的存储空间。对于采用 24 × 24 的点阵字模,一个汉字字模就需要 72(3 × 24)个字节,字库需要 540 KB 的存储空间。可见,点阵数越高,汉字字模的质量也就越好,但所需存储空间也会越大。

(2) 矢量码。

所谓矢量码就是把汉字字形信息数字化,用某种数学模型来表示,通过相应的软件实现汉字字形信息的压缩存储和还原显示及输出。矢量码的特点是存储量小且不易失真。

▶ **任务实现**

在学习了计算机中信息的表示和存储相关知识后，对数据及单位、计算机中常用数制及转换、二进制的运算、字符编码等知识有了了解，读者可以通过查阅相关资料，进一步深入和拓展学习，对计算机中信息的表示、存储和处理有更深入的了解。

任务四　了解多媒体技术

任务描述

小明参加了学校的社团。近期社团将要组织一次活动，小明负责收集活动过程中的一些音乐、视频和图片素材。在收集材料的过程中，小明发现无论是音乐、视频还是图片，都有多种不同的格式。小明想了解更多有关多媒体的知识，以更好地完成材料收集的任务。

本任务要求认识媒体与多媒体技术，了解多媒体技术的分类和特点，了解多媒体计算机系统的构成，认识常用多媒体文件格式，学会使用常用多媒体应用软件。

知识准备

一、媒体与多媒体技术

1. 媒体

所谓媒体 (Medium)，在通常意义上是指媒介、传媒等中间物质。媒体在计算机领域有两种含义：一是指用以存储信息的实体，如磁带、磁盘等；另一种是指信息的载体。客观世界中存在各种各样的信息形式，不同的信息形式称为不同的信息媒体，如数字、文字、声音、图像和图形。多媒体技术中的媒体是指后者——信息的载体。

2. 多媒体

多媒体 (Multimedia) 是指多种媒体的融合，一般指组合两种或两种以上媒体的一种人机交互信息交流和传播媒体。国际电信联盟 (ITU) 对多媒体含义的描述是：使用计算机交互式综合技术和数字通信网络技术处理多种媒体 (声音、文本、图形等)，使多种信息建立逻辑连接，集成为一个交互系统。

3. 多媒体技术

多媒体技术是指对多媒体进行处理和应用的一整套技术。在计算机领域就是指利用计算机处理图、文、声、像等信息的技术。在计算机内部，多媒体信息都被转换成 0 和 1 的数字信息。多媒体技术本身带有很强的边缘交叉性，它把音像技术、计算机技术和通信技术逻辑集成为多维信息处理技术。目前，多媒体技术主要包括音频技术、视频技术、图像技术、图像压缩技术和通信技术。

4. 媒体的分类

在计算机领域，媒体的主要表现形式有三种：听觉类媒体、视觉类媒体、触觉类媒体。

1) 听觉类媒体

听觉类媒体的主要表现形式是声音。在日常生活中，人们所听到和接收的声音是以波的形式进行传输的，如图 1-25 所示，而在计算机内部只能处理数字信号。计算机以数字形式对声音进行处理的技术称为数字音频技术。

数字音频技术处理音频信息主要包括两个过程：采样和量化。采样是将时间上连续的波形模拟信号按特定的时间间隔 (即采样频率) 进行取样，以得到一系列的离散点，如图 1-26 所示。一般来说，采样频率越高，采点数就越多，声音的质量就越接近原始声音。标准的采样频率有三个：44.1 kHz、22.05 kHz、11.025 kHz。量化就是用数字表示采样得到的离散点的信号幅值，如图 1-27 所示。量化标准也称为采样精度，是指每个声音样本需要用多少位二进制数来表示，它反映了度量声音波形幅度值的精确程度。位数越多，声音的质量就越高，数据量也就越大，故所需的存储空间也就越大。计算机在处理音频信息时，先将接收到的声波的电信号 (即模拟信号) 转换成数字信号，经过处理、传输和存储等操作，输出时再把数字信号还原成模拟信号。

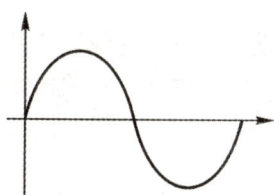

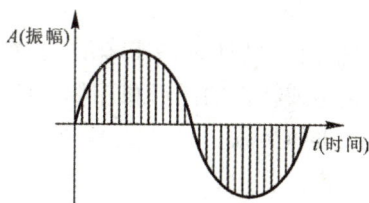

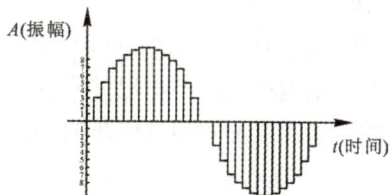

图 1-25 声波信号 (模拟信号)　　　图 1-26 采样　　　　　　图 1-27 量化

2) 视觉类媒体

视觉类媒体的很多，主要有图像、图形、视频、动画、文本等。事实上，无论是图形，还是文字，影像视频都是以图像的形式出现。但由于图像在计算机中的表示、处理、显示方法不同，一般被看作是不同的媒体形式。什么是图像呢？一般来讲，凡是能够为人类视觉系统所感知的信息形式或人们心目中的有形想象统称为图像。

图像有两种基本的形式：位图和矢量图。

位图 (bitmap) 又称点阵图像或栅格图像，是由很多像素点构成的。对要处理的一幅图像，通过对每个像素点进行采样，并且按颜色或灰度进行量化，可得到图像的数字化效果。数字化结果存放在显示缓冲区，与显示器上的点一一对应。当把位图放大后，可以看到像素点的效果。位图有两个重要的参数：图像分辨率和图像深度。图像分辨率是指构成图像的水平和垂直的像素点个数，一般以"水平像素×垂直像素"表示。例如，一幅图像的分辨率为"1920×1080"，表示这幅位图由 1920×1080 个不同颜色的像素点构成。经常也用此方法描述一幅图像的大小。图像深度就是指位图中每个像素所占的位数，是对一幅位图最多能拥有多少种色彩的说明。比如，图像深度为 8，则位图中最多可以使用 $2^8 = 256$ 种颜色。现在大多数计算机系统中图像深度为 32 位，最多可以拥有 2^{32} 种颜色。它所描述的颜色数和自然界中的颜色数已经非常接近了，因此我们把其称为"真彩色"。一幅图像的数据量大小与分辨率和图像深度有关。

3) 触觉类媒体

触觉指皮肤或毛发等与物体接触时所产生的感觉。触觉类媒体就是利用触觉来获取信息的媒介。例如，用手去推一扇门，这扇门给予推门的手的反作用力，就传递了门是开或关的状态信息。触觉类媒体对于人来说是一个非常重要的信息来源，特别是在视觉和听觉受到阻碍时，触觉将是大脑判断信息的主要方法。触觉类媒体被广泛应用于虚拟现实、机械设计、计算机辅助教学、军事、航空航天、医学等领域。

二、多媒体技术特点

1. 集成性

多媒体技术的集成性，表现在多媒体信息的集成和操作这些媒体信息的软件及设备的集成。以计算机为中心综合处理多种信息媒体，使文字、图形、图像、语音、视频等信息集成为一个有机的整体。操作媒体信息的软件和设备将与多媒体相关的各种硬件和软件集成为一个理想的环境，以便充分共享、操作和使用多媒体信息。

2. 多样性

多媒体技术的多样性，主要表现在信息媒体的多样化。多样性使得计算机处理的信息空间范围扩大，不再局限于数值、文本或特殊的图形和图像，可以借助于视觉、听觉和触觉等多感觉形式实现信息的接收、产生和交流。

3. 交互性

多媒体技术的交互性，是指用户可以与计算机进行交互操作，同时提供多种交互控制功能。这是多媒体应用有别于传统信息交流媒体的主要特点之一。传统信息交流媒体只能单向地、被动地传播信息，而多媒体技术引入交互性后则可实现人对信息的主动选择、使用、加工和控制。

4. 实时性

多媒体技术的实时性，是指当用户给出操作命令时，相应的多媒体信息都能够得到及时控制。多媒体系统能够综合处理与时间相关的媒体，如音频、视频和动画，所以，多媒体系统在处理信息时有严格的时序要求和很高的速度要求，当系统扩大到网络范围之后，这个特性更加突出。在实际使用过程中，实时性已成为多媒体系统的关键要求。

5. 协同性

多媒体技术的协同性，是指多媒体中的每一种媒体都有其自身的特性，各媒体信息之间必须有机配合，协调一致。

三、多媒体计算机系统

多媒体计算机系统是指由多媒体终端设备、多媒体网络设备、多媒体服务系统、多媒体软件以及有关的媒体数据组成的有机整体。具体来说，一个完整的多媒体计算机系统包括多媒体硬件子系统和多媒体软件子系统。

1. 多媒体硬件子系统

一台多媒体计算机主要包括主机、声卡、视频卡、各种外部设备和多媒体通信设备等。

1) 主机

主机包括中央处理器和内存储器，这是计算机的最关键部分。目前流行的各种中央处理器都能达到专业级水平的媒体制作和播放，而且有些微处理器中还加入了近百条专门的多媒体指令，使 PC 机在多媒体方面的性能达到了一个新的境界，带来了丰富的视频、音频、动画和三维效果。另外，主机的主频越来越高，内存越来越大，在任何时间、任何地点都能运行多媒体内容丰富的软件。

2) 声卡

声卡的主要功能是对声音进行数 / 模转换，将声音采样存入计算机或将数字声音转为声波播放。声卡通常还有 MIDI(Musical Instrument Digital Interface) 声乐合成器和 CD-ROM 控制器，高档的还有 DSP(数字信号处理) 装置。当然，声卡并不是决定多媒体计算机音响效果的唯一因素，还需要优质的音箱。

3) 视频卡

视频卡是将视频图像信号转换成计算机数字图像的主要设备，它的性能直接影响多媒体计算机的图像效果。视频卡主要有以下几种：视频转换卡、视频捕捉卡、视窗动态视频卡、视频 JPEG/MPEG 压缩卡等。

4) 各种外部设备

根据需要，多媒体计算机还可配置耳机、麦克风、扫描仪、打印机、摄像机、数字照相机、光盘驱动器、光笔 / 鼠标、触摸屏、传真机、可视电话等。

5) 多媒体通信设备

为了让多媒体计算机能够通过网络传输和接受多媒体信息，还应该配置网络通信设备，如调制解调器、网卡等。

在实际运用中，多媒体计算机还有很多辅助设备，而且随着硬件技术的发展，还会出现更多新的设备，我们可以在实际使用的过程中逐步去认识它们。

2. 多媒体软件子系统

多媒体计算机的软件种类很多，根据功能可以分为多媒体操作系统、多媒体处理系统工具和用户应用软件 3 类。

1) 多媒体操作系统

多媒体操作系统应具有实时任务调度、多媒体数据转换和同步控制、多媒体设备的驱动和控制、图形用户界面管理等功能。常用的 Windows 操作系统就是多媒体操作系统。

2) 多媒体处理系统工具

多媒体处理系统工具亦称多媒体系统开发工具软件，主要包括媒体创作软件工具、多媒体节目写作工具、媒体播放工具、多媒体数据库管理系统等各类媒体处理工具。

3) 用户应用软件

用户应用软件是根据多媒体系统终端用户要求而定制的应用软件或面向某一领域的用户应用软件，例如 Photoshop、3ds max、Director、PowerPoint、Illustrator 等。

四、常用多媒体文件

在计算机中，利用多媒体技术可以将声音、文字、图像等多种媒体信息进行综合处理，并以不同的文件类型进行存储。下面分别介绍常用的媒体文件及格式。

1. 音频文件

音频文件在计算机中存储的格式较多，包括 WAV、MIDI、MP3、RM、Audio 等。常用的音频文件格式如表 1-4 所示。

表 1-4　常用音频文件格式

文件格式	说　明	文件扩展名
WAV	是微软公司专门为 Windows 开发的一种标准数字音频文件，主要针对话筒或录音机等录制外部音源，是一种波形文件，经声卡转换成数字信息；能记录各种单声道或立体声的声音信息，并能保证声音不失真，但数据量较大	.wav
MIDI	乐器数字化接口 (MIDI)，是乐器和电子设备之间进行声音信息交换的一组标准规范，用音符的数字控制信号来记录音乐，文件较小	.mid/.rmi
MP3	是一种数字音频编码和有损压缩格式，能将音乐以 1:10 甚至 1:12 的压缩率，在音质丢失很小的情况下把文件压缩到更小的数据量。每分钟音乐的 MP3 格式只约有 1MB。小数据量、高音质的特点，使得 MP3 文件更适合网络传播，是较流行的一种格式	.mp3
RM	是一种流媒体文件格式，采用音频 / 视频流和同步回放技术在网上提供优质多媒体信息，特点是可随着网络带宽的不同而改变声音的质量	.rm
Audio	是一种经过压缩的数字音频格式。它原先是 UNIX 操作系统下的数字声音文件，由于早期 Internet 上的 Web 服务器主要是基于 UNIX 的，所以，Audio 格式的文件在如今的 Internet 中也是常用的声音文件格式	.au

2. 图像文件

静态图像是计算机中常用的文件格式，分为矢量图和位图两种。常见的静态图像格式包括 BMP、GIF、JPEG、PNG、TIFF、WMF 等，如表 1-5 所示。

表 1-5　常用静态图像文件格式

文件格式	说　明	文件扩展名
BMP	Bitmap(位图) 的简写，是 Windows 操作系统中的标准图像文件格式，采用位映射存储格式，除图像深度可选外，几乎不进行压缩，文件占用空间较大	.bmp
GIF	图形交换格式 (Graphics Interchange Format)，最多支持 256 种颜色，支持动画，经常用于网页中需要高传输率的图像文件	.gif
JPEG	联合图像专家组 (Joint Photographic Experts Group)，用于连续色调静态图像压缩的一种标准，能够在提供高压缩性能的同时提供较好的图像质量，是较流行的一种图像格式	.jpg/.jpeg
PNG	便携式网络图形 (Portable Network Graphics)，其设计目的是替代 GIF 和 TIFF 文件格式，具有高压缩比、不损失数据的特点，广泛应用于网络中	.png
TIFF	标签图像文件格式 (Tag Image File Format)，是一种灵活的位图格式，主要用于存储包括照片和艺术图在内的图像，是一种流行的高位彩色图像格式	.tiff
WMF	是 Windows 中常见的一种图元文件格式，是由简单的线条和封闭线条组成的矢量图	.wmf

3. 视频文件

视频文件是计算机中的常见格式，包括 AVI、MOV、MPEG、ASF、WMV 等，如表 1-6 所示。

表 1-6 常用视频文件格式

文件格式	说　　明	文件扩展名
AVI	是 Microsoft 公司开发的一种数字视频文件格式，允许视频和音频同步播放，主要用于多媒体光盘上	.avi
MOV	是 Apple 公司开发的一种音频、视频文件格式，具有文件小、跨平台等特点	.mov
MPEG	是运动图像压缩算法的国际标准，采用有损压缩，在保证影像质量的基础上，减少冗余信息，压缩率高、质量好，包括 MPEG-1、MPEG-2、MPEG-4 等视频格式	.mpeg
ASF	是 Microsoft 公司开发的一种串流多媒体文件格式，是专为在网上传送有同步关系的多媒体数据而设计的，特别适用于网络直播、点播等视频文件，具有本地或网络回放、可扩充等特点	.asf
WMV	是 Microsoft 公司开发的一种视频文件格式，可使用 Windows Media Player 播放	.wmv

五、多媒体相关软件

1. 图形图像处理软件

1) Photoshop

Photoshop 是 Adobe 公司推出的一款图像处理软件，集成了如图像采集、特效处理等较多实用功能，是一款功能强大的图像和图片的制作工具，广泛应用于平面设计、网页制作、三维图像绘制等。Photoshop 能够帮助用户制作美观的图片以及较好效果的图片，用于制作图书封面、广告宣传、写真海报、婚纱照片、创意文字等，还可帮助用户进行照片修复、图片处理、图像特效、图像增强等。

2) CorelDraw

CorelDraw 是 Corel 公司推出的一款矢量图形制作的平面设计软件，它为设计师提供了矢量动画、页面设计、网站制作、位图编辑和网页动画等多种功能。在绘图方面，CorelDraw 集成了一整套的绘图工具，包括圆形、矩形、多边形、方格、螺旋线等，并配合塑形工具，对各种基本图像进行更多的变化，如圆角矩形，弧、扇形、星形等；在设计需求方面，CorelDraw 提供了一整套的图形定位和变形控制方案，为设计商标、标识等需要精确尺寸要求的设计带来了极大的便利；在图像颜色的美化设计方面，CorelDraw 提供了一套模式各样的调色方案，调整图形，图像颜色变化，操作方便，颜色匹配真实，打印和印刷效果一致性较好；在文字处理和图形输入、输出方面，CorelDraw 提供了排版功能，支持大部分图像格式的输入与输出，并可以与其他软件方便地实现文件共享。

2. 音频处理软件

1) Adobe Audition

Adobe Audition 是专门为音频和视频专业人员设计的软件，可提供先进的音频混音、编辑和效果处理功能，具有灵活的工作流程；使用非常简单并配有绝佳的工具，可以制作出音质饱满、细致入微的最高品质音效；最多混合 128 个声道，可编辑单个音频文件，创建回路并可使用 45 种以上的数字信号处理效果。Audition 就是一个完善的多声道录音室，可提供灵活的工作流程且使用简便。

2）Cakewalk

Cakewalk 是 Cakewalk 公司推出的一个功能强大的专业制作、编辑、创作、调试 MIDI 格式音乐的软件，一直以功能强大但又简单易学的特点而深受专业用户和电脑音乐爱好者的欢迎。Cakewalk 界面简洁，功能丰富强大，用户可以通过它来组合各种音色，编辑各种 MIDI 信号，可以制作单声部或多声部音乐，在音频录制、编辑、缩混方面取得了一定的发展。

3. 视频处理软件

Premiere 是由 Adobe 公司开发的一款视频编辑软件，提供了采集、剪辑、调色、美化音频、字幕添加、输出、DVD 刻录等一整套流程，并能与其他 Adobe 软件高效集成，是视频编辑爱好者和专业人士必不可少的视频编辑工具。

以上是一些常见的软件，有关多媒体处理的应用软件还有很多，读者可以根据实际需要选择合适的软件。

▶ 任务实现

在学习了多媒体的有关基础知识后，对多媒体的分类、特点，多媒体计算机系统的构成，多媒体文件的格式以及处理多媒体的常见软件有了一些了解，可以根据实际需要，收集、整理活动中所需要的图片、音频、视频等材料，也可以尝试使用多媒体处理软件创作、编辑多媒体材料文件。

项 目 小 结

本项目主要介绍了计算机的基础知识，包括计算机的发展、特点、分类和应用，信息和信息技术的相关概念，计算机的基本工作原理，计算机系统的组成，信息在计算机中的表示和存储，多媒体相关基础知识及常用多媒体软件。通过本项目的学习，对计算机基础知识和原理有了一定的了解，为后面的学习奠定基础。

课 后 练 习

一、选择题

1. 世界上第一台计算机产生的时间是（　　）。

A. 1946 年　　　　B. 1947 年　　　　C. 1945 年　　　　　　D. 1964 年

2. 一个完整的计算机系统通常应包括（　　）。

A. 系统软件和应用软件　　　　　　B. 计算机及其外部设备

C. 硬件系统和软件系统　　　　　　D. 系统硬件和系统软件

3. 计算机辅助教学的英文缩写是 (　　)。

A. CAD　　　　　B. CAI　　　　　C. CAM　　　　　　D. CAT

4. 计算机的主存是指 (　　)。

A. 内存储器　　　B. 软盘和硬盘　　C. ROM 和 RAM　　　D. 硬盘

5. 第一到第四代计算机使用的基本元件分别是 (　　)。

A. 晶体管、电子管、中小规模集成电路、大规模集成电路

B. 晶体管、电子管、大规模集成电路、超大规模集成电路

C. 电子管、晶体管、中小规模集成电路、大规模集成电路

D. 晶体管、电子管、大规模集成电路、超大规模集成电路

6. 计算机"CPU"表征着计算机的档次，"CPU"中除包含运算器，还包含 (　　)。

A. 控制器　　　　B. 存储器　　　　C. 显示器　　　　　D. 处理器

7. 计算机内部采用的数据是 (　　)。

A. 十进制　　　　B. 二进制　　　　C. 八进制　　　　　D. 十六进制

8. ROM 的特点是 (　　)。

A. 存取速度快　　　　　　　　B. 存储容量大

C. 断电后信息仍然存在　　　　D. 用户可以随机读写

9. 计算机执行的指令和数据存放在机器的 (　　) 中。

A. 运算器　　　　B. 存储器　　　　C. 控制器　　　　　D. 输入、输出设备

10. 一般情况下，外存储器中存储的信息，在断电后 (　　)。

A. 局部丢失　　　B. 大部丢失　　　C. 全部丢失　　　　D. 不会丢失

11. 显示器是计算机的 (　　)

A. 终端　　　　　B. 外部设备　　　C. 输入设备　　　　D. 主机组成部分

12. 下面不属于应用软件的是 (　　)。

A. Office　　　　B. Flash　　　　C. Photoshop　　　　D. Windows 10

13. 计算机软件系统一般包括 (　　)。

A. 系统软件和字处理软件　　　B. 操作系统和应用软件

C. 系统软件和应用软件　　　　D 应用软件和管理软件

14. 下面不属于辅助存储器的是 (　　)。

A. 硬盘　　　　　B. 光盘　　　　　C. 软盘　　　　　　D. 内存条

15. 下面关于计算机基本概念的说法中，正确的是 (　　)。

A. 微机内存容量的基本计量单位是字符

B. 1 GB = 1024 KB

C. 二进制数中右起第 10 位上的 1 相当于 21

D. 1 TB = 1024 GB

二、填空题

1. 计算机中采用的数制是 (　　) 进制。

2. 计算机系统由 (　　) 系统和 (　　) 系统两部分构成。

3. 信息最小的单位是 (　　)，信息的基本单位是 (　　)。

4. 1 个字节等于 (   ) 个二进制位。

5. 一条指令包括 (   ) 和 (   ) 两部分。

6. 西文字符编码一般采用 (   ) 编码。

7. 汉字在显示器上显示或在打印机上打印时所采用的汉字编码称为 (   ) 码。

8. 打印机属于 (   ) 设备。(填写"输入"或"输出")

9. 硬盘中的数据，断电后 (   ) 丢失。(填写"会"或"不会")

10. 计算机用于办公，是计算机在 (   ) 方面的应用。

三、操作题

1. 将十六进制数 $(1BF)_H$ 转换为八进制数和二进制数，写出详细过程。

2. 将十进制数 $(251)_D$ 转换成二进制数和十六进制数，并写出详细过程。

项目二 / 使用计算机操作系统

　　操作系统是一个系统软件，它运行在计算机硬件之上，管理计算机内的软件、硬件资源。用户通过操作系统使用计算机，计算机中的程序通过操作系统获得相应的资源才能被执行。每台计算机都安装有一个操作系统。本项目通过 4 个任务介绍 Windows 10 操作系统的基本知识和使用，包括操作系统的概念、功能和分类，Windows 10 操作系统的基本功能，Windows 10 操作系统工作环境的定制和使用 Windows 10 管理计算机资源等，为后面的应用软件学习奠定基础。

学习目标

- 认识 Windows 10 操作系统
- 熟练使用 Windows 10 操作系统的基本功能
- 能定制 Windows 10 操作系统的工作环境
- 能使用 Windows 10 操作系统管理计算机资源

任务一　认识 Windows 10 操作系统

任务描述

　　小明在进入学校机房学习时，发现电脑上安装的都是 Windows 10 操作系统，自己对这个操作系统还不是很熟悉。为了以后的高效学习，小明需要先熟悉 Windows 10 操作系统。

　　本任务要求了解操作系统的基本概念、特点、功能及分类，以及操作系统的发展历史，掌握 Windows 10 的启动与退出的基本方法，熟悉 Windows 10 的桌面组成。

知识准备

一、操作系统的概念、功能和分类

1. 操作系统的概念

　　操作系统 (Operating System，OS) 是一些程序模块的集合，这些程序模块高效合理地管理、使用与调度计算机系统的全部硬件资源和软件资源，合理地组织计算机的工作流程，控制程序的执行，为用户提供使用计算机的界面接口，用户无需全面了解计算机的硬件就

能方便地使用计算机。操作系统作为一种大型系统级的软件，是硬件与所有其他软件之间的接口，处于各种软件的最底层，是整个计算机系统的控制和管理中心。操作系统直接运行在计算机硬件之上，计算机中所有应用软件都运行在操作系统之上。操作系统在整个计算机系统中的地位如图 2-1 所示。

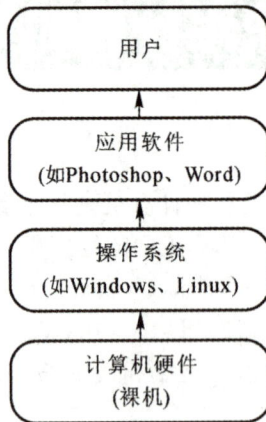

图 2-1　操作系统在计算机系统中的地位

2. 操作系统的功能

操作系统的主要作用是控制和管理计算机的软件和硬件资源，提高计算机的利用率，并为用户操作计算机提供界面，方便用户使用。具体来说，它主要包括以下六方面的功能。

1) 处理机管理

操作系统对处理机的管理，也就是对 CPU 的管理，主要包括作业管理和进程管理。操作系统的处理机管理模块能确定对 CPU 的分配策略，实施对进程或线程的调度和管理，包括作业调度、进程调度、进程控制、进程同步、进程通信等。

2) 存储管理

操作系统对存储的管理主要是指对内存的管理，主要功能包括分配和回收主存空间、提高主存利用率、扩充主存、对主存信息实现有效保护等。操作系统负责为正在执行的程序分配主存单元，对已结束程序占用的空间进行回收。此外，操作系统还要保证用户进程之间互不影响，用户进程不能破坏系统进程，并对内存提供保护。

3) 设备管理

操作系统提供对计算机硬件设备的管理，协调外设与主机的工作，提高外设与 CPU 的效率，使用户能方便地使用外设。

4) 信息管理

信息管理也称文件管理。文件管理的主要功能包括对文件的逻辑和物理组织、目录结构和管理等。操作系统对文件存储进行空间分配、维护和回收，负责文件索引、共享和权限管理，用户能方便地通过文件名和目录对文件进行各种操作。

5) 网络管理

操作系统的网络管理功能，能保证计算机与网络之间的数据传输和网络安全防护。

6) 提供用户接口

操作系统为用户提供良好的界面，方便用户对计算机资源的操作。操作系统一般能为用户提供三种形式的界面接口：命令行、图形接口、系统调用。

(1) 命令行。用户通过在键盘上输入操作系统提供的各种命令与操作系统交互。例如，早期的 DOS 操作系统、Windows 操作系统的命令提示符窗口都是通过命令的方式进行操作。

(2) 图形接口。用户通过鼠标、键盘对操作系统提供的各种图标进行操作，即可实现对系统、文件等的管理和操作。例如，Windows 操作系统就是窗口化的图形用户界面操作系统。

(3) 系统调用。系统调用的实现技术又称为操作系统的应用程序接口 (API)，它一般以函数的形式提供系统调用，用户只需调用相应函数即可完成对系统资源的访问。

3. 操作系统的分类

操作系统在不断的发展，其分类方法也有多种，其中主要有两种：按计算机系统的体系结构分类与按操作系统提供服务的特点分类。

1) 按计算机系统的体系结构分类

从计算机系统体系结构的角度，操作系统可分为微型计算机操作系统、多处理器操作系统、网络操作系统和分布式操作系统。

2) 按操作系统提供的服务分类

从操作系统提供服务的角度，操作系统可分为单用户操作系统、批处理操作系统、分时操作系统和实时操作系统。

二、操作系统的发展

操作系统是在计算机硬件诞生之后才出现的。随着计算机技术的发展和广泛应用，为了提高资源利用率和增强计算机系统的性能，逐步形成和完善了操作系统。操作系统的发展大致经历了以下几个阶段：

(1) 20 世纪 40 年代，第一代电子管计算机诞生，计算机操作员带着记录有程序的数据卡片或打孔纸带去操作机器，当时并没有操作系统；

(2) 20 世纪 50 年代，第二代晶体管计算机出现，为了提高使用效率，减少空闲时间，出现了单道批处理操作系统；

(3) 20 世纪 60 年代，第三代小规模集成电路计算机出现，为进一步提高资源使用效率，出现了多道批处理操作系统；

(4) 20 世纪 70 年代，第四代大规模集成电路计算机出现，微软公式的 MS-DOS 操作系统和 AT&T 公司的 UNIX 操作系统占领了 PC 市场。

微软公司自 1985 年推出 Windows 操作系统以来，历经了运行在 DOS 下的 Windows 3.0,到流行的 Windows 95 和 Windows 98,再到全球广泛使用的 Windows XP、Windows 7、Windows 8、Windows 10 等多个版本。2021 年，微软公司正式发布了 Windows 的最新版本 Windows 11。

　　Windows 10 是微软公司在 2015 年正式发布的一款跨平台操作系统，可应用于个人计算机和平板电脑等设备。Windows 10 在易用性和安全性方面有了极大的提升，除了对云服务、智能移动设备、自然人机交互等新技术进行融合外，还对固态硬盘、生物识别、高分辨率屏幕等硬件进行了优化完善与支持，是目前最为流行的操作系统之一。

三、Windows 10 的启动和退出

1. Windows 10 的启动

　　在一台已安装了 Windows 10 操作系统的计算机上启动 Windows 10 的操作非常简单。首先，打开显示器和主机箱上的电源开关，Windows 10 系统将载入内存，然后对计算机进行自检，自检完成后系统自动启动，并进入锁屏界面。在锁屏界面任意处单击鼠标，进入登录界面，如图 2-2 所示。在登录界面输入正确的用户名和密码，回车，进入欢迎界面后自动进入系统桌面。如果系统没有设置密码，在登录界面直接单击【登录】按钮后自动登录系统，无需输入密码。

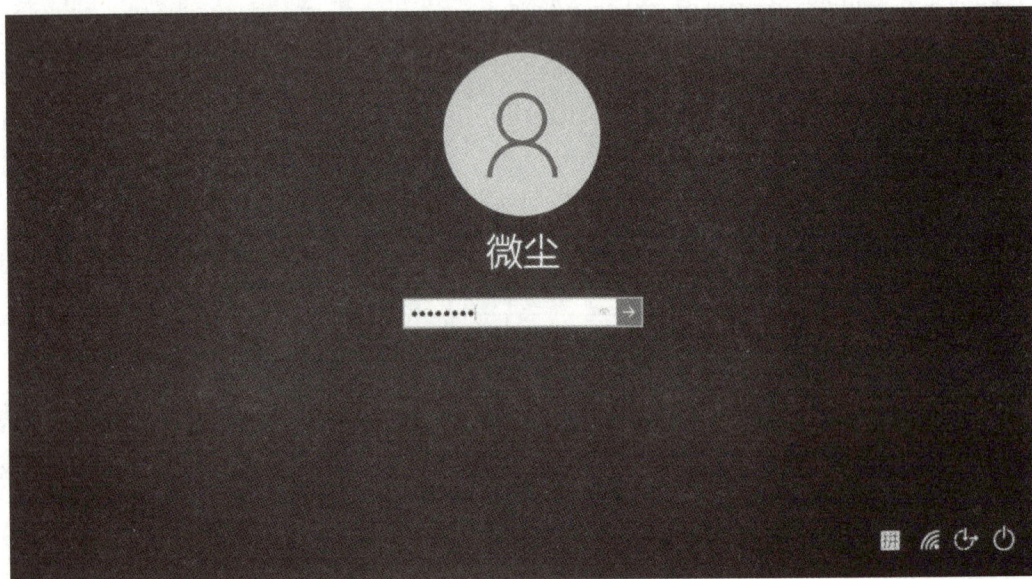

图 2-2　Windows 操作系统登录界面

2. Windows 10 的桌面

　　进入 Windows 10 操作系统后，在屏幕上看到的就是系统桌面，如图 2-3 所示。Windows 10 系统的桌面一般由桌面图标、任务栏和鼠标指针等部分组成。

　　1）桌面图标

　　桌面图标一般包括系统图标和应用程序快捷方式。系统图标是在安装了 Windows 10 操作系统后，进入系统后自动出现在桌面上的图标，包括此电脑、我的文档、网络、回收站等，如图 2-4 所示。计算机安装新的软件后，一般在桌面上会出现该应用程序的快捷方式。快捷方式图标的左下角有一个箭头，如图 2-5 所示。双击桌面上的图标，就可以快速打开对应的窗口。

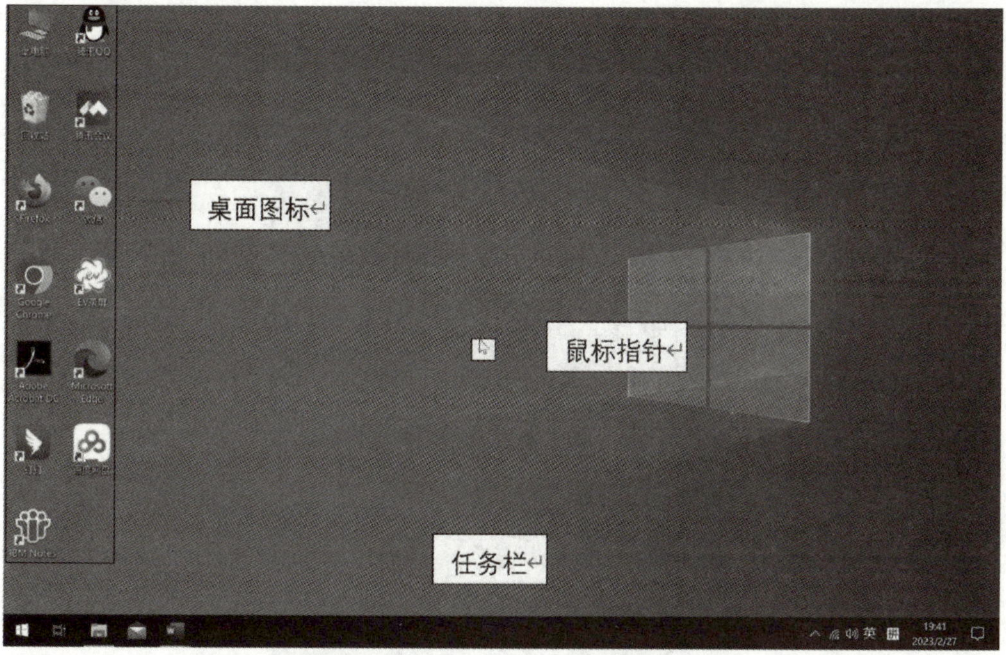

图 2-3　Windows 10 操作系统桌面

图 2-4　系统图标

图 2-5　应用程序快捷方式

2) 任务栏

Windows 10 操作系统的任务栏一般位于桌面的底部，由"开始"按钮、任务视图、任务区、通知区域、语言栏、通知图标等部分组成，如图 2-6 所示。

图 2-6　任务栏

"开始"按钮一般位于任务栏的最左侧，单击该按钮可以打开"开始"菜单，从而启动应用程序。任务视图是一个任务切换器和虚拟桌面系统，它允许用户快速定位到已打开的窗口，快速隐藏所有窗口并显示另一个桌面，以及管理多个监视器或虚拟桌面上的窗口。任务区用于显示当前正在运行的应用程序或打开的文件夹窗口。通知区域用于显示时钟、音量及一些告知特定程序和计算机设置状态的图标。语言栏主要用于系统输入方法的设置和切换。通知图标用于管理系统通知，单击该图标弹出【管理通知】面板，如图 2-7 所示。

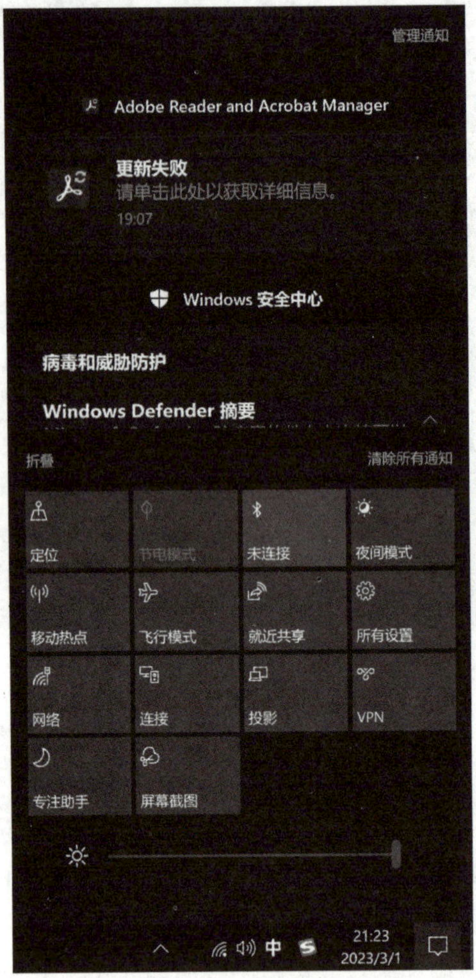

图 2-7　管理通知

3) 鼠标指针

在 Windows 10 操作系统中，鼠标指针在不同的状态下有不同的形状，用户可以根据鼠标指针的形状快速判断当前的操作或系统状态。常见的鼠标指针及其对应的状态如表 2-1 所示。

表 2-1　常见的鼠标指针及其状态

鼠标指针	对应的状态	鼠标指针	对应的状态	鼠标指针	对应的状态
	正常选择		文本选择		移动对象
	帮助选择		手写状态		候选
	后台运行		禁用状态		链接选择
	忙碌状态		垂直 / 水平调整大小		位置选择
	精确选择		对角线调整大小		个人选择

3. Windows 10 的退出

在完成计算机的所有操作后，需要正确退出 Windows 10 操作系统（即关机）。首先关闭所有的应用程序，然后单击【开始】→【电源】按钮，在弹出的菜单项中单击【关机】按钮，即可正常退出 Windows 10 操作系统，如图 2-8 所示。系统正常退出后，关闭显示器及其他外设电源。

图 2-8　【电源】菜单项

任务实现

在学习了操作系统的基本知识，对 Windows 10 操作系统有了基本了解后，就可以进入机房，打开电脑，初步使用 Windows 10 操作系统。

上机操作步骤如下：

(1) 检查显示器电源开关是否打开，如未打开，按下显示器上的电源按钮，打开电源开关。对于大多数的显示器，电源按钮在显示器的下边框或右边框上。

(2) 按下电脑主机箱上的电源按钮。对于主流的主机箱，电源按钮在主机箱的顶部或正面面板上。

(3) 等待系统自检完成，进入锁屏界面。鼠标单击任意位置，进入用户登录界面，输入用户名对应的密码，单击密码框右侧的 → 图标，或按键盘上的回车键确认输入，进入欢迎界面后自动登录 Windows 操作系统。如果系统没有设置密码，则无需输入密码，在登录界面直接单击【登录】按钮即可进入系统。

(4) 双击桌面上 图标，打开【此电脑】窗口，如图 2-9 所示。

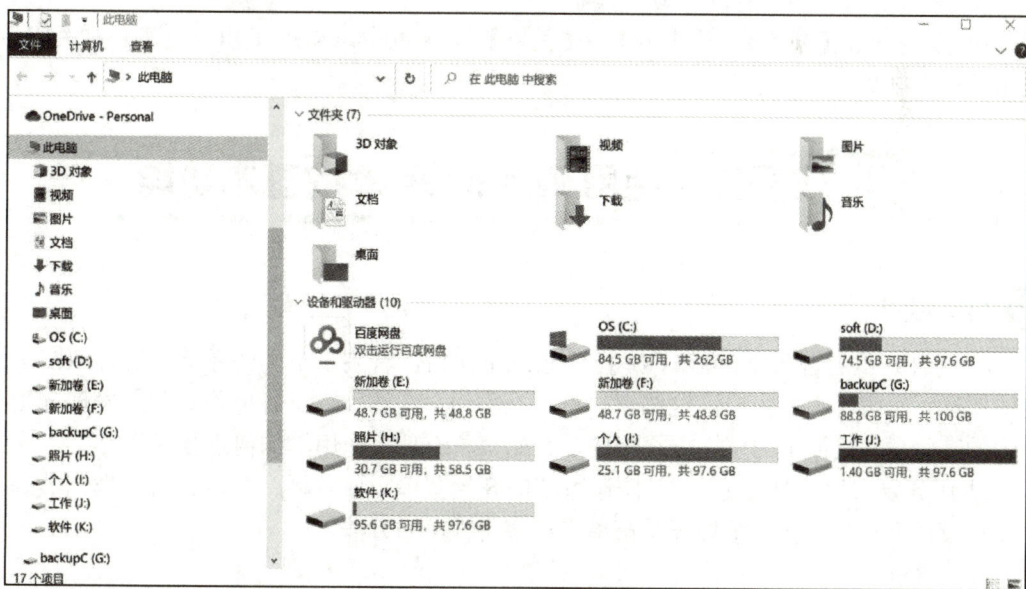

图 2-9　【此电脑】窗口

(5) 在【此电脑】窗口中，双击磁盘盘符图标，进入磁盘查看计算机中的资源。一般情况下，C 盘下存放的是系统相关文件，不要随意更改。

(6) 单击任务栏上的【开始】图标 ，打开【开始】菜单，如图 2-10 所示。

图2-10 【开始】菜单

（7）将鼠标移动到开始菜单的右侧，出现滚动条，向下拖动滚动条，查看计算机中已安装的程序。找到【Word】菜单项 Word 图标，单击，启动 Word 应用程序。

（8）关闭计算机中已打开的应用程序。

（9）鼠标单击【开始】→【电源】→【关机】，等待 Windows 10 退出。主机正常关闭后，关闭显示器电源。

任务二　使用 Windows 10 的基本功能

任务描述

小明打开电脑进入 Windows 10 操作系统桌面后，看到了不同的图标，通过双击桌面上的图标，出现了一些窗口。这些窗口有什么作用，应该如何进行操作？他还发现开始菜单中的某些项与桌面上的快捷方式相同，开始菜单有什么作用，如何进行操作？

本任务要求学习 Windows 10 操作系统的开始菜单、任务栏、窗口、对话框，熟练掌握窗口及对话框的操作，掌握开始菜单启动应用程序的方法。

知识准备

一、窗口

Windows 10 操作系统中的操作大多是在窗口中完成的，一般通过鼠标和键盘对窗口中的菜单和按钮进行操作，即可实现对系统资源的管理。窗口一般由标题栏、菜单栏、功能区、地址栏、搜索栏、导航窗格、工作区和状态栏等部分组成，如图 2-11 所示。

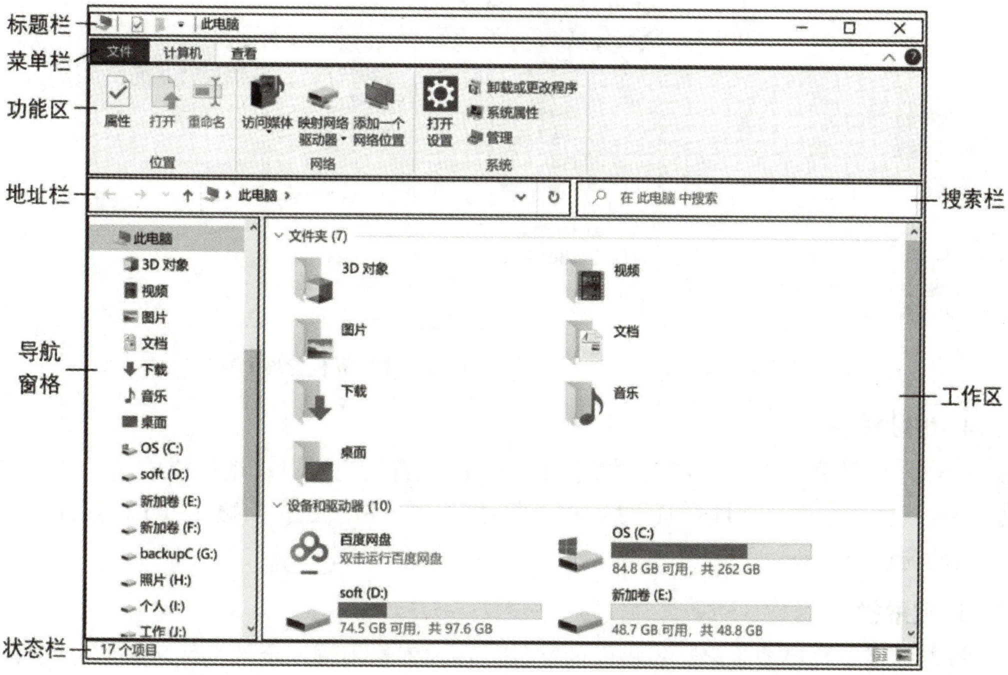

图 2-11　Windows 操作系统窗口组成

1. 标题栏

标题栏位于窗口的顶部。标题栏的左侧有一些自定义的快速访问工具栏，中间部分是窗口的标题，最右侧有控制窗口大小的工具，包括窗口最小化、还原和关闭按钮。在窗口标题栏按下鼠标左键并移动，可以实现窗口的拖动操作。

2. 菜单栏

菜单栏位于标题栏的下方，包括各种菜单。菜单的内容与具体的任务有关，不同窗口的菜单项有所不同。菜单栏通常由"文件""编辑""视图""插入""工具"和"帮助"等菜单项组成。每个菜单项下都有一组对应的命令选项，单击这些命令按钮可以完成相应的功能。有些菜单命令项有一个三角形的图标，单击此三角形图标可以展开更多的选项，可进一步选择命令完成操作。

3. 功能区

功能区是对应菜单项的功能命令组合。在 Windows 10 操作系统中将旧版操作系统的菜单、下拉菜单改为了菜单选项卡和功能组合的形式，更加便于操作。功能区的功能命令按照功能分类组合排列，简化了操作。将鼠标移动到命令选项上后，会出现有关该命令的说明，如图 2-12 所示。单击功能区的命令选项，即可完成相应的操作。单击某些命令选项后，可能会弹出对话框或窗口，需要进一步设置，才能完成相应的操作。例如，单击【管理】项，会弹出【计算机管理】窗口，如图 2-13 所示。

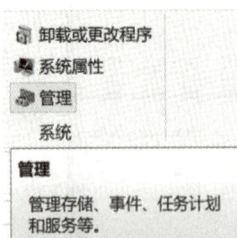

图 2-12　命令提示

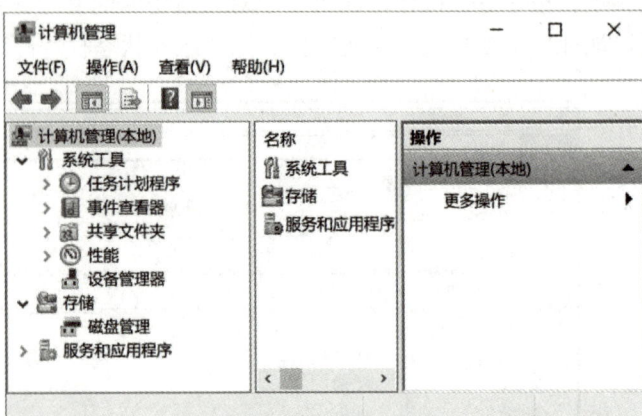

图 2-13　【计算机管理】窗口

4. 地址栏

地址栏用于显示当前窗口文件在计算机中的位置，也可以在地址栏中输入文件的位置，快速找到该文件。地址栏有"后退""前进""上一级"三个按钮，用于快速找到最近打开过的窗口。

5. 搜索栏

搜索栏用于快速搜索出计算机中的文件。在搜索栏中输入全部文件名或部分文件名，按键盘的回车键，系统就会进行搜索，并在当前窗口中显示搜索结果。例如，在搜索栏中输入"图"，按回车键，系统将计算机中所有文件名含有"图"字的文件全部搜索出来，如图 2-14 所示。在搜索栏中输入".txt"，按回车键，系统将计算机中所有后缀为 txt 的文件 (即类型为 txt 的文件) 搜索出来了，如图 2-15 所示。

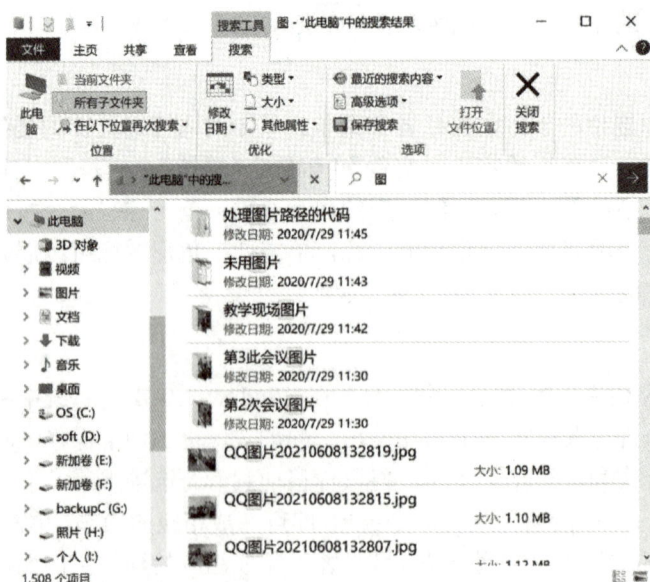

图 2-14　按文件名搜索

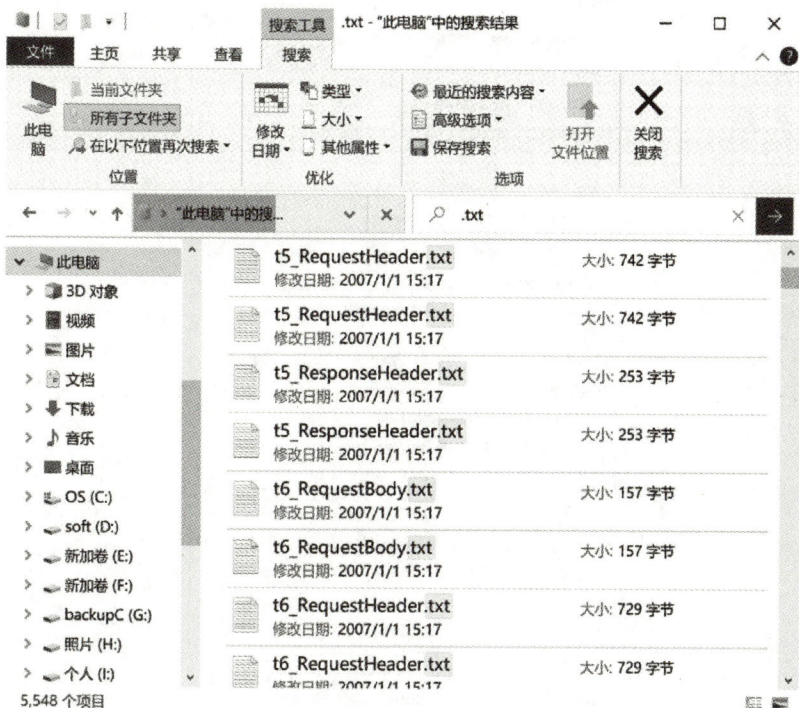

图 2-15　按文件类型搜索

在搜索结果中，直接双击文件，即可打开该文件，也可以在文件项上单击鼠标右键，在弹出的快捷菜单中，选择【打开文件所在位置】快速跳转到文件所在的位置。搜索完成后，单击【关闭搜索】命令，关闭搜索窗口。如要实现精确搜索，可以输入文件全名，例如"三班学生名单 .xlsx"。

6. 导航窗格

导航窗格用于快速切换或打开其他窗口。在【此电脑】窗口中，单击左边导航窗格中的菜单项，可以快速切换到对应的资源目录。在 Word 中，导航窗格中显示了当前文档的标题大纲，单击标题可以快速跳转到对应目录的段落窗口。

7. 工作区

工作区是窗口的主要组成部分，主要用于显示或编辑当前窗口中的内容。

8. 状态栏

状态栏一般位于窗口的底部，主要用于显示当前窗口或选中对象的状态信息。

二、对话框

对话框实质上是一种特殊的窗口，与一般窗口相比，对话框不能调整大小，没有最大化和最小化按钮。在操作计算机的过程中，执行某些命令不能直接完成，而是弹出一个对话框，需要进行进一步的设置。对话框往往用于接受用户输入的参数，用户可以通过直接输入、选择等方式输入参数，如图 2-16 所示。

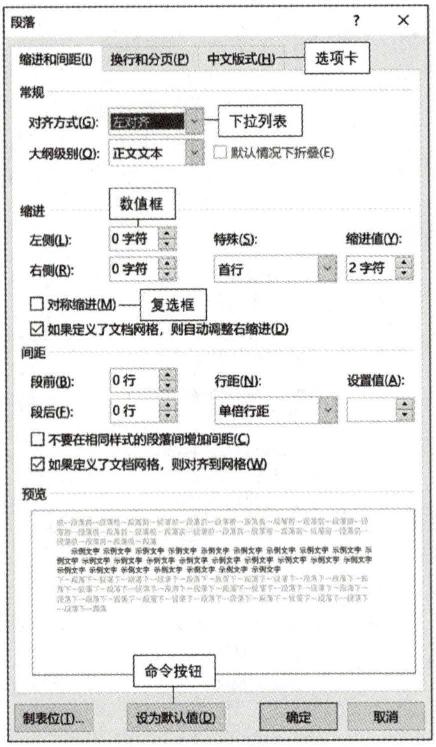

图2-16　对话框的组成

不同命令执行时，弹出的对话框也不同。一般情况下，对话框由选项卡、下拉列表、单选按钮、复选框、数值框、滑块、输入文本框、参数栏、命令按钮等组成。

1. 选项卡

Windows 10 操作系统将对话框中的内容按照类别分成不同的选项卡，每个选项卡都有一个名称，各选项卡依次排列，单击选项卡，显示对应的内容，大大节省了屏幕空间。

2. 下拉列表

下拉列表是对话框中常见的元素，主要用于多个选项的选择。单击下拉列表项或右边的箭头按钮，打开下拉列表选项，单击所需的项即为该下拉列表的值。

3. 单选按钮

单选按钮也是对话框中的常见元素，用一个小圆圈表示，用于选择单选按钮组中的一项。单击单选按钮的小圆圈，选中对应的项。例如，性别的选择，就可以设置为单选按钮，只能选择"男"或"女"中的一项。同一个单选按钮组中，选择其中一项，则其他项自动改为未选择状态。

4. 复选框

复选框用一个小方框表示，用于选择多项，同一复选框组中的不同项可以同时被选中。单击复选框的小方框，切换选中状态，被选中的复选框中有一个"√"符号，未被选中的复选框中无任何符号。

5. 数值框

数值框主要用来输入具体的数值。在数值框的右侧往往有一个调整按钮，单击向上的箭头，用于增加数值，单击向下的箭头，用于减小数值。

6. 滑块

滑块是比数值框更直观的数值输入方式。用户可以通过拖动滑块左右或上下移动，从而调整输入数值的大小。滑块在一些不要求精确输入的对话框中较常见。

7. 输入文本框

输入文本框在对话框中表现为一个空白的方框，用于用户直接从键盘输入字符信息。

8. 参数栏

在对话框中，往往将设置某一效果的多个参数集中放在一个区域，以方便设置，称为参数栏。

9. 命令按钮

命令按钮用于执行某一操作。某些命名按钮上有省略号，表示单击该命名按钮后，还会弹出对话框，需要进一步设置才能完成操作。一般对话框都有【确定】和【取消】两个命令按钮。单击【确定】按钮，表示保存对对话框的设置，并关闭对话框；单击【取消】按钮，表示取消对对话框的设置，并关闭对话框。某些对话框还有【应用】按钮。单击【应用】按钮，表示保存对对话框的设置并应用，但不关闭对话框，继续停留在对话框界面。

三、【开始】菜单

【开始】菜单是用户操作计算机的重要接口，它包含了几乎所有的计算机应用。Windows 10 操作系统的开始菜单结合了 Windows 7 与 Windows 8.X 版本中【开始】菜单的易用性与屏幕布局特点，具有简洁易操作的特点。Windows 10 操作系统的【开始】菜单主要由所有程序区、系统控制区、高频使用区等部分组成，如图 2-17 所示。

1. 所有程序区

在所有程序区，系统将计算机中已安装的应用程序按照应用程序的名称首字母分类排序、排列，中文名称的应用程序按照中文拼音的字母排列。可以通过拖动右侧滚动条查看更多应用程序，计算机中几乎所有已安装的应用程序都可以在这里找到。对于一些桌面上没有建立快捷方式的应用程序，往往通过【开始】菜单启动。

2. 系统控制区

Windows 10 操作系统的【开始】菜单简化了系统控制区的应用。在图 2-17 中，系统控制区部分由上至下分别为用户信息、文档、图片、设置、电源。选择用户信息，可以对用户信息进行更改、锁定和注销等操作。选择文档，可以快速跳转到文档窗口，查看相应的文档资源。选择图片，可以快速跳转到图片窗口，查看相应的图片资源。选择设置，可以快速跳转到设置窗口，对计算机进行系统、网络、个性化、更新等的设置。选择电源，可以进行计算机睡眠、休眠、关机和重启等操作。

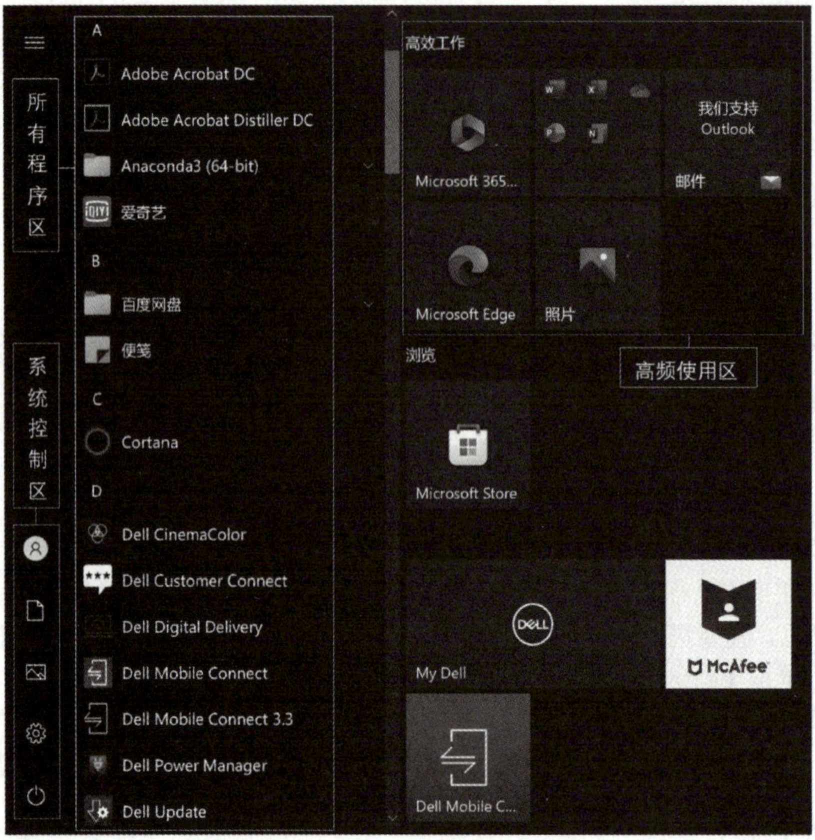

图 2-17 【开始】菜单

3. 高频使用区

高频使用区包含了最近使用的应用，在这里可以快速找到最近使用过的应用程序，帮助提升工作效率。

四、任务栏

Windows 10 操作系统的任务栏是位于系统桌面最底部的一横条。一般情况下，任务栏始终处于最前端，用户可以通过任务栏访问【开始】菜单和当前正在运行的应用程序，可以设置语言、声音等信息，也可以查看后台运行的程序、网络状态、日期信息等。

1. 将应用程序固定到任务栏

用户可以将常用的应用程序固定到任务栏。操作方法：在桌面快捷方式 (或【开始】菜单中的应用程序项，或任务栏中正在运行的应用程序) 图标上单击鼠标右键，在弹出的快捷菜单中选择【固定到任务栏】。例如，在微信应用程序的快捷方式图标上点击鼠标右键，在弹出菜单中点击【固定到任务栏】命令，将微信应用程序固定到任务栏，如图 2-18 所示。将应用程序固定到任务栏后，在任务栏上会出现该应用程序的图标。操作中要注意区分正在运行的应用程序和固定到任务栏的应用程序。

固定在任务栏的应用程序也可以随时取消固定。操作方法：在任务栏上找到相应的应用程序图标，在该图标上单击鼠标右键，在弹出的菜单中选择【从任务栏取消固定】命令。例如，在任务栏上的微信应用程序图标上单击鼠标右键，在弹出的菜单中单击【从任务栏取消固定】，将微信应用程序从任务栏中取消固定，如图 2-19 所示。

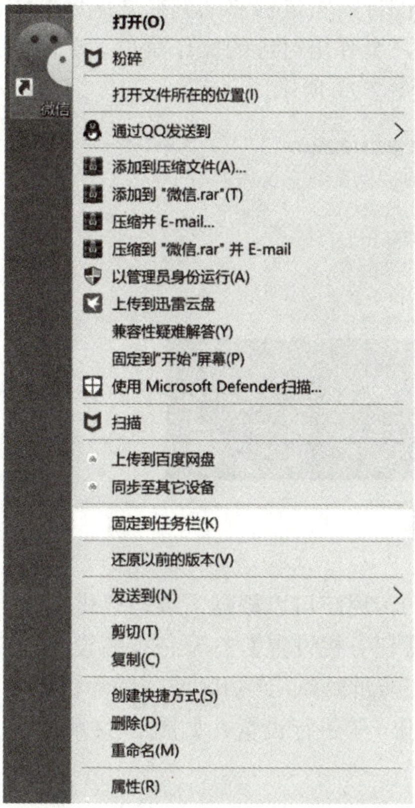

打开(O)	
粉碎	
打开文件所在的位置(I)	
通过QQ发送到	>
添加到压缩文件(A)...	
添加到 "微信.rar"(T)	
压缩并 E-mail...	
压缩到 "微信.rar" 并 E-mail	
以管理员身份运行(A)	
上传到迅雷云盘	
兼容性疑难解答(Y)	
固定到"开始"屏幕(P)	
使用 Microsoft Defender扫描...	
扫描	
上传到百度网盘	
同步至其它设备	
固定到任务栏(K)	
还原以前的版本(V)	
发送到(N)	>
剪切(T)	
复制(C)	
创建快捷方式(S)	
删除(D)	
重命名(M)	
属性(R)	

图 2-18　固定应用程序到任务栏

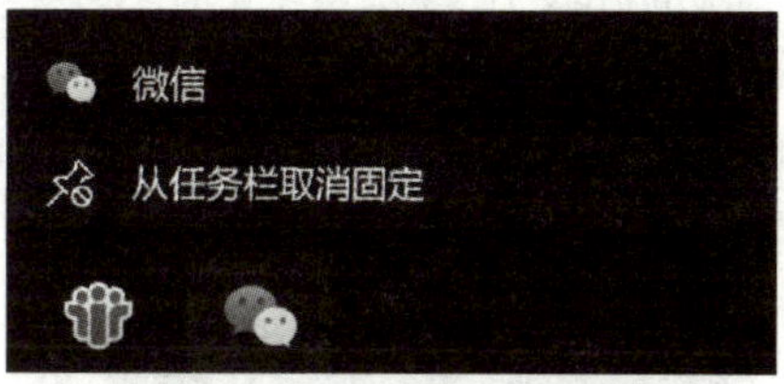

图 2-19　从任务栏取消固定

2. 任务视图

Windows 10 操作系统的任务视图，允许用户在打开的窗口和应用程序间快速切换。操作方法：单击任务栏上的任务视图图标 ，在弹出的虚拟桌面上，单击将要访问的应用程序或窗口，即可切换到该应用程序或窗口，如图 2-20 所示。在该虚拟桌面上，滚动鼠标滚轮，还可以查看更多最近访问过的应用程序和窗口信息。再次单击任务栏上的任务视图图标 或按【Esc】键，可以退回到系统桌面。

图 2-20　任务视图界面

3. 通知区域

任务栏上的通知区域主要用于显示来自计算机中的各种通知信息，如蓝牙、移动设备、网络链接等的状态，后台运行的应用程序的状态，声音设备状态等。通知区域显示的图标数量有限，可以单击左侧的向上箭头，展开显示其他图标。将鼠标移动到通知区域的图标上，会显示状态提示信息。单击通知区域的设备图标，会弹出对应的操作菜单。单击通知区域的应用程序图标，会跳转到该应用程序窗口，如图 2-21 所示。

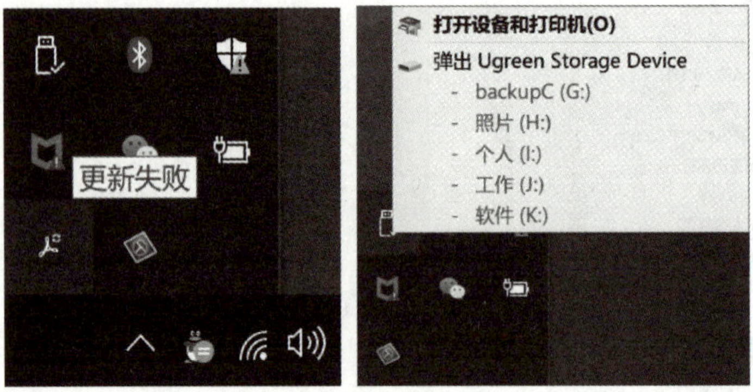

图 2-21　查看通知区域

4. 任务栏设置

Windows 10 操作系统中的任务栏不是固定不变的，用户可以根据需要自己进行设置。在任务栏上单击鼠标右键，在弹出的快捷菜单中单击【任务栏设置】，打开任务栏设置窗口，可以对任务栏的显示、任务栏在屏幕上的位置、是否自动隐藏、通知区域、任务栏在多显示器上的显示、任务栏上显示天气（新闻、兴趣、人脉）等进行设置，如图 2-22 所示。

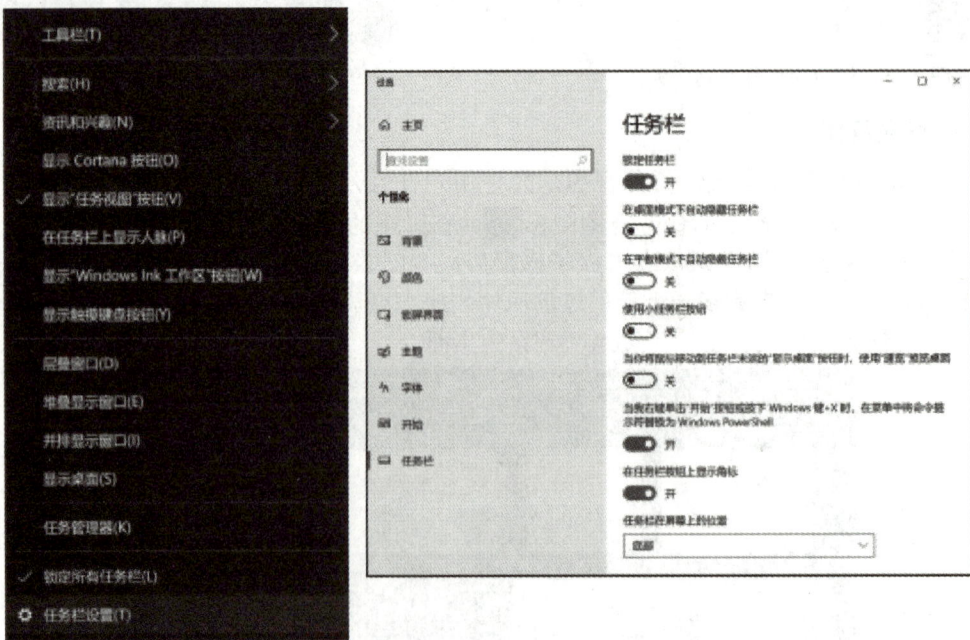

(a) 选择【任务栏设置】　　　　　　　　　　(b) 任务栏设置窗口

图 2-22　任务栏设置界面

▶任务实现

在学习了窗口、对话框、开始菜单和任务栏的相关知识后，现在可以进行 Windows 10 操作系统的基本操作。

上机操作步骤如下：

1. 打开窗口

(1) 在桌面上双击【此电脑】图标 ![此电脑图标](或在【此电脑】图标上单击鼠标右键，在弹出的快捷菜单中选择【打开】命令)，打开【此电脑】窗口。

(2) 在【此电脑】窗口中双击 C 盘盘符图标 (或选择 C 盘盘符图标后按键盘的【Enter】键)，打开 C 盘窗口，如图 2-23 所示。

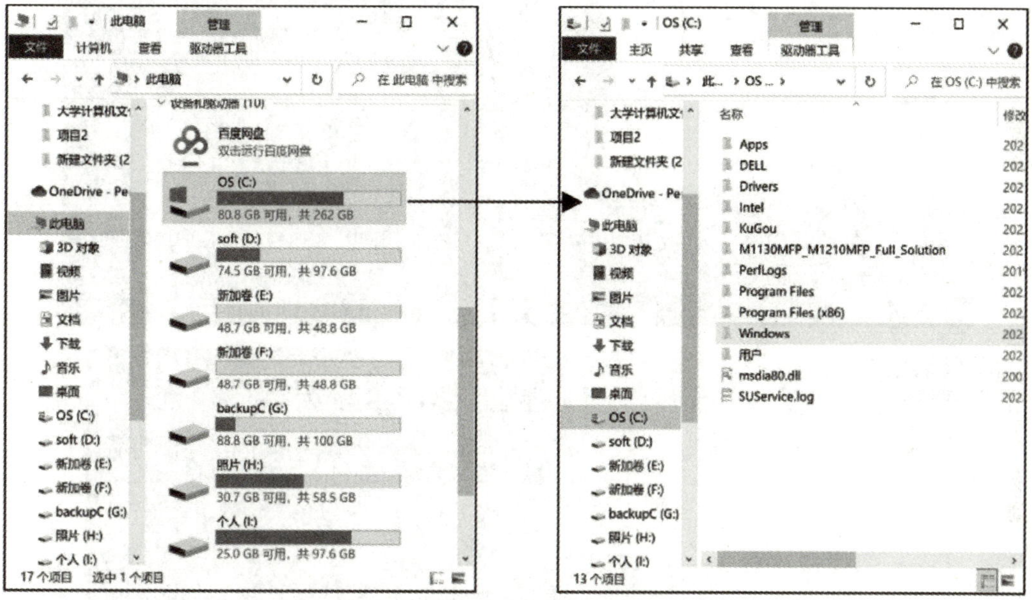

图 2-23　打开 C 盘窗口

(3) 在 C 盘窗口中，查看各文件夹信息。鼠标双击文件夹，打开对应的文件夹。其中，"Windows"目录一般用于存放系统的相关文件，不要随意更改；"Program Files"和"Program Files(x86)"目录一般用于存放安装的应用程序文件。为保证 C 盘留有足够的空间，一般建议将应用程序安装在其他磁盘，例如 D 盘。

2. 改变窗口大小和位置

(1) 单击窗口标题栏中的"最大化"图标 ![最大化图标]，最大化窗口；单击"还原"按钮 ![还原按钮]，还原窗口到原始大小。将鼠标移动到窗口右 (或左) 边框上，当鼠标形状变为"水平调整大小"形状 ↔ 后，按下鼠标左键并左右拖动，调整窗口大小；将鼠标移动到窗口左下 (或右上) 角边框上，当鼠标形状变为"对角调整大小"形状 ↖ 时，按下鼠标左键并向左上或右下拖动，调整窗口大小。单击"最小化"按钮，将窗口最小化到任务栏；在任务栏中单击该窗口图标，将窗口显示在屏幕上。

(2) 将鼠标移动到窗口标题栏，按下鼠标左键不放，移动鼠标，拖动窗口到其他位置，即将窗口拖动到屏幕左侧后释放鼠标。将鼠标移动到窗口上（或下）边框，当鼠标形状变为"垂直调整大小"形状 时，双击鼠标，此时窗口在垂直方向上最大化，呈现半屏显示效果，再次在窗口上（或下）边框双击鼠标，还原窗口到原始大小，如图 2-24 所示。半屏显示在多窗口同时操作或多文档同时编辑时特别方便。

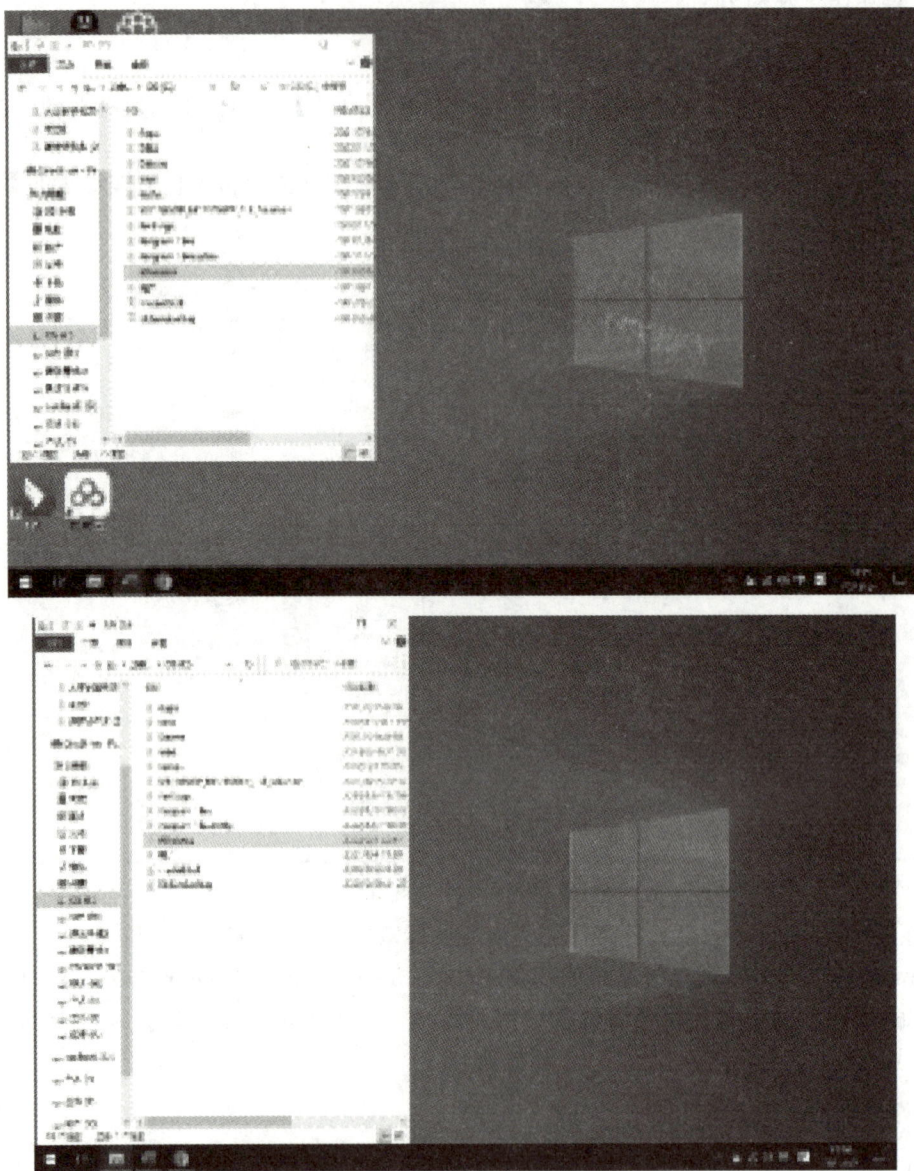

图 2-24　窗口半屏显示

（3）将鼠标移动到窗口标题栏，双击鼠标，最大化窗口，再次在标题栏双击鼠标，还原窗口到原始大小；点击【关闭】按钮 ×，关闭窗口。

3. 排列多个窗口

（1）打开多个窗口，如图 2-25 所示。

图 2-25 打开多个窗口

(2) 在任务栏上，单击鼠标右键，选择【层叠窗口】命令，如图 2-26 所示，观察窗口排列效果，如图 2-27 所示。

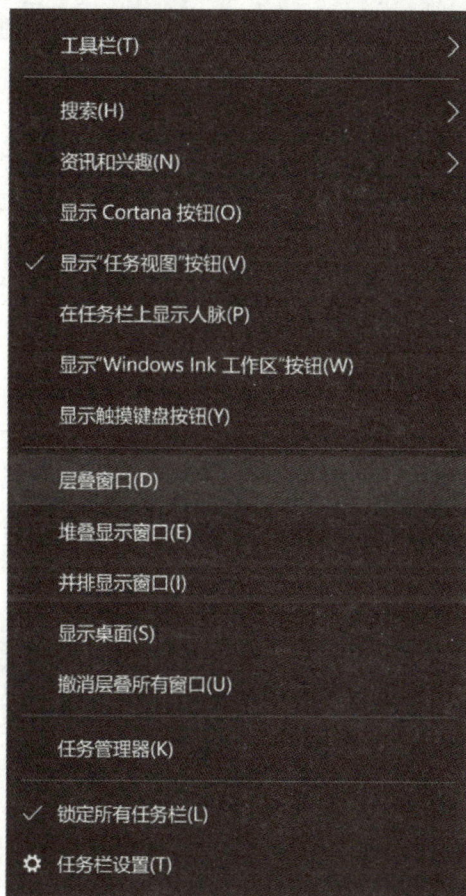

工具栏(T) >

搜索(H) >

资讯和兴趣(N) >

显示 Cortana 按钮(O)

✓ 显示"任务视图"按钮(V)

在任务栏上显示人脉(P)

显示"Windows Ink 工作区"按钮(W)

显示触摸键盘按钮(Y)

层叠窗口(D)

堆叠显示窗口(E)

并排显示窗口(I)

显示桌面(S)

撤消层叠所有窗口(U)

任务管理器(K)

✓ 锁定所有任务栏(L)

⚙ 任务栏设置(T)

图 2-26 任务栏右键快捷菜单

图 2-27　层叠窗口

（3）在任务栏上单击鼠标右键，在弹出的快捷菜单中依次选择【堆叠显示窗口】和【并排显示窗口】命令，观察窗口的排列，如图 2-28 和图 2-29 所示。

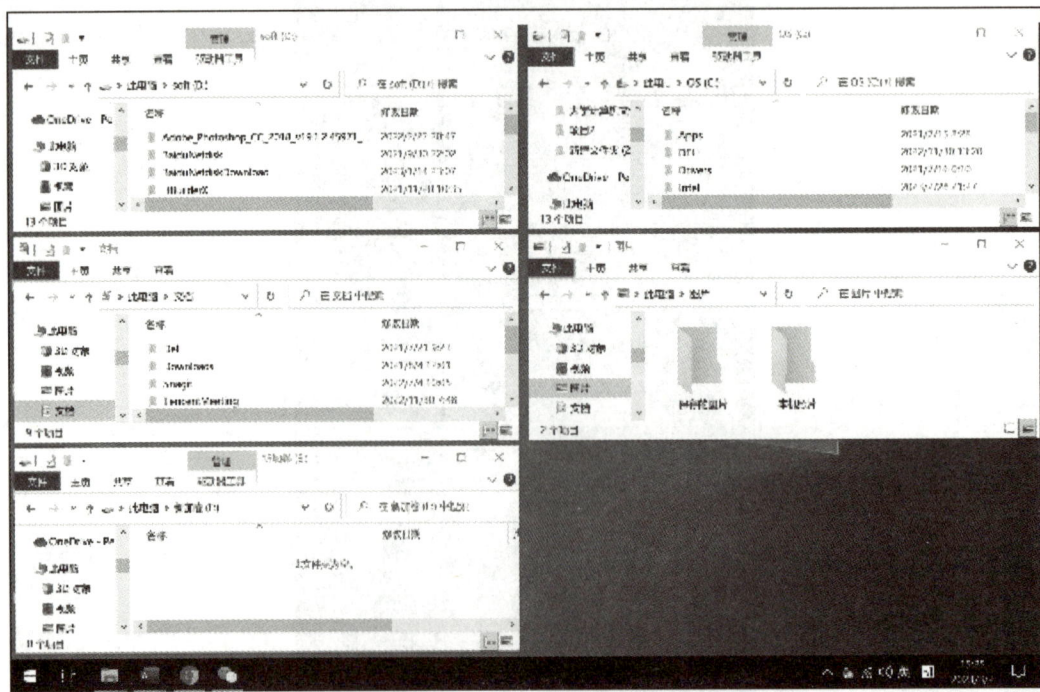

图 2-28　堆叠显示窗口

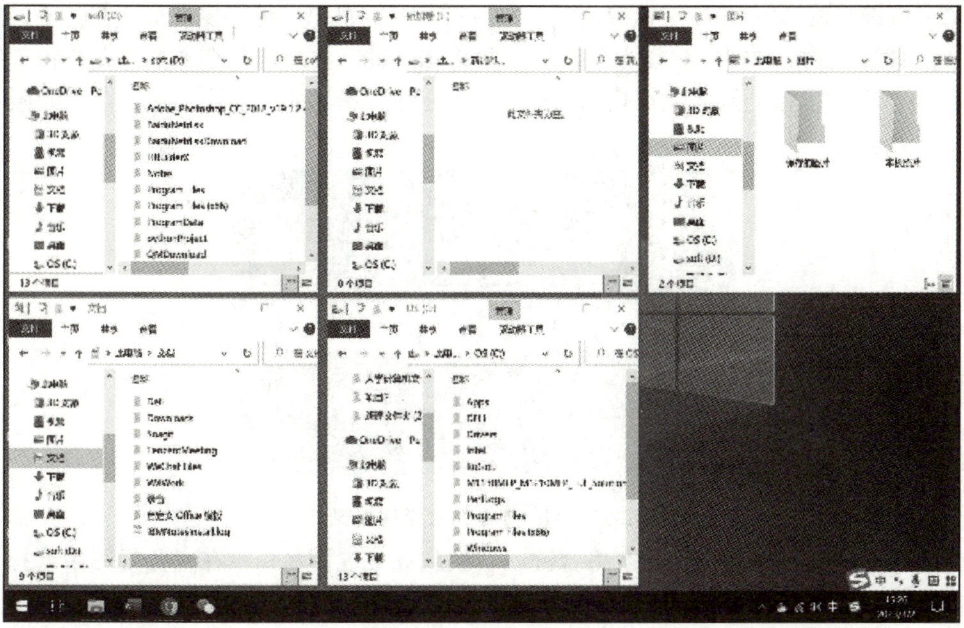

图 2-29 并排显示窗口

4. 切换窗口

在 Windows 10 操作系统中，无论打开了多少个窗口，当前工作窗口只有 1 个，所有操作都是针对当前工作窗口的。当打开了多个窗口后，需要在不同的窗口间进行切换，操作步骤如下：

(1) 将鼠标移动到窗口任意位置，单击鼠标，窗口切换为当前窗口。

(2) 将鼠标移动到任务栏的应用窗口图标上，此时会打开此类型任务的缩略图，单击缩略图，切换到对应的窗口，如图 2-30 所示。

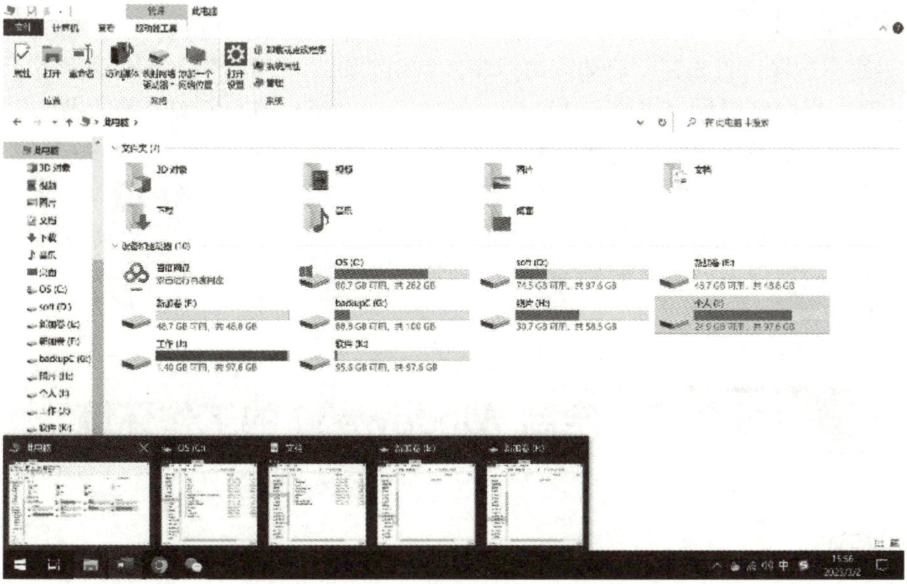

图 2-30 任务栏切换窗口

（3）按键盘的 Alt + Tab 组合键，系统将所有打开的窗口以缩略图的形式在任务切换栏中显示出来。此时，按住 Alt 键不放，再反复按 Tab 键，将显示一个方框，并在窗口缩略图间切换，当方框移动到需要切换的窗口上后释放 Alt 键，即可切换到该窗口，如图 2-31 所示。

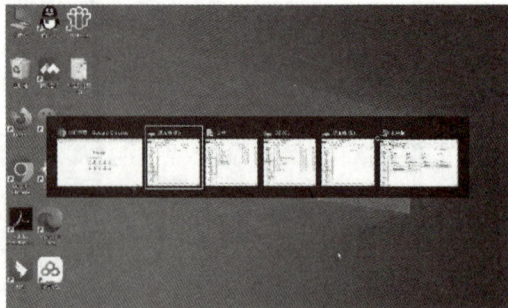

图 2-31　Alt + Tab 组合键切换窗口

（4）按键盘的 Windows + Tab 组合键，切换到任务视图窗口。在任务视图中选择需要切换的窗口，即可切换到窗口。按 Esc 键退出任务视图，回到桌面。

5. 关闭窗口

对窗口的操作完成后，应该关闭窗口，操作方法如下：

（1）单击窗口标题栏上的【关闭】按钮 ✕。

（2）在窗口标题栏上单击鼠标右键，在弹出的快捷菜单中选择【关闭】命令。

（3）将鼠标移动到任务栏对应任务图标上，单击任务缩略图上的【关闭】按钮 ✕ 。

（4）在窗口中按下 Alt + F4 组合键，可关闭当前窗口。

（5）在任务栏应用程序图标上单击鼠标右键，在弹出的快捷菜单中选择【关闭窗口】命令。

6. 启动应用程序

使用应用程序，首先需要启动应用程序。常用的启动应用程序操作方法如下：

（1）双击桌面应用程序快捷方式图标。例如，从桌面启动火狐浏览器的操作方法为双击桌面上的火狐浏览器快捷方式图标 。

（2）从【开始】菜单启动。鼠标单击任务栏上的【开始】菜单图标 ，在弹出的开始菜单中，通过滚动鼠标滚轮找到需要启动的应用程序项，并单击，即可启动该应用程序。

（3）如果应用程序已经锁定到任务栏，也可以从任务栏找到应用程序图标，单击该图标，即可启动该应用程序。

任务三　定制 Windows 10 的工作环境

📋 任务描述

小明在使用计算机的过程中，想让操作系统工作环境更符合自己的操作习惯，以提高工作效率和方便操作。

本任务要求为操作系统定制工作环境，包括快捷方式的创建、个性化显示设置、输入法设置等。

知识准备

一、快捷方式

快捷方式是 Windows 10 操作系统提供的一种快速启动应用程序、打开文件或文件夹的方法。它是应用程序的快速链接，一般存放在桌面上、开始菜单里和任务栏上的"快速启动"这三个地方，在开机后能立刻看到，以达到方便操作的目的。桌面上在左下角带有箭头符号的图标，就是快捷方式图标。例如，腾讯 QQ 程序的桌面快捷方式图标，双击该图标就能快速启动腾讯 QQ 程序。快捷方式一般是一个扩展名为".lnk"的文件。

在快捷方式图标上单击鼠标右键，在弹出的快捷菜单中选择【属性】命令，打开【属性】对话框，可以查看和设置快捷方式的更多信息，如图 2-32 所示。

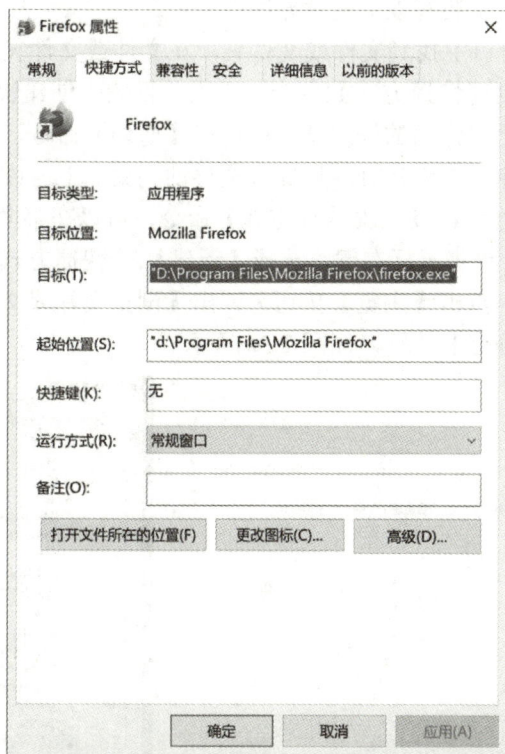

图 2-32　快捷方式属性设置

Windows 10 操作系统的【开始】菜单实际上就是计算机上已安装的各种应用软件的快捷方式的集合，主要用于集中管理快捷方式。通过路径 C:\User(用户)\ 用户名 \Appdata\Roaming\Microsoft\Windows\Start Menu(开始菜单)\Programs(程序)，可以查看【开始】菜单文件夹中分类管理的快捷方式图标，如图 2-33 所示。

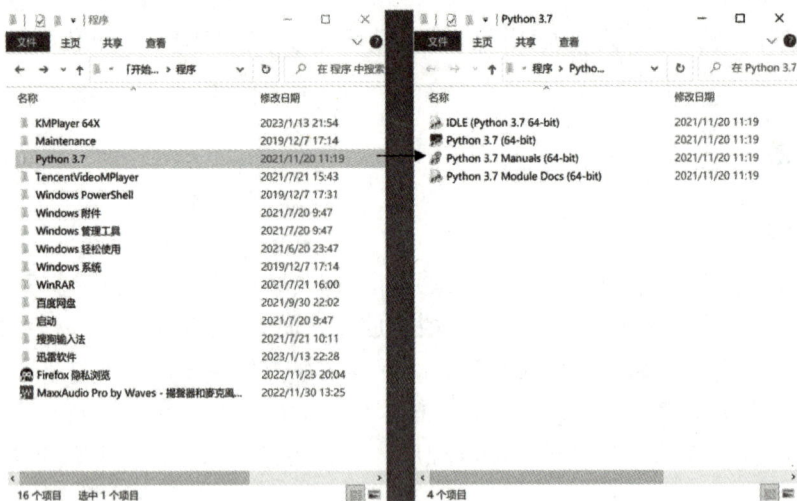

图 2-33　【开始】菜单文件夹

用户可以根据需要，在桌面上创建应用程序、文件或文件夹的快捷方式，以提高工作效率。创建桌面快捷方式主要有以下两种方法：

(1) 在【此电脑】窗口中找到文件或文件夹，在文件或文件夹上单击鼠标右键，在弹出的快捷菜单中选择【创建快捷方式】命令，在当前目录中创建快捷方式；然后在快捷方式图标上单击鼠标右键，在弹出的快捷菜单中选择【剪切】命令，在桌面空白处单击鼠标右键，选择【粘贴】命令，将创建好的快捷方式移动到桌面上。或者在文件或文件夹上单击鼠标右键，选择【发送到】/【桌面快捷方式】命令，可以在桌面上直接创建快捷方式。

(2) 在桌面空白处，单击鼠标右键，选择【新建】/【快捷方式】命令，在弹出的【创建快捷方式】对话框中，点击【浏览】按钮，弹出【浏览文件或文件夹】对话框，选择文件或文件夹后，单击【确定】按钮，如图 2-34 所示。

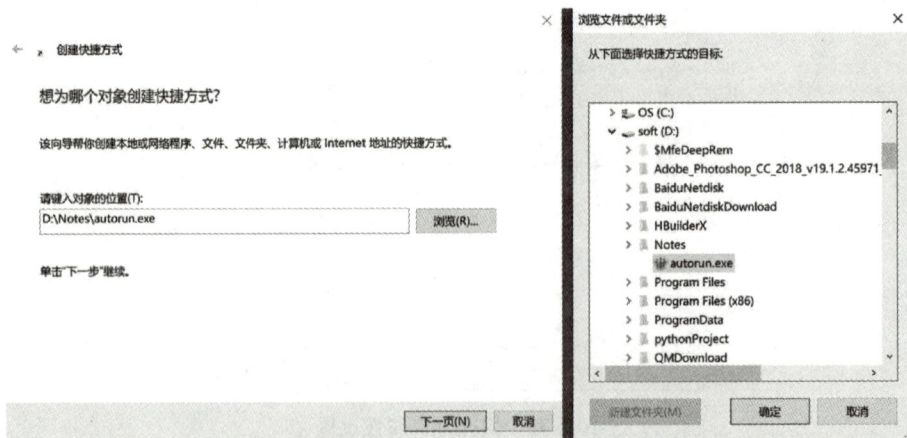

图 2-34　新建快捷方式

在【浏览文件或文件夹】对话框，单击【下一步】(【下一页】) 按钮，在【输入该快捷方式的名称】文本框中输入快捷方式的名称，单击【完成】按钮，即可在桌面创建快捷方式，如图 2-35 所示。

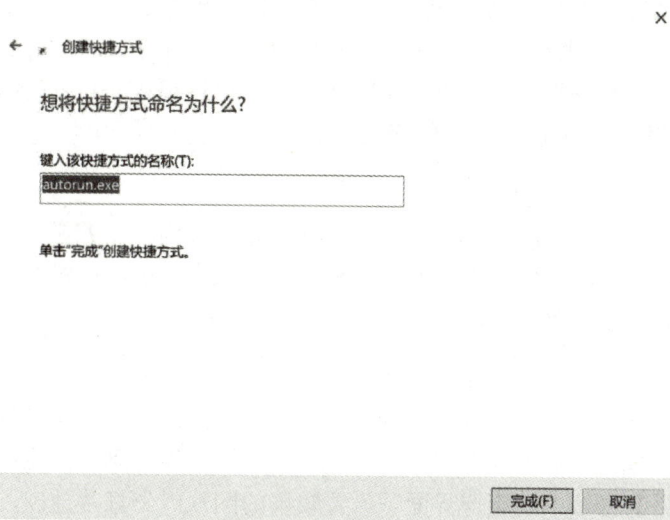

图 2-35 输入快捷方式名称

除了在桌面创建快捷方式外，在其他文件夹中也可以创建快捷方式，方法类似桌面快捷方式的创建。

二、【个性化】设置窗口

Windows 10 操作系统的【个性化】设置窗口允许用户根据需要对系统进行个性化的设置，包括对背景、颜色、锁屏界面、主题、字体、开始、任务栏等的设置。在桌面空白处，单击鼠标右键，在弹出的快捷菜单中选择【个性化】命令，弹出【个性化】设置窗口，通过该窗口可以进行个性化设置，如图 2-36 所示。

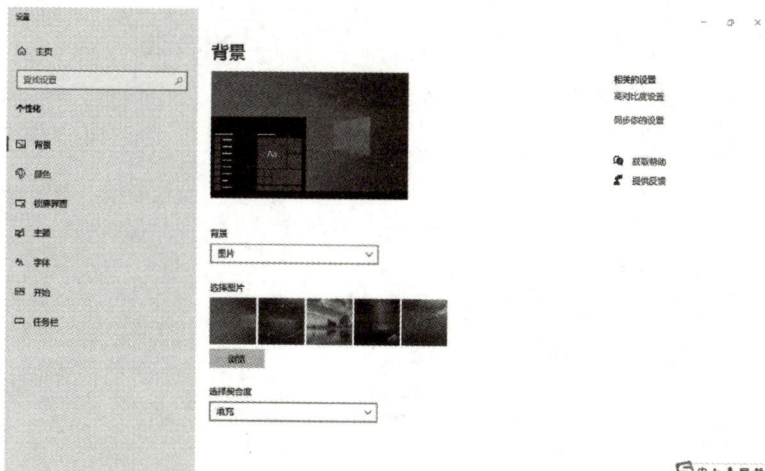

图 2-36 【个性化】设置窗口

1. 背景

背景项主要用于设置系统的桌面背景，可以是图片、纯色、幻灯片放映。如将背景设置为图片，可以从已有图片列表中选择，也可以从本地磁盘中选择合适的图片。设置背景图片时，应设置合适的"契合度"，即图片在屏幕上的填充方式。填充方式包括填充、适应、拉伸、平铺、居中、跨区等。如将背景设置为纯色，可以从已有颜色列表中选择颜色，也可以自定义颜色。如将背景设置为幻灯片放映，应该选择多张图片设置成幻灯片的相册，并设置图片切换的频率 (即图片切换的快慢)。

2. 颜色

颜色项用于设置系统的主题色，可以用于【开始】菜单、任务栏、操作中心、窗口的标题栏和边框。Windows 颜色项设置的默认模式为深色或浅色，设置默认应用样式为亮或暗，也可以设置是否透明效果。

3. 锁屏界面

锁屏界面是计算机在一段时间无任何操作后自动进入的一种状态，用户需要通过输入登录密码或通过设置的其他登录方式才能再次登录。锁屏能起到保护系统和数据安全的作用。通过【个性化】窗口中的锁屏界面项设置锁屏的图片或幻灯片放映，设置锁屏界面上的应用包括天气、日历、邮件等；也可以进行屏幕超时设置，即在一段时间无任何操作后屏幕的关闭情况；还可以设置屏幕保护程序。

4. 主题

主题项用于设置桌面背景、颜色、声音和鼠标光标等。可以使用系统默认的主题，也可以使用自定义主题，还可以联网从 Microsoft Store(微软商店) 获取更多的主题。在主题设置中，还可以设置桌面图标和系统的高对比度。

5. 字体

字体项用于管理系统中的可用字体，如图 2-37 所示。

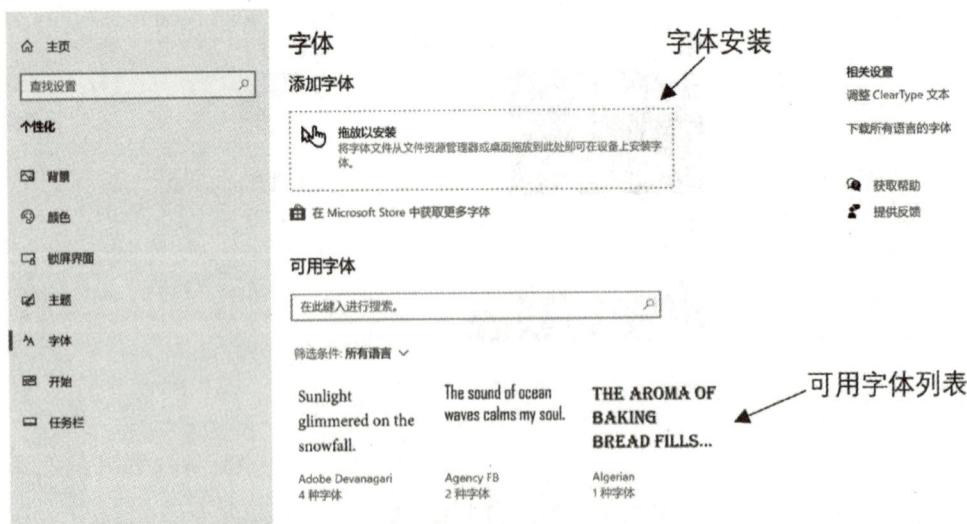

图 2-37　字体设置

字体是一个后缀名为 ".OTF" 或 ".TTF" 的文件。将字体文件拖动到图 2-37 中的【添加字体】项的虚线框中，即可在系统中安装字体。在【可用字体】列表中，单击已有的字体项，打开相应字体详细信息窗口，如图 2-38 所示。

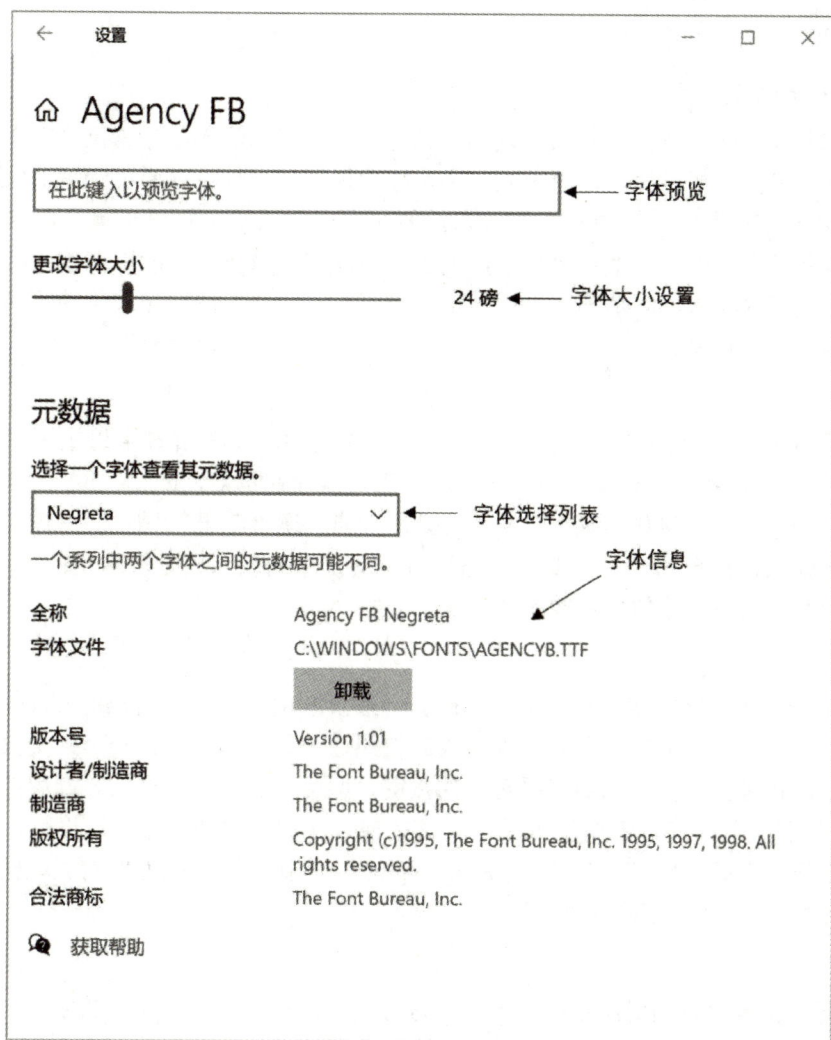

图 2-38　字体详细信息

在字体详细信息窗口，可以设置字体大小，预览字体样式，查看字体文件所在位置、字体版权等详细信息。单击【卸载】按钮，可以卸载当前字体。

6. 开始

开始项用于对【开始】菜单的设置。用户可以通过开始项设置应用列表、新添加应用程序、常用应用程序等是否在【开始】菜单中显示，也可以设置是否在【开始】菜单中显示更多磁贴、是否全屏显示【开始】菜单等，还可以选择需要在【开始】菜单中显示的文件夹。

7. 任务栏

任务栏项主要用于对任务栏的设置。用户可以设置任务栏的锁定与隐藏、是否使用小任务栏按钮、是否在任务栏按钮上显示角标等，还可以设置任务栏在屏幕中的位置（可以设置为屏幕的顶部、底部、左侧或右侧），也可以设置通知区域图标、任务栏在多显示器上的显示效果等。

三、输入法

1. 输入法简介

输入法是指通过键盘向计算机录入信息的方法。常用的输入法分为英文输入法和中文输入法。英文输入法相对简单，由于英文字母数量很少，一般可以通过键盘上的按键直接输入。Windows 10 操作系统中默认的输入法就是英文输入法。相对于英文的输入，中文输入更为复杂。由于中文汉字是象形字，加上常用汉字数量较多，所以在输入时不能通过键盘上的按键直接输入，而是需要进行一定的编码。汉字输入法按照编码的不同可以分为音码、形码、音形码 3 类。

1) 音码

音码是指利用汉字的读音进行编码，通过输入汉字的汉语拼音字母来输入汉字，例如，"苹果"一词的拼音字母为"pingguo"。音码可能存在重复，即输入同一个拼音编码，可能出现多个字、词，例如，输入"pingguo"，可能出现"苹果""平果""评过""平锅"等词。音码输入法简单易学，只要会汉语拼音就会汉字的输入，是较常用的一类输入法，例如微软拼音输入法、搜狗拼音输入法等。

2) 形码

形码是指利用汉字的字形特征进行编码。一般汉字由五种基本笔画构成，即横、竖、撇、捺、折，按照左右、上下或杂合的结构组成。按照这个原理，可以将一个中文汉字拆分为若干个字根，在键盘上依次找到字根对应的按键，即可完成汉字的输入。常用的形码输入法有搜狗五笔输入法、QQ 五笔输入法等。这类输入法的重码少、输入速度快，但需要记忆大量的字根，例如，"五"字的字根键为"gghg"，将输入法切换为搜狗五笔输入法，键盘输入"gghg"，就能直接输入"五"字。

3) 音形码

音形码是指既可以利用汉字的拼音特征进行编码，也可以利用汉字的字形特征进行编码。音码与形码相结合，取长补短，既降低输入难度又减少重码。

2. 输入法安装与删除

Windows 10 操作系统自带微软拼音输入法，用户也可以根据实际情况，为系统安装其他的输入法。安装输入法同安装其他应用程序一样，首先找到输入法应用程序文件 (一般为 "*.exe" 的文件)，鼠标双击该文件，然后按照提示步骤安装完成即可。对已安装的输入法，可以随时卸载，方法同卸载一般应用程序相同。在 Windows 设置窗口中，鼠标单击【应用】项，打开应用和功能窗口，在应用程序列表中找到要卸载的应用程序并单击，然后单击【卸载】按钮，即可完成程序的卸载。

3. 输入法的使用

当 Windows 10 操作系统中安装有多种输入法时，为提高工作效率，往往需要设置一个自己习惯的输入法作为默认输入法。设置系统默认输入法的方法:鼠标单击【开始】菜单，选择【设置】命令，在弹出的【Windows 设置】窗口中，单击【时间和语言】项，在随后弹出的窗口中选择左边的【语言】栏，单击【键盘】，在弹出的【键盘】窗口中的【替代默认输入法】下拉列表中选择一种输入法,则将该输入法作为系统默认输入法,如图 2-39 所示。

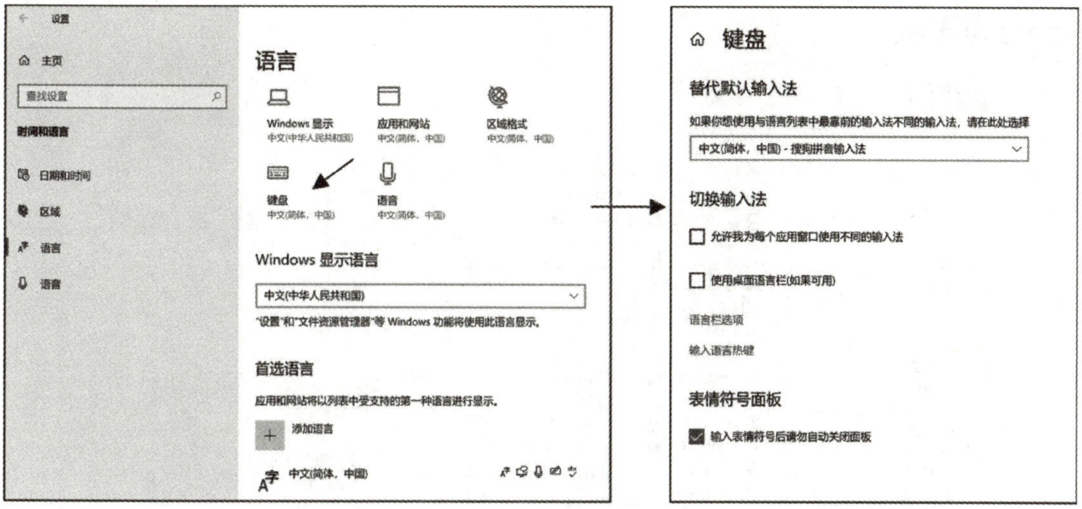

图 2-39　默认输入法设置

在制作文档的过程中往往需要在中、英文之间进行切换，有时还需要在不同的输入法间进行切换。按键盘的 Ctrl + 空格组合键，可以在中、英文间切换。按键盘的 Ctrl + Shift 组合键，可以在已安装的输入法之间进行切换。也可以通过鼠标单击任务栏上的输入法图标，进行选择实现切换。

四、系统用户

操作系统根据同一时间最多允许多少个用户同时操作计算机，可以分为单用户操作系统和多用户操作系统。Windows 10 是一个多用户操作系统，允许多个用户同时操作计算机。在 Windows 10 中可以设置不同的用户账户，指定账户的操作权限，不同账户登录系统操作互不影响。Windows 10 操作系统提供了以下两种基本的用户账户类型：

(1) 管理员账户。管理员账户拥有对计算机完全的控制权，可以更改系统中的任何设置，访问计算机中所有存储的文件和程序；

(2) 本地账户。本地账户即标准账户，可以更改不影响其他用户或计算机安全性的系统设置，也可以使用计算机中的大部分软件和资源。本地账户可以拥有管理员权限。

微软官方建议只需创建本地用户账户，原因是管理员账户可以访问系统上的任何内容，存在恶意软件利用管理员权限来潜在感染或损坏系统上任何文件的风险。

另外，在创建账户时应该设置并记住密码，同时保证密码的安全。为防止因遗忘密码无法登录系统，在创建账户时，可以设置密码提示及安全问题，以便在遗忘密码时能快速找回。

▶ 任务实现

在学习了快捷方式的创建、【个性化】设置窗口、输入法等相关知识后，现在可以为电脑设置定制的工作环境，以便更加符合自己的使用习惯，提高工作效率。

上机操作步骤如下：

1. 创建常用应用快捷方式

(1) 创建桌面快捷方式。找到计算机中常用的文件 (如 C:\Windows\System32\cmd.exe)，在该文件上单击鼠标右键，在弹出的快捷菜单中，选择【发送到】→【桌面快捷方式】命令，如图 2-40 所示。

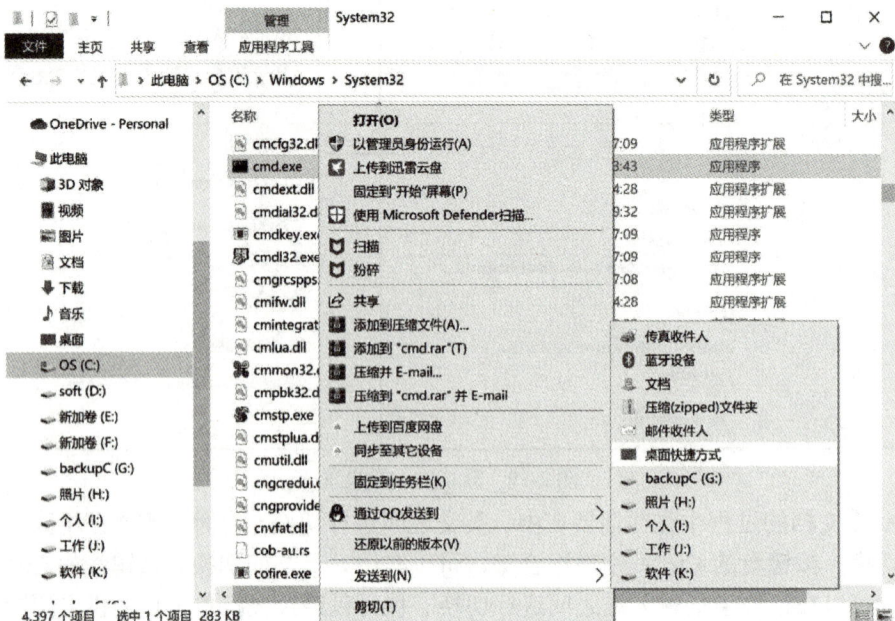

图 2-40　创建桌面快捷方式

(2) 回到系统桌面，可以看到桌面上多了一个 CMD 应用程序的快捷方式图标 ，双击该图标可以快速启动该应用程序。如果不再需要该快捷方式，可以在桌面直接删除该快捷方式图标文件，不影响该应用程序原本文件。

(3) 找到计算机中的常用的文件夹 (如 E:\Python 学习资料)，在该文件夹上单击鼠标右键，在弹出的快捷菜单中选择【固定到"开始"屏幕】命令，如图 2-41 所示。

(4) 单击任务栏上的【开始】菜单，可以看到设置的文件夹已经添加到这里，如图 2-42 所示。单击该文件夹图标，可以快速打开文件夹窗口。如果要取消固定，可以在文件夹上单击鼠标右键，在弹出的快捷菜单中选择【从"开始"屏幕取消固定】命令即可。

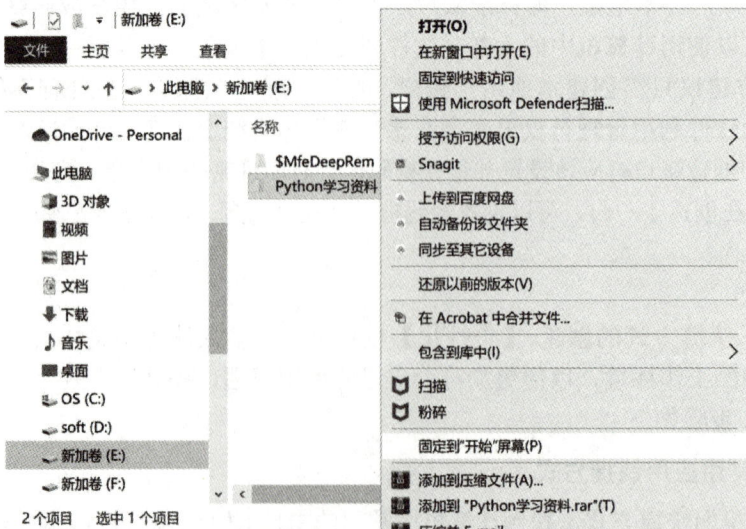

图 2-41　固定到开始屏幕

图 2-42　【开始】屏幕

(5) 在桌面微信应用程序快捷方式图标 ![icon](也可以选择其他应用程序快捷方式图标) 上单击鼠标右键，在弹出的快捷菜单中选择【固定到任务栏】命令，将该应用程序固定到任务栏。在任务栏，单击该应用程序图标，打开应用程序窗口。

2. 个性化设置

(1) 更改桌面系统图标。在桌面空白处单击鼠标右键，在弹出的快捷菜单中选择【个性化】命令，打开【个性化】设置窗口。在窗口左侧栏中选择【主题】项，然后在右侧栏中单击【桌面图标设置】超链接，打开【桌面图标设置】对话框。在【桌面图标】栏中，勾选"计算机""回收站""控制面板"前的复选框，取消勾选"用户的文件"和"网络"前的复选框，被勾选项的图标将在桌面上显示。在【桌面图标设置】对话框下方，取消勾选"允许主题更改桌面图标"前的复选框；在中间的图标列表中选择"此电脑"图标，单击【更改图标】按钮，在弹出的【更改图标】对话框中选择一个新的图标样式，并依次单击【确定】按钮，如图 2-43 所示。

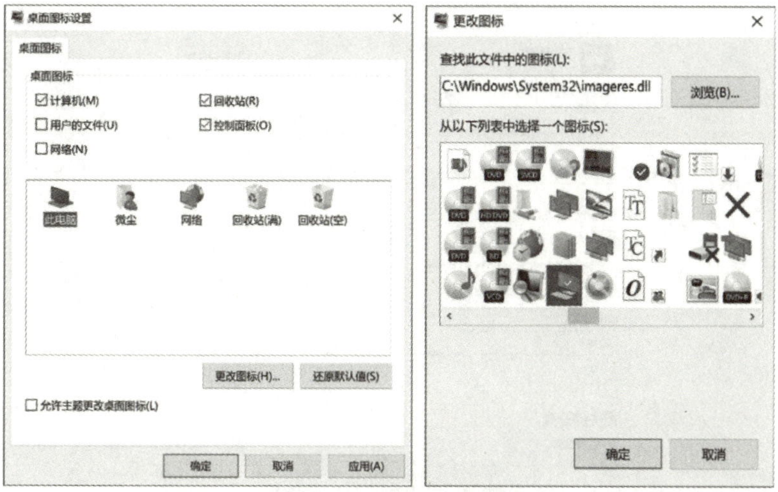

图 2-43　更改桌面系统图标

(2) 设置屏幕保护程序。在【个性化】设置窗口的左侧栏中选择【锁屏界面】项，然后单击"屏幕保护程序设置"超链接，打开【屏幕保护程序设置】对话框；在【屏幕保护程序】项的下拉列表中，选择"气泡"，在【等待】数值框中输入"10"分钟，勾选"在恢复时显示登录屏幕"前的复选框，然后单击【确定】按钮，如图 2-44 所示。

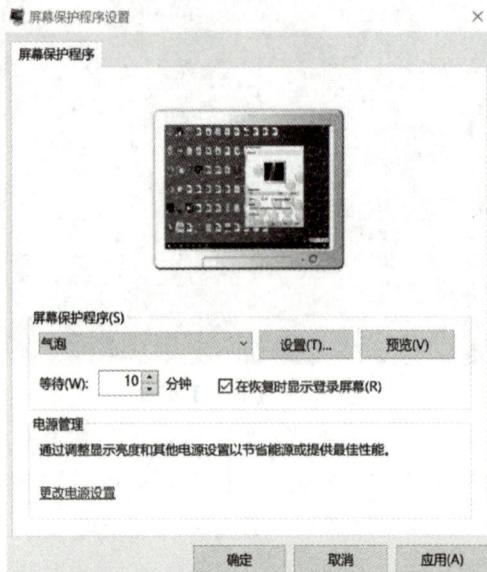

图 2-44　设置屏幕保护程序

(3) 设置幻灯片背景。在【个性化】设置窗口中，选择左侧栏中的【背景】项，然后在【背景】项的下拉列表中选择"幻灯片放映"，在【为幻灯片选择相册】项中单击【浏览】按钮，选择计算机中存有多张图片的文件夹，在【图片切换频率】下拉列表中选择"10"分钟，在【选择契合度】下拉列表中选择"拉伸"项，如图 2-45 所示。

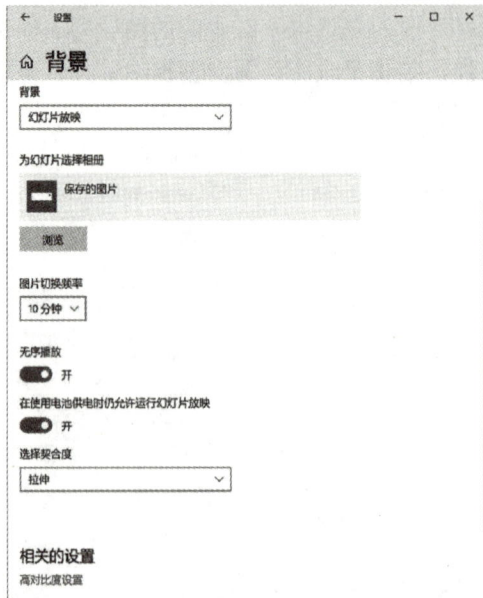

图 2-45　设置幻灯片背景

3. 安装使用输入法

(1) 从搜狗拼音输入法官网 (https://pinyin.sogou.com/windows/?r=mac&t=pinyin) 下载输入法安装程序 (也可以下载自己习惯的输入法安装程序)。

(2) 双击下载好的输入法安装程序 (sogou_pinyin_xxx.exe)，启动安装程序，在弹出的安装程序窗口中，勾选"已阅读并接受用户协议 & 隐私政策"复选框，单击【自定义安装】按钮。(如果对用户协议和隐私政策不了解，可以点击相应链接了解后再勾选复选框)

(3) 单击【安装位置】文本框后的【浏览】按钮，选择程序安装在计算机中的位置，然后单击【立即安装】按钮，等待安装完成并关闭安装窗口。

(4) 在桌面上新建一个记事本文件，并打开该文件。

(5) 光标定位到记事本文件开头位置。

(6) 单击任务栏输入法图标，在弹出的输入法列表中选择"中文 (简体，中国) 搜狗拼音输入法"项，如图 2-46 所示。也可以按键盘的 Windows + Shift 键切换输入法。

(7) 在记事本中使用拼音输入法输入文字内容，输入完成后，保存并关闭记事本文件。

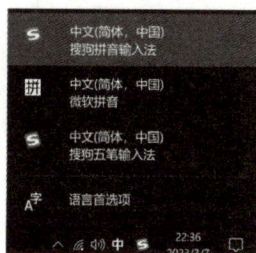

图 2-46 选择输入法

4. 设置系统用户

(1) 家庭和其他用户设置。单击【开始】→【设置】，打开【设置】窗口，在左侧选择【家庭和其他用户】项，如图 2-47 所示。

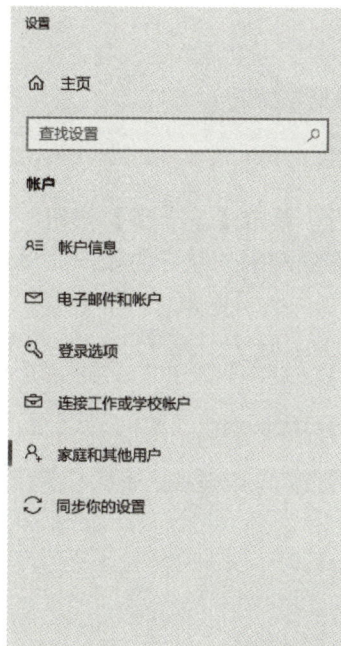

图 2-47 【家庭和其他用户】窗口

(2) 创建账户。单击图 2-47 窗口右侧的【将其他人添加到这台电脑】按钮，在弹出的对话框中，单击"我没有这个人的登录信息"链接，再单击【同意并继续】按钮，单击"添加一个没有 Microsoft 账户的用户"链接，如图 2-48 所示。

Microsoft

此人将如何登录?

输入你要添加的联系人的电子邮件地址或电话号码，如果他们使用的是 Windows、Office、Outlook.com、OneDrive、Skype 或 Xbox，请输入他们用以登录的电子邮件地址或电话号码。

电子邮件或电话号码

我没有这个人的登录信息

取消　　下一步

Microsoft

个人数据导出许可

Microsoft 可能会将你的个人数据传输至中国以外的地区，以便为你提供此产品和服务以及其他 Microsoft 产品和服务。了解更多

Microsoft 将根据 Microsoft 服务协议 和 Microsoft 隐私声明 传输数据。

拒绝并退出　　同意并继续

Microsoft

创建帐户

someone@example.com

改为使用电话号码

获取新的电子邮件地址

添加一个没有 Microsoft 帐户的用户

后退　　下一步

图 2-48　创建账户

(3) 设置账户信息。在弹出的对话框中，输入用户账户信息，如图 2-49 所示。

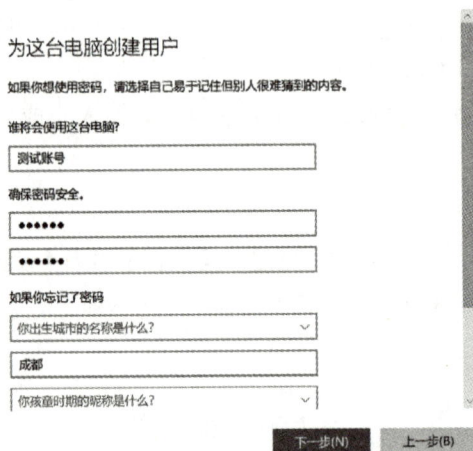

为这台电脑创建用户

如果你想使用密码，请选择自己易于记住但别人很难猜到的内容。

谁将会使用这台电脑?

测试账号

确保密码安全。

●●●●●

●●●●●

如果你忘记了密码

你出生城市的名称是什么?

成都

你孩童时期的昵称是什么?

下一步(N)　　上一步(B)

图 2-49　设置账户信息

(4) 查看所设置的账户信息。账户信息设置完成后，单击【下一步】按钮，回到家庭和其他用户窗口。此时，在【其他用户】项中可以看到刚刚创建好的账户。单击该账户，展开账户信息，如图 2-50 所示。

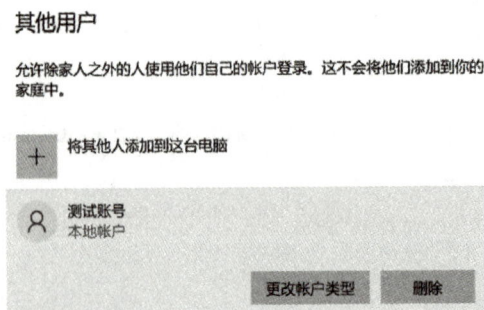

其他用户

允许除家人之外的人使用他们自己的帐户登录。这不会将他们添加到你的家庭中。

＋　将其他人添加到这台电脑

👤　测试账号
　　本地帐户

更改帐户类型　　删除

图 2-50　创建的账户

(5) 更改账户类型。单击【更改账户类型】按钮，在弹出的对话框中，选择【账户类型】下拉列表中的"管理员"项，如图 2-51 所示。

图 2-51　更改账户类型

（6）在图 2-51 对话框中，单击【确定】按钮，回到【家庭和其他用户】窗口。

（7）删除账户。单击账户信息中的【删除】按钮，在弹出的对话框中，单击【删除账户和数据】按钮，如图 2-52 所示。

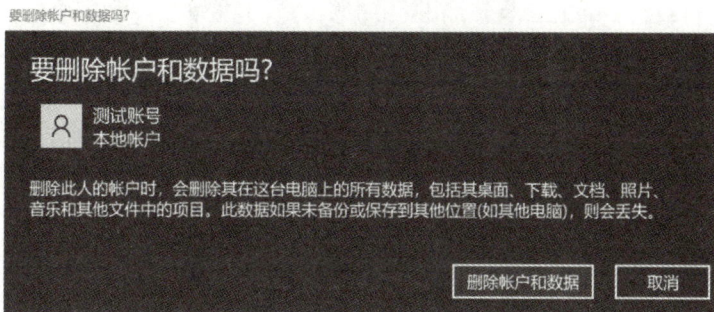

图 2-52　删除账户

任务四　使用 Windows 10 管理计算机资源

任务描述

　　小明进入新的学校已经有一段时间了，在学习的过程中收集了一些文件，这些文件杂乱地存放在计算机中，给学习带来了不便。随着文件的不断增加，如何才能更好地管理好这些文件？更好地利用磁盘空间？随着日常应用的增加，需要更多的应用程序，如何安装和管理应用软件？

　　本任务要求学习并使用系统磁盘管理工具对磁盘进行管理，学习并使用资源管理器工具对计算机中的信息进行管理，学会文件和文件夹的基本操作，能安装和卸载应用程序。

知识准备

一、磁盘管理

1. 磁盘的概念

　　磁盘是计算机中主要的辅助存储器，是一种利用磁记录技术存储数据的存储器。磁盘在断电后，能保持数据不丢失，具有容量大、价格便宜、读取速度快等特点。早期计算机使用的磁盘是软磁盘，简称软盘，现在计算机使用的都是硬磁盘，简称硬盘。硬盘是计算机中最主要的存储设备，分为机械硬盘 (Hard Disk Drive，HDD) 和固态硬盘 (Solid State Drive，SSD)。

　　机械硬盘是传统的普通硬盘，一般由盘片、磁头、盘片转轴及控制电机、磁头控制器、数据转换器、串行接口、缓存等几个部分组成，如图 2-53 所示。硬盘的盘片在转轴的带动下，可以高速旋转，磁头在磁头控制器的作用下沿盘片的半径方向运动，从而定位到盘片上指定的位置，进行数据读、写操作，实现对数据的存、取。

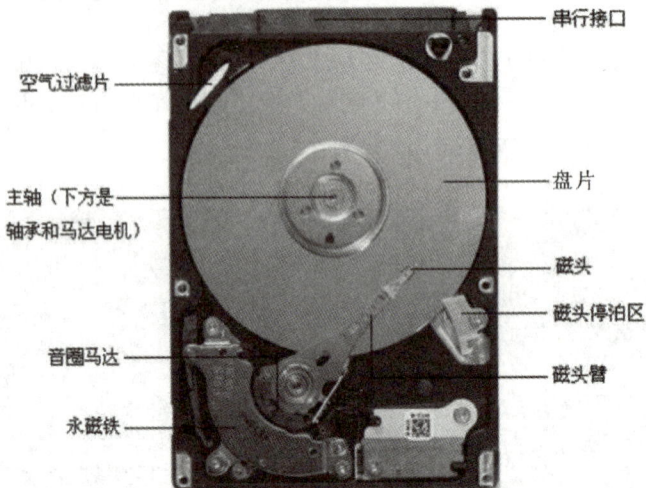

图 2-53　机械硬盘

　　固态硬盘是利用固态电子存储芯片阵列制成的硬盘，由控制单元和存储单元 (FLASH 芯片、DRAM 芯片) 组成，如图 2-54 所示。固态硬盘相较于传统的机械硬盘，具有读写速度更快、质量更轻、能耗更低、体积更小等特点，但固态硬盘的价格相对昂贵。现在部分计算机为追求速度与价格的平衡，采用固态硬盘加机械硬盘组合配置的方式。其中，固态硬盘用于安装和存储操作系统的资源，提高操作系统的启动和使用速度；机械硬盘用于存储其他用户资料，以满足大容量的需求。

图 2-54　固态硬盘

2. 磁盘分区

硬盘一般在使用前，需要对其进行逻辑分割，将整个硬盘区域逻辑分割成一块一块的小区域，称为磁盘分区。磁盘分区是对硬盘逻辑上的分区，一般分为三大区：主分区、扩展分区、逻辑分区。主分区能够安装操作系统，能够进行计算机的启动，能直接格式化和存放文件。扩展分区仅仅是一个指向下一个分区的指针，严格地讲，它不是一个实际意义的分区。在主引导扇区中除了主分区外，仅需要存储一个被称为扩展分区的分区数据，通过这个扩展分区的数据可以找到下一个分区 (即下一个逻辑磁盘) 的起始位置，以此起始位置类推可以找到所有的分区。逻辑分区是硬盘上一块连续的区域。与主分区相比，逻辑分区没有独立的引导块，不能设定为启动区。一个硬盘上最多可以有 4 个主分区，而扩展分区上可以划分多个逻辑分区。

3. 磁盘管理

Windows 10 操作系统提供了磁盘管理工具。按键盘的 Windows + X 组合键，在打开的系统快捷菜单中选择【磁盘管理】，打开【磁盘管理】窗口；在某一磁盘盘符上单击鼠标右键，选择相应的菜单命令，即可对该磁盘进行操作。Windows 10 操作系统提供的磁盘操作包括格式化、扩展卷、压缩卷、删除卷、更改驱动器号和路径等。

1) 格式化

格式化是对磁盘或分区进行的一种初始化操作。对磁盘或分区进行格式化，会删除所有的文件。格式化分为低级格式化和高级格式化，对硬盘的格式化一般是指高级格式化。格式化可以标记出不可读和坏的扇区。一般硬盘在出厂时已经进行过格式化操作，用户在使用硬盘时无需再进行格式化，除非硬盘产生错误。如果需要对硬盘或分区进行格式化操作，一定要事先做好数据备份。

2) 扩展卷

扩展卷主要用于对当前磁盘分区进行"扩容"。当磁盘分区的剩余空间较小时，可以利用扩展卷功能，向邻近的未分配空间扩展。

3) 压缩卷

压缩卷的功能是将磁盘分区上的多余存储空间分出来，用户可以在不损坏数据的情况下，方便地利用存储空间。当硬盘的不同分区出现空间利用不合理时，也可以利用压缩卷功能将"富裕"的磁盘空间分出来一部分，再利用扩展卷功能添加到其他分区上。

4) 删除卷

删除卷的功能是将当前分区从系统中删除，被删除的分区不再被系统使用。如要使用被删除的分区，则需要新建分区，进行格式化后才能再次使用。

5) 更改驱动器号和路径

对磁盘进行分区后，系统为每一个分区自动分配了一个驱动器号 (例如 C、D、E 等)，就是常说的 C 盘、D 盘。用户也可以对自动分配的驱动器号进行修改。要注意的是，不要随意更改系统和安装了应用程序的驱动器号。这是因为，操作系统和应用程序在安装时有许多依赖文件，需要文件的完整路径才能正常运行。如果更改驱动器号，会导致文件路径不正确，操作系统和应用程序不能正常运行。例如，将操作系统文件初始路径"C:\Windows\System32"更改为"J:\Windows\System32"，没有修改注册表，那么系统在运行时只会按照原有路径，就找不到相应的文件。如果更改了安装应用程序的驱动器号，则需要手动修改 Windows 注册表，以提供新路径。

4. 使用移动存储设备

计算机中的存储装置除了固定在计算机主机箱中的内存和硬盘以外，还有很多可以随身携带的存储设备，这些存储设备称为可移动存储设备。常用的可移动存储设备包括 U 盘、移动硬盘、光盘等，早期使用的还有软盘等。现在大部分轻薄型笔记本电脑，由于空间的限制，已经不再配置光盘驱动器，光盘的使用也逐渐减少了。

1) U 盘

U(USB flash disk) 盘，也称"优盘"，采用 USB 接口与计算机直接相连，无须物理驱动器，即插即用。U 盘集磁盘存储技术、闪存技术和通用串行总线技术于一体，具有体积小、容量大、读取速度快、价格便宜等特点，是常用的移动存储设备。U 盘中存储的数据在断电后不丢失，数据存储可靠性高。现在很多 U 盘提供了 USB 接口，可以直接连接计算机，同时还提供了 Type-C 接口，可以直接连接手机，实现了两用的功能。

2) 移动硬盘

移动硬盘是以硬盘为存储介质，通过 USB 接口或 IEEE1394 接口与计算机直接相连，实现了即插即用。移动硬盘既有硬盘的存储容量大、读写速度快、性价比高等特点，又有体积小、便于携带的优势，是对计算机固定硬盘存储容量不足和携带不便的有效补充。移动硬盘已成为现在常用的移动存储设备。

二、文件资源管理器

1. 文件资源管理器简介

文件资源管理器是 Windows 10 操作系统中的一项系统服务，是系统的资源管理工具。使用文件资源管理器，可以查看和管理计算机中的所有资源。早期的 Windows 系统提供了树形文件系统结构，Windows 8 和 Windows 10 操作系统提供了 Ribbon 菜单，使得用户能更清楚和直观地看到计算机中的文件组织结构。使用资源管理器还能对文件进行复制、移动等操作。

2. 文件与文件夹

1) 文件

计算机中的信息和数据都以文件的形式进行存储，Windows 10 操作系统通过文件管理文件。一个文件的文件名包括文件主名和扩展名两个部分。例如"日记 .docx"，"日记"是文件主名，".docx"是文件扩展名，也称为后缀名。文件的扩展名标识了文件的类型。Windows 10 操作系统通过文件的扩展名识别文件类型，并调用相应的应用程序打开和处理文件。常见的文件类型如表 2-2 所示。

表 2-2　常见文件类型

扩展名	文件类型	扩展名	文件类型
.txt	文本文件	.jpg 或 .jpeg	静态图片格式
.pdf	可移植文档文件格式	.png	便携式网格图形
.doc 或 .docx	Word 文档	.rar	压缩文件格式
.xls 或 .xlsx	Excel 电子表格	.zip	压缩文件格式
.ppt 或 .pptx	演示文稿	.mp3	音频文件格式
.exe	可执行程序	.mp4	视频文件格式
.gif	图形交换格式，支持背景透明和动画	.mov	QuickTime 封装格式，Apple 公司开发的用于音频、视频文件封装的格式

2) 文件夹

文件夹是用来组织和管理计算机中的文件的，文件夹本身没有任何内容，可以放置一个或多个文件和子文件夹。用户可以通过文件夹对文件进行分门别类管理，使计算机中的文件存放更有序，查找更方便。文件夹一般由文件夹图标和文件夹名称两部分组成。文件夹提供了指向计算机磁盘空间的路径地址。文件夹名称也称为目录名称。

3) 文件与文件夹的基本操作

(1) 新建文件或文件夹。在某一磁盘的根目录或文件夹中空白处，单击鼠标右键，在弹出的快捷菜单中选择【新建】→【文件夹】或某类型的文件，即可创建文件夹或指定类型的文件。新建的文件和文件夹需要输入名称。文件和文件夹的名称可以包含字母、数字、空格等，但不能包含？、*、/、\、<、>、:、"、| 等符号。

(2) 重命名文件或文件夹。对已存在的文件或文件夹可以进行重新命名操作。在文件或文件夹上单击鼠标右键，在弹出的快捷菜单中选择【重命名】命令，然后输入新的名称即可。要注意的是，不要随意修改文件的扩展名，因为修改文件的扩展名，不能真正实现文件类型的改变，另外同一个文件夹中不要包含相同的文件名。

(3) 移动和复制文件或文件夹。移动文件或文件夹，是将其从一个位置移动到另一个位置的操作，移动后，原来位置上的文件就不存在了。复制文件或文件夹，是将其拷贝出一个副本，复制后，原来位置的文件还在。复制可以实现文件的备份。在文件或文件夹上单击鼠标右键，在弹出的快捷菜单中选择【剪切】或【复制】命令，在另一个位置空白处单击鼠标右键，在弹出的快捷菜单中选择【粘贴】命令，可实现文件或文件夹的移动或复制操作。

(4) 删除和还原文件或文件夹。计算机中对文件或文件夹的删除，是指将文件或文件夹从原来位置移动到"回收站"中，如果误删了文件，可以从"回收站"中还原文件。在文件或文件夹上单击鼠标右键，在弹出的快捷菜单中选择【删除】命令，即可实现删除操作。在计算机"回收站"窗口中，找到误删的文件或文件夹，在其上面单击鼠标右键，在弹出的快捷菜单中选择【还原】命令，即将文件或文件夹还原到原来所在的位置。

(5) 搜索文件或文件夹。在 Windows 10 操作系统中，打开某一目录窗口，在窗口右上角都提供了搜索输入文本框，用户可以在该文本框中输入需要搜索的文件名称，快速查找文件。Windows 10 操作系统也提供模糊搜索功能，用户可以使用通配符"*"和"？"

来实现。其中"*"表示任意数量的任意字符，"？"表示任意的单个字符。例如，"*.xlsx"表示搜索任意的电子表格（扩展名为".xlsx"）文件；"学生.*"表示搜索主文件名为"学生"的任意类型文件；"张?.docx"表示搜索名称中第一个字符为"张"，第二个字符任意的 Word 文档。

（6）设置文件或文件夹属性。文件或文件夹属性主要包括隐藏属性、只读属性和归档属性 3 种。对于隐藏属性的文件或文件夹，一般不会显示，用户不能对其进行删除、重命名和复制等操作，以起到对文件的保护作用。对于只读属性的文件或文件夹，用户可以查看和复制，但不能修改和删除。文件和文件夹在被创建后，系统将其自动设置为归档属性，可以随时查看、编辑和保存。在文件或文件夹上单击鼠标右键，在弹出的快捷菜单中选择【属性】命令，在弹出的【属性】对话框中可以设置文件或文件夹的属性。

3. 剪贴板

剪贴板是 Windows 10 系统中内置的一个非常实用的工具，在进行复制或剪切操作时，内容就被放置在剪贴板中。剪贴板能实现信息的一次复制或剪切和多次粘贴的功能，也就是说，剪贴板中的信息只有在被新复制或剪切的信息覆盖时，或断电、退出 Windows 操作系统、有意清除时才会被重置。另外，剪贴板只保留最近一次复制或剪切的内容。剪贴板实现了计算机中不同磁盘和文件夹间数据的共享。现在的操作系统还提供了基于云的剪贴板，可以实现不同设备间的内容共享，用户可以在系统设置中打开此项功能。

4. 库

Windows 10 操作系统中的库，是一个类似于文件夹的功能，但它并不存放实际的文件，而是提供管理文件的索引，也就是说，用户可以将存储在不同物理位置的文件，通过库进行统一管理。Windows 10 操作系统提供了视频、图片、文档和音乐 4 个库，用户也可以根据需要创建库。将文件夹添加到库的方法：在文件夹上单击鼠标右键，在弹出的快捷菜单中选择【包含到】命令，然后选择相应的库。通过在资源管理器左边窗口选择相应的库，即可查看库中的文件。

三、安装和卸载应用程序

Windows 10 操作系统允许用户根据需要安装和卸载应用程序。安装程序的一般方法：首先，下载应用程序可执行文件；其次，鼠标双击可执行文件，按照安装向导进行安装；最后完成安装。卸载应用程序的一般方法：在系统控制面板中打开【程序和功能】窗口，找到要卸载的应用程序，单击鼠标右键选择【卸载】命令，按照提示步骤进行卸载。应用程序自身也提供了卸载功能。在【开始】菜单中，找到应用程序，在其上单击鼠标右键，选择【卸载】命令，也可以实现卸载操作。

▶ 任务实现

小明在学习了有关磁盘管理、资源管理器、文件和文件夹以及应用程序的安装和卸载等知识后，对 Windows 10 操作系统中计算机资源管理有了一定的了解。现在可以对计算机的磁盘进行合理的分区，对计算机中的各种数据信息进行有效的管理，也可以安装学习中需要的应用程序。

上机操作步骤如下：

1. 磁盘管理

(1) 打开磁盘管理窗口。在系统桌面【此电脑】图标上单击鼠标右键，在弹出的快捷菜单中选择【管理】命令，打开【计算机管理】窗口，在左边窗口中选择【磁盘管理】，或者按键盘的 Windows + X 组合键，在弹出的快捷菜单中选择【磁盘管理】命令，打开【磁盘管理】窗口，如图 2-55 所示。

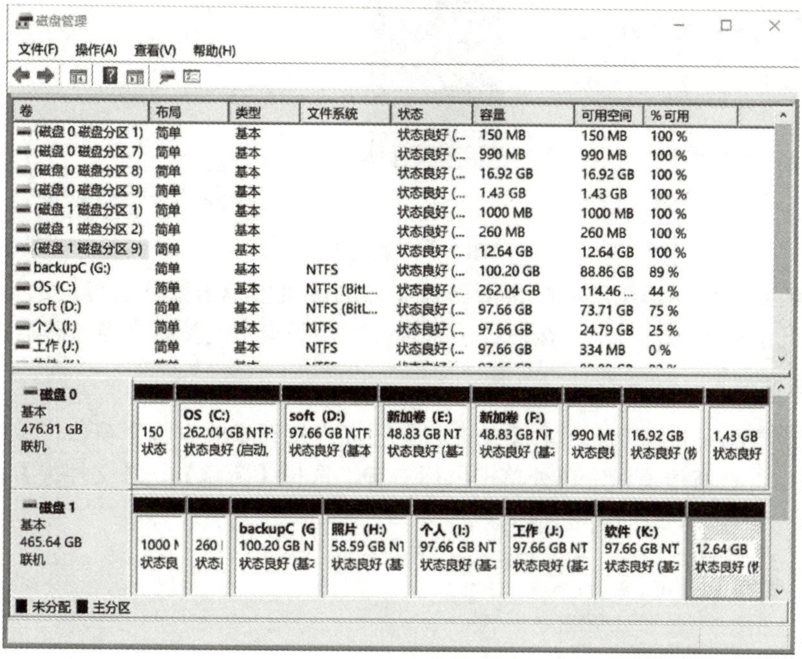

图 2-55　【磁盘管理】窗口

(2) 压缩磁盘。选择一个剩余空间比较大的磁盘（例如 E 盘），在其盘符上单击鼠标右键，选择【压缩卷】命令，在弹出的压缩磁盘窗口中，在【输入压缩空间量】输入文本框中输入要释放的空间大小，然后单击【压缩】按钮，如图 2-56 所示。

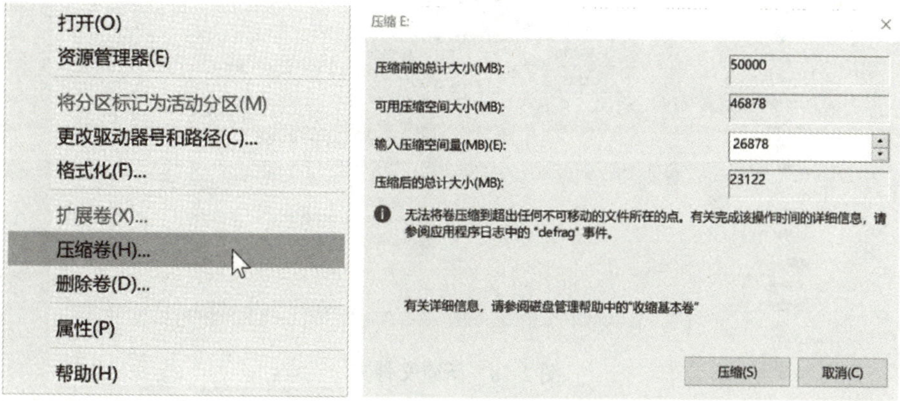

图 2-56　压缩磁盘

(3) 新建卷。在未分配空间磁盘上单击鼠标右键，选择【新建简单卷】命令，在弹出的【新建简单卷向导】对话框中，按照提示步骤操作，如图 2-57 所示。

图 2-57　新建卷

(4) 扩展磁盘空间。在未分配空间磁盘左边的磁盘上单击鼠标右键，选择【扩展卷】命令，在打开的向导对话框中，按照提示将未分配的磁盘空间扩展到当前磁盘。

2. 文件管理

(1) 新建文件夹。双击桌面上【此电脑】图标，打开【此电脑】窗口，单击左边窗口中的 E 盘图标，在右边窗口空白处单击鼠标右键，选择【新建】→【文件夹】命令，输入文件夹名称"学习"，如图 2-58 所示。

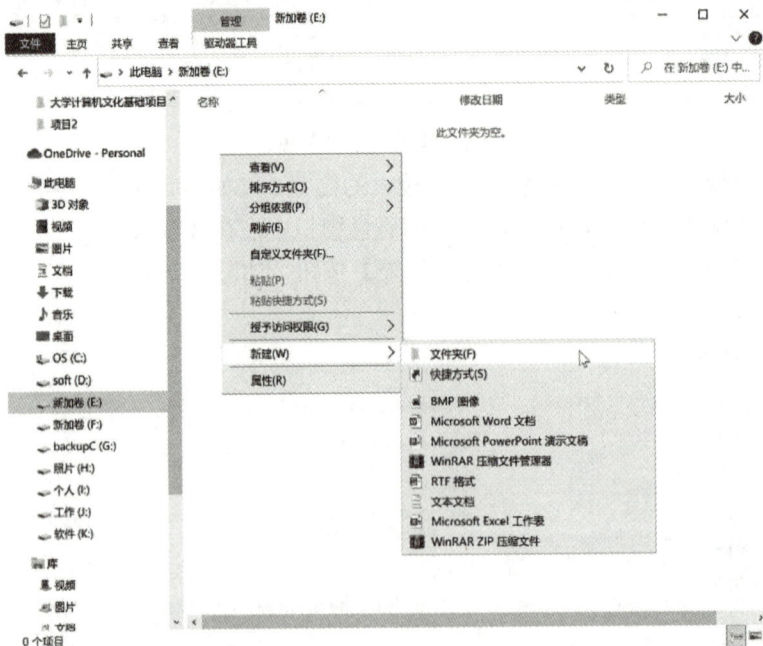

图 2-58　新建文件夹

(2) 文件复制。在桌面的空白处单击鼠标右键，选择【新建】→【Microsoft Word 文档】命令，输入文档名称"学习笔记 .docx"；然后选择该文档，按 Ctrl + C 组合键进行复制。在【此电脑】窗口中单击左边资源管理窗口中 E 盘下的"学习"文件夹，再按 Ctrl + V 组合键进行粘贴,将文档复制到"学习"文件夹。也可以从桌面直接拖动"学习笔记.docx"文件到"学习"文件夹,实现复制操作。

(3) 文件剪切。在桌面选择"学习计划.xlsx"文件(若无,请新建该文件),按 Ctrl + X 组合键进行剪切,然后在"学习"文件夹中,按 Ctrl + V 组合键进行粘贴,将表格文件剪切到"学习"文件夹。也可以按住 Shift 键拖动"学习计划.xlsx"文件到"学习"文件夹,实现移动操作。

(4) 文件删除。在"学习计划.xlsx"文件上单击鼠标右键,在弹出的快捷菜单中选择【删除】命令,或选择"学习计划.xlsx"文件后按 Delete 键,将文件移动到【回收站】。

(5) 永久删除文件和还原文件。双击桌面上的【回收站】图标,打开【回收站】窗口,找到需要永久删除的文件,然后在该文件图标上单击鼠标右键,选择【删除】命令,在弹出的【删除文件】确认对话框中,单击【是】按钮,从计算机磁盘中永久删除该文件,如图 2-59 所示。如果要还原文件,则在【回收站】窗口中,在该文件图标上单击鼠标右键,选择【还原】命令。

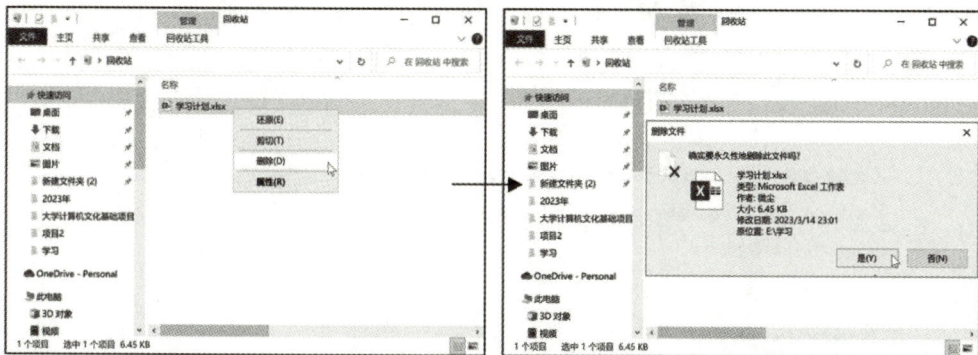

图 2-59 永久删除文件

(6) 文件搜索。在【此电脑】窗口的右上角的输入文本框中输入"学习笔记.docx",按 Enter 键,搜索计算机中名称为"学习笔记.docx"的文件,如图 2-60 所示。用户也可以进行模糊搜索,或进入某磁盘进行搜索。

图 2-60 搜索文件

3. 应用程序管理

(1) 下载应用程序。双击安装程序文件，进行安装。以 WPS 程序的安装为例，若计算机中没有此安装程序，可以在官网下载，方法是：在浏览器地址栏中输入 https://platform.wps.cn/ 并回车，打开 WPS 程序下载页面窗口，将鼠标移动到页面中的【立即下载】按钮上，单击【Windows 版】菜单，开始下载。待下载完成后，双击下载的文件（"WPS_Installer.exe"），在弹出的【用户账户控制】对话框中，单击【是】按钮，打开程序安装窗口。

(2) 安装应用程序。单击【自定义设置】，然后单击【浏览】按钮，选择程序安装的位置，勾选【已阅读并同意金山办公软件许可协议和隐私策略】前面的复选框，单击【立即安装】按钮，开始安装程序，如图 2-61 所示。

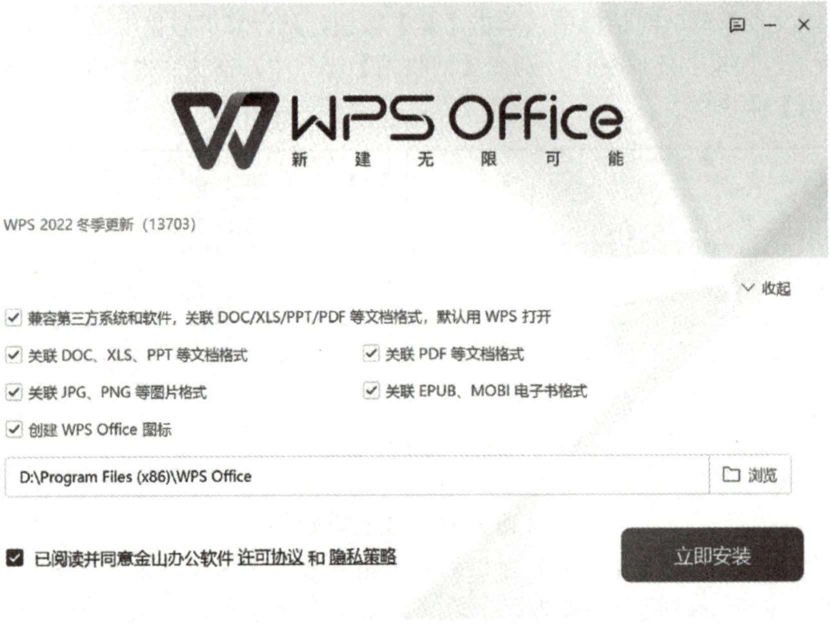

图 2-61　安装应用程序

(3) 等待程序安装完成。

(4) 卸载程序。如果不再需要使用该程序了，可以从系统卸载。以卸载 WPS 程序为例，单击开始菜单，单击【设置】按钮打开【设置】窗口，单击【应用】项，在【应用和功能】窗口中，找到 WPS Office，在其上面单击，然后在弹出的对话框单击【卸载】按钮，在弹出的确认卸载窗口中单击【卸载】按钮，如图 2-62 所示。

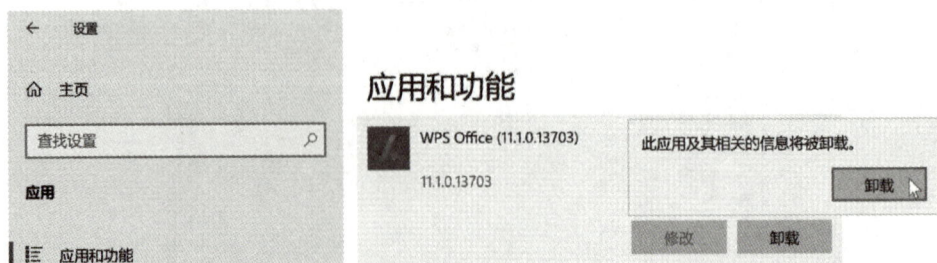

图 2-62　卸载程序

(5) 按照卸载向导提示，完成程序卸载。

项 目 小 结

本项目主要介绍了操作系统的基础知识和基本使用，包括操作系统的简介、功能、分类，Windows 10 操作系统的桌面、任务栏、窗口、对话框等基本功能，Windows 10 操作系统的基本使用、工作环境定制和计算机资源的管理等。通过本项目的学习，对 Windows 10 操作系统有了基本了解，会使用操作系统的基本功能，并能对计算机中的各种资源进行管理，能进行磁盘和应用程序的管理，为后面学习应用软件的使用奠定了良好的基础。

课 后 练 习

一、选择题

1. 在搜索文件／文件夹时，如果用户选择通配符 *.txt, 其含义为 (　　)。

A. 选中所有的文件

B. 选中所有文本文件

C. 选中所有主文件名为 txt 的任意文件

D. 选中所有主文件名含有 * 的文本文件

2. 把 Windows 10 的窗口和对话框作一比较，窗口可以移动和改变大小，而对话框 (　　)。

A. 既不能移动，也不能改变大小　　B. 仅可以移动，不能改变大小

C. 仅可以改变大小，不能移动　　　D. 既能移动，也能改变大小

3. 在 Windows 10 中，下面有关"任务栏"的描述错误的是 (　　)。

A. 不包括【开始】菜单　　　　　　B. 能显示当前活动窗口名

C. 能显示正在后台工作的程序　　　D. 能实现窗口之间的切换

4. 以下有关 Windows 10 快捷方式的说法中，正确的是 (　　)。

A. 不允许为快捷方式建立快捷方式

B. 一个目标对象可以有多个快捷方式

C. 一个快捷方式可以指向多个目标对象

D. 只有文件和文件夹对象可建立快捷方式

5. Windows 10 中的"剪贴板"是 (　　)。

A. 硬盘中的一块区域　　　　　　　B. 软盘中的一块区域

C. 高速缓存中的一块区域　　　　　D. 内存中的一块区域

6. 下面是关于 Windows 10 文件名的叙述，错误的是 (　　)。

A. 文件名中允许使用汉字　　　　　B. 文件名中允许使用多个圆点分隔符

C. 文件名中允许使用空格　　　　　D. 文件名中允许使用竖线 ("|")

7. 在 Windows 10 中，将文件或文件夹移动到【回收站】的操作，下面错误的是 (　　)。

A. 按 Delete 键　　　　　　　　　B. 选择【删除】命令

C. 按 Shift + Delete 组合键　　　　D. 将文件或文件夹拖动到回收站

8. 在 Windows 10 中，将文件或文件夹从计算机中永久删除的操作，错误的是 (   )。

A. 按 Delete 键

B. 在【回收站】中选择文件后，选择【删除】命令

C. 按 Shift + Delete 组合键

D. 在【回收站】中选择文件后，按 Delete 键

9. 在 Windows 10 中，不能进行打开"资源管理器"窗口的操作是 (   )。

A. 用鼠标右键单击【开始】按钮，选择【文件资源管理器】命令

B. 用鼠标左键单击"任务栏"空白处

C. 用鼠标左键单击【开始】按钮，选择【Windows 系统】中的【文件资源管理器】项

D. 用鼠标右键单击桌面【此电脑】图标，选择【打开】命令

10. 在 Windows 10 的【资源管理器】窗口中，如果想一次选定多个分散的文件或文件夹，正确的操作是 (   )。

A. 按住 Ctrl 键，用鼠标右键逐个选取   B. 按住 Ctrl 键，用鼠标左键逐个选取

C. 按住 Shift 键，用鼠标右键逐个选取   D. 按住 Shift 键，用鼠标左键逐个选取

11. 在 Windows 10 中，若已选定某文件，不能将该文件复制到同一文件夹下的操作是 (   )。

A. 用鼠标右键将该文件拖动到同一文件夹下

B. 先执行【主页】菜单中的复制命令，再执行粘贴命令

C. 用鼠标左键将该文件拖动到同一文件夹下

D. 按住 Ctrl 键，再用鼠标右键将该文件拖动到同一文件夹下

12. 在 Windows 10 操作系统中，为了中英文输入法之间的切换，应按的键是 (   )。

A. Shift + 空格   B. Ctrl + 空格   C. Shift + Ctrl   D. Ctrl + F9

13. Windows 10 系统安装并启动后，由系统安排在桌面上的图标是 (   )。

A. 资源管理器   B. 回收站   C. Microsoft Word   D. Microsoft FoxPro

14. 在 Windows 10 中，下列正确的文件名是 (   )。

A. MY PRKGRAM GROUP.TXT B. FILE1 ｜ FILE2

C. A ＜＞ B.C   D. A？B.DOC

15. Windows 10 中，不能在任务栏内进行的操作是 (   )。

A. 设置系统日期的时间   B. 排列桌面图标

C. 排列和切换窗口   D. 启动"开始"菜单

16. 在 Windows 10 中，若在某一文档中连续进行了多次剪切操作，当关闭该文档后，剪贴板中存放的是 (   )。

A. 空白   B. 所有剪切过的内容

C. 最后一次剪切的内容   D. 第一次剪切的内容

17. 删除 Windows 桌面上某个应用程序的图标，意味着 (   )。

A. 该应用程序连同其图标一起被删除

B. 只删除了该应用程序，对应的图标被隐藏

C. 只删除了图标，对应的应用程序被保留

D. 该应用程序连同其图标一起被隐藏

18. 在 Windows 10 中，用创建快捷方式创建的图标（　　）。

A. 可以是任何文件或文件夹　　　　B. 只能是可执行程序或程序组

C. 只能是单个文件　　　　　　　　D. 只能是程序文件和文档文件

19. 在 Windows 10 的窗口中，选中末尾带有省略号（…）的菜单意味着（　　）。

A. 将弹出下一级菜单　　　　　　　B. 将执行该菜单命令

C. 表明该菜单项已被选用　　　　　D. 将弹出一个对话框

20. 在中文 Windows 10 中，为了实现不同输入法的切换，应按的键是（　　）。

A. Shift+ 空格　　　B. Shift+Tab　　　C. Ctrl+ 空格　　　D. Alt+F6

21. Windows 10 环境中，屏幕上可以同时打开若干个窗口，但是（　　）。

A. 其中只能有一个是当前活动窗口，它的标题栏颜色不同

B. 其中只能有一个在工作，其余都不能工作

C. 它们都不能工作，只有其余都关闭、留下一个才能工作

D. 它们都不能工作，只有其余都最小化以后、留下一个窗口才能工作

22. 在 Windows 10 环境中，许多应用程序内或应用程序之间能够交换和共享信息。当用户选择了某一部分信息（例如一段文字、一个图形）后，要把它移动到别处，应当执行【主页】菜单项下的（　　）命令。

A. 复制　　　　　B. 粘贴　　　　　C. 剪切　　　　　D. 选择性粘贴

23. 在 Windows 10 的资源管理器中，若文件夹名的前面有一个向右的箭头符号，则表示（　　）。

A. 是空文件夹　　　　　　　　　　B. 含有子文件夹

C. 含有隐藏文件　　　　　　　　　D. 含有系统文件

24. 为了正常退出 Windows 10 系统，用户的操作是（　　）。

A. 在任何时刻关掉计算机的电源

B. 选择【开始】菜单中的【关机】命令

C. 在没有任何程序正在执行的情况下关掉计算机的电源

D. 在没有任何程序正在执行的情况下按 Alt + Ctrl + Del 组合键

25. 在 Windows 10 环境中，鼠标是重要的输入工具，而键盘（　　）。

A. 无法起作用

B. 仅能配合鼠标、在输入中起辅助作用（如输入字符）

C. 也能完成几乎所有操作

D. 仅能在菜单操作中运用，不能在窗口中操作

26. 在 Windows 10 环境中，每个窗口最上面有一个"标题栏"，把鼠标光标指向该处，然后拖放，则可以（　　）。

A. 变动该窗口上边缘，从而改变窗口大小

B. 移动该窗口

C. 放大该窗口

D. 缩小该窗口

27. 当启动（运行）一个程序时就打开一个该程序自己的窗口，把运行程序的窗口最小化，就是（　　）。

A. 结束该程序的运行

B. 暂时中断该程序的运行，但随时可以由用户加以恢复

C. 该程序的运行转入后台继续工作

D. 中断该程序的运行，而且用户不能加以恢复

28. 在 Windows 10 环境中，屏幕上可以同时打开若干个窗口，它们的排列方式是（　　）。

A. 既可以平铺也可以层叠，由用户选择

B. 只能由系统决定，用户无法改变

C. 只能平铺

D. 只能层叠

29. 在 Windows 环境中，屏幕上可以同时打开若干个窗口，但是其中只能有一个是当前活动窗口。指定当前窗口的恰当方法是（　　）。

A. 把其他窗口都关闭，只留下一个窗口，即成为当前活动窗口。

B. 把其他窗口都最小化，只留下一个窗口，即成为当前活动窗口。

C. 用鼠标在该窗口内任意位置上双击。

D. 用鼠标在该窗口外任意位置上单击。

30. 一个文件路径名为：C：\ grouPa \ text1 \ 293.txt，其中 text1 是一个（　　）。

A. 文件夹　　　　　B. 根文件夹　　　C. 文件　　　　　　　D. 文本文件

二、填空题

1. Windows 10 窗口右上角有最小化和（　　）与（　　）按钮。

2. 查找磁盘上所有 ".docx" 的文件，应在搜索输入文本框中输入的文件名为（　　）。

3. Windows 10 操作系统中，文件名可达（　　）个字符。

4. Windows 10 操作系统中，实现文件复制和剪切的快捷键分别是（　　）和（　　）。

5. Windows 10 操作系统中，实现文件粘贴的快捷键是（　　）。

6. Windows 10 操作系统中，默认删除文件是将文件放入到（　　）中。

7. Windows 10 操作系统是一个（　　）用户、（　　）任务的操作系统。(填写"多"或"单")

8. Windows 10 操作系统中，文件 "01.jpeg" 表示该文件是一个（　　）类型的文件。

9. Windows 10 操作系统中的剪贴板是（　　）中的一块区域。

10. Windows 10 操作系统中，删除 "快捷方式"（　　）删除该快捷方式指向的文件或程序。(填写"会"或"不会")

三、简答题

1. 在 Windows 10 中运行应用程序的方式有哪些？

2. 简述 Windows 10 操作系统中的窗口和对话框。

3. 简述 "回收站" 的作用。

4. 简述 "任务栏" 的作用。

5. Windows 10 中的文件名命名规则是什么？

项目三 / 编辑 Word 文档

Word 是 Microsoft 公司推出的 Office 办公自动化套装软件中的一个重要组件，它具有丰富的文字处理功能，用户可通过对文字、图片、表格等的设置来美化，创建出符合用户需求的个性化、美观的文档。该软件操作简单、易学，深受广大用户的喜爱。Word 不仅适合一般工作人员、学生及家庭使用，同样也适合专业排版人员。

学习目标

- 掌握 Word 文档的基本操作
- 掌握 Word 文档内容的基本排版
- 掌握 Word 文档的图文混排
- 掌握 Word 文档域的使用
- 掌握 Word 文档的输出设置

任务一　创建 Word 文档

任务描述

小明是某学生部门的负责人，临近期末，小明需要对本学期部门的相关工作进行总结，包括本学期完成的主要工作，存在的不足，未来改进的措施，以及下学期的相关工作计划与展望。

本任务要求熟悉 Word 的操作界面，掌握 Word 文本的基本操作，如文档的创建、保存、打开、关闭、保护，掌握文档的基础编辑，如文本的输入、选定、移动与复制、删除、撤销与恢复、查找与替换等。

知识准备

一、Word 的启动与退出

1. Word 2016 的启动

启动 Word 2016 文字处理软件的常用方法主要有以下三种：

方法一：选择【开始】→【Word】即可。

方法二：若计算机桌面有 Word 2016 的快捷图标，则直接双击该图标即可；若计算机桌面无 Word 2016 的快捷图标，可进入软件的安装目录中，找到对应的图标双击即可。

方法三：双击任意一个已保存的 Word 文档。

2. Word 2016 的退出

退出 Word 2016 文字处理软件的常用方法主要有以下三种：

方法一：执行 Word 2016 窗口中的【文件】→【关闭】命令。

方法二：单击 Word 2016 窗口右上方的关闭（ × ）图标。

方法三：按下组合键 Alt+F4。

二、Word 的工作界面

Word 2016 文字处理软件的操作是在窗口环境下进行的，窗口主要由快速访问工具栏、标题栏、窗口控制按钮、选项卡、功能区、标尺、文档编辑区、滚动条、状态栏、视图快速切换按钮等组成，如图 3-1 所示。

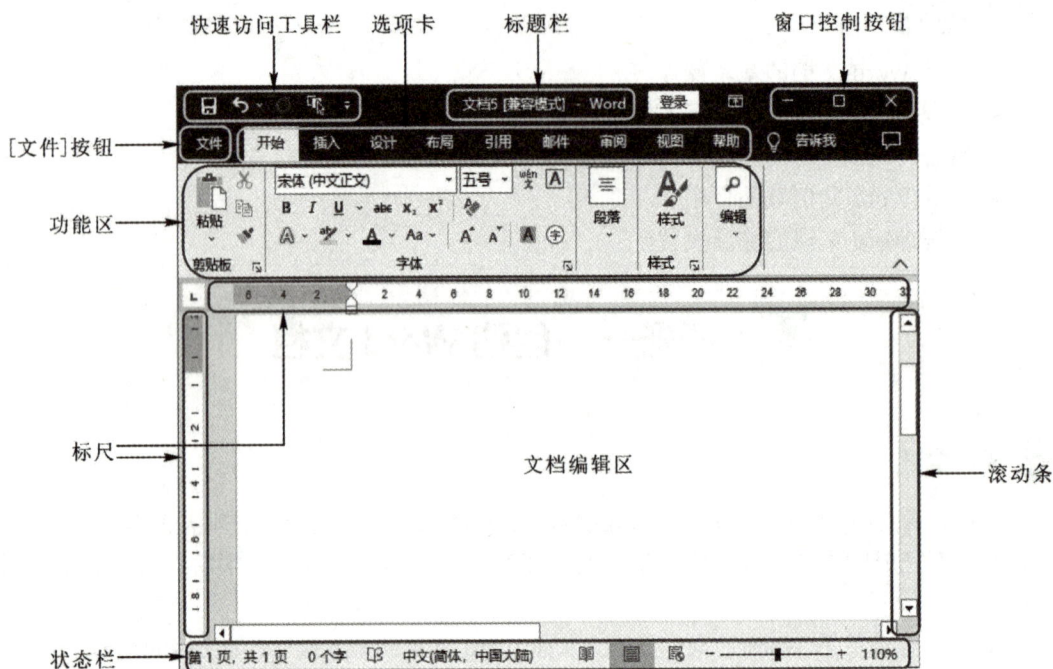

图 3-1　Word 2016 工作界面

1. 快速访问工具栏

快速访问工具栏用于放置命令按钮，使用户能快速启动经常使用的命令。该工具栏位于窗口顶端靠左的位置，如图 3-1 所示。默认情况下，快速访问工具栏中只有数量较少的命令，用户可以根据需要添加多个其他命令，如图 3-2 所示。

2. 标题栏

标题栏用于显示当前文档的文件名，位于窗口顶端居中的位置。

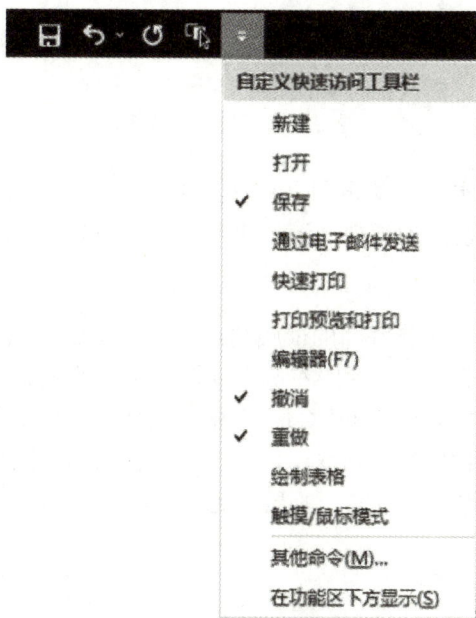

图 3-2　快速访问工具栏窗口

3. 窗口控制按钮

窗口控制按钮用于对文档窗口进行最小化、最大化 / 还原及关闭操作，位于窗口顶端靠右的位置。单击【最小化】按钮，可以将当前文档最小化到系统任务栏；在文档处于最大化状态下，可以单击【向下还原】按钮，将文档窗口缩小；在文档处于非最大化状态时，可以单击【最大化】按钮，将文档窗口最大化；单击【关闭】按钮，可以退出当前文档。

4.【文件】按钮

【文件】按钮位于快速访问工具栏的下方。单击【文件】按钮后会切换到文件相关设置界面，包含【保存】【另存为】【打开】【关闭】【信息】【新建】【打印】等常用选项。

5. 选项卡

选项卡位于【开始】按钮的右侧，如图 3-1 所示，默认情况下包括【开始】【插入】【页面布局】【引用】【邮件】【审阅】【视图】【加载项】等选项卡。选项卡之间可以相互切换，用户还可根据需要增加或减少选项卡的显示，以方便用户操作。

6. 功能区

功能区位于选项卡的下方，如图 3-1 所示，对应于各选项卡的功能，由多个组构成。例如，开始选项卡的功能区由"剪贴板"组、"字体"组、"段落"组、"样式"组和"编辑"组等构成。

7. 文档编辑区

Word 2016 工作界面中间的空白区域就是文档编辑区，是用于编辑文档的窗口，可进行文本的输入、文档的修改、文档的排版等操作，如图 3-1 所示。

8. 标尺

标尺用于对齐文档中的内容，尤其在进行表格制作、图片对齐、文档缩进等相关设置时能发挥极其重要的作用，标尺位置如图 3-1 所示。

9. 滚动条

Word 2016 中提供了水平滚动条和垂直滚动条，分别位于文档编辑区的下方与右侧。通过单击滚动条两边的小箭头或者拖动滚动块可改变文档的可视区域。

10. 状态栏

状态栏位于 Word 2016 工作界面的最底端，用于显示当前文档的状态，如页面和字数、当前文档录入状态等信息；在状态栏的右侧有视图快速切换按钮，用于不同显示视图之间的快速切换。Word 2016 中的视图包括页面视图、阅读视图、Web 版式视图、大纲、草稿等。在状态栏的最右侧有缩放比例按钮及滑块，可通过单击比例按钮打开【显示比例】对话框，如图 3-3 所示，亦可通过滑块改变文档的显示比例。

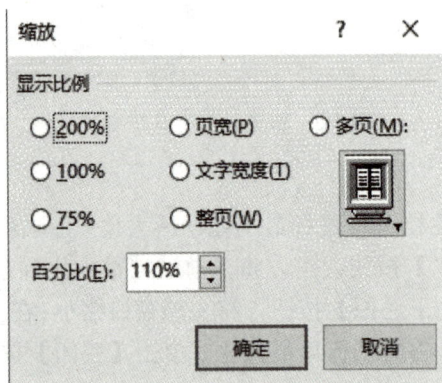

图 3-3 【显示比例】对话框

三、Word 文档的基本操作

软件的学习首先要从基本操作入手，才能有效掌握。用户在对文档进行编辑排版时，首先要创建相应的文档；文档编辑完成后要进行正确保存，以备后续使用；对已有文档进行修改时，需要将文档正确打开。对文档的这一系列基本操作是每位用户都必须掌握的基本技能。

1. 文档的创建

启动 Word 2016 文字处理软件后，会出现如图 3-4 所示的界面，用户可根据需要在该界面中选择需要创建的文档类型。

1) 创建空白文档

方法一：在图 3-4 所示界面中单击【空白文档】按钮。

方法二：按 Ctrl+N 组合键，创建一个新的空白文档，并以默认的标题和文件名命名。

2) 根据模板创建文档

模板是已经设定好相应格式，用户只需进行适当的内容及格式修改的一种文档。在创建文档时，用户可根据需要选择类似的模板进行创建，不仅节约排版时间，还能提高工作效率。根据模板创建文档时，单击【文件】按钮下的【新建】命令，再单击选择所需要的模板 (如博客文章、书法字帖以及 Office.com 中的业务、个人等)，最后单击【创建】按钮，此时即会创建相应模板的文档，如图 3-5 所示 (以"图案生动的小册子"为例)。

图 3-4　Word 2016 开始界面

图 3-5　"图案生动的小册子"模板

2. 文档的保存

完成文档的相关编辑工作后，常常需要对相应的文档进行保存，以便后续复用。在编辑过程中，做好保存工作也可以避免因停电等外界因素造成的内容丢失。因此，文档的保存很重要。

1) 保存一个文档

方法一：单击【文件】→【保存】命令或者单击【文件】→【另存为】命令。若保存的是一个新的文档，则单击【保存】命令或者【另存为】命令均可弹出【另存为】操作界面。单击【浏览】命令，在弹出的【另存为】对话框中，选择文档的存储位置，在【文件名】输入框中输入文件名称，在【保存类型】下拉列表中选择文件保存的类型，如图3-6 所示。

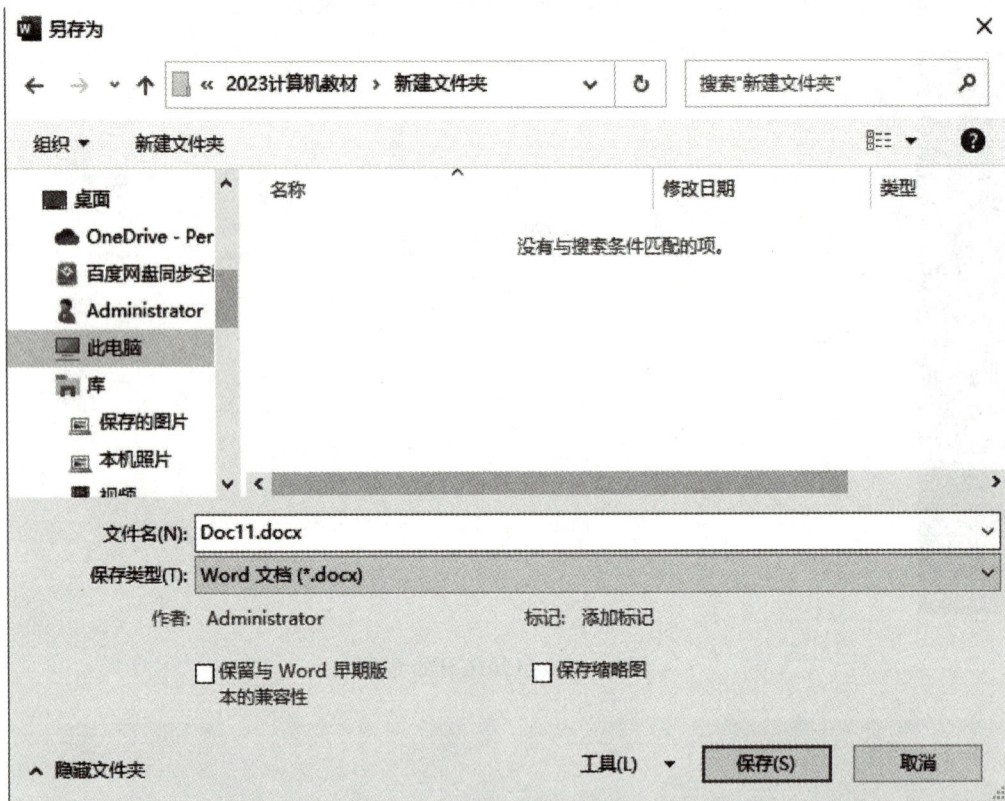

图 3-6 【另存为】对话框

若当前保存的文档是已经保存过的，那么单击【文件】按钮下的【保存】命令将以最新编辑的文档替换旧的文档，此时不会弹出任何对话框；单击【文件】按钮下的【另存为】命令则可以将最新编辑的文档单独存为另一个文件，此时弹出【另存为】对话框，选择文档的存储位置，在【文件名】输入框中输入文件名称，在【保存类型】下拉列表中选择文件保存的类型，以前保存过的旧文档依然存在。

方法二：单击【快速访问工具栏】中的【保存】按钮，此时新编辑的文档将替换旧文档。

方法三：按下组合键 Ctrl + S，此时同样用最新编辑的文档替换旧文档。

2) 保存多个文档

如果需要一次保存多个打开的文档，则按下 Shift 键再单击【快速访问工具栏】中的【全部保存】命令即可。注意，此时若快速访问工具栏中无该命令，则单击快速访问工具栏最右侧的下拉按钮，单击选择【其他命令】，此时弹出【Word 选项】对话框，如图 3-7 所示，在其中选择【所有命令】，在弹出的列表中找到【全部保存】命令，单击【添加】按钮，再单击【确定】按钮即可添加该命令。

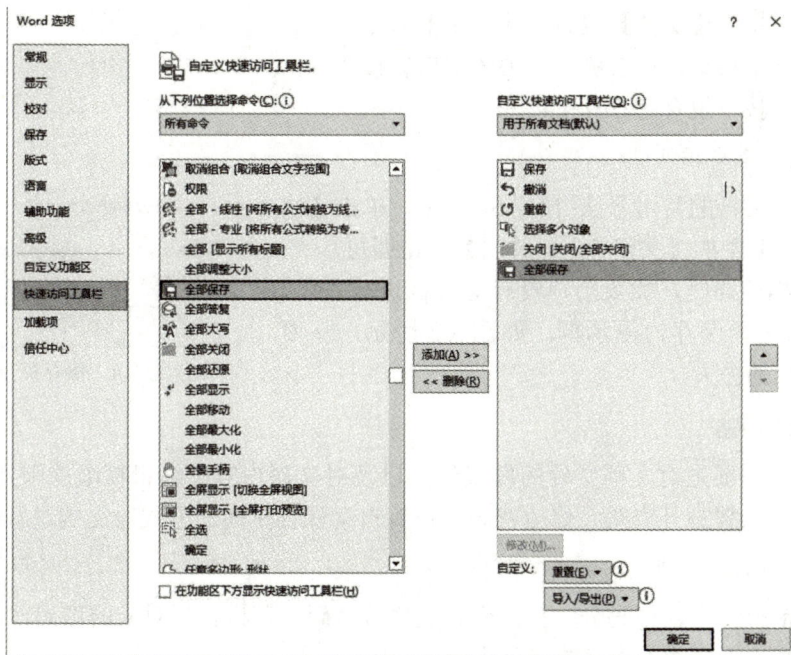

图 3-7　【Word 选项】对话框

3. 文档的打开

当用户需要编辑一个已经存在的文档时，首先要打开该文档。打开文档的常用方法有以下两种情况，每种情况的操作方式稍有区别。

1) 打开一个文档

打开一个文档常用的方法如下：

方法一：若需要打开最近使用过的文档，只需单击【文件】按钮，在【最近】列表中单击需要打开的文档名即可。

方法二：如果文档没有显示在【文件】按钮下，则单击【文件】按钮→【打开】命令，在其右侧选项中单击【浏览】命令，此时弹出【打开】对话框，进入相应的存储位置，然后再双击需要打开的文档或者单击选择需要打开的文档，再单击【打开】按钮。

方法三：按下组合键 Ctrl + O，再根据提示进行相应文档的选择即可。

2) 打开多个文档

若用户需要一次打开多个已经保存的文档，则单击【文件】按钮→【打开】命令，此时弹出【打开】对话框，进入相应的存储位置，然后选择需要打开的多个文档，再单击【打开】按钮即可。

4. 文档的关闭

在结束对文档的操作或不再使用该文档时，需要关闭相应的文档，可以关闭一个文档，也可以同时关闭多个文档。

1) 关闭一个文档

关闭一个文档常用的方法如下：

方法一：单击【文件】按钮→【关闭】命令。

方法二：单击菜单栏右侧的【关闭窗口】按钮。

方法三：按下组合键 Ctrl+F4。

2) 关闭多个文档

关闭多个文档的常用方法：按住 Shift 键，单击【快速访问工具栏】中的【关闭/全部关闭】按钮即可。

关闭文档的同时，如果用户没有对文档进行保存，Word 会弹出是否保存的提示框，如图 3-8 所示，从而避免文档内容的丢失。

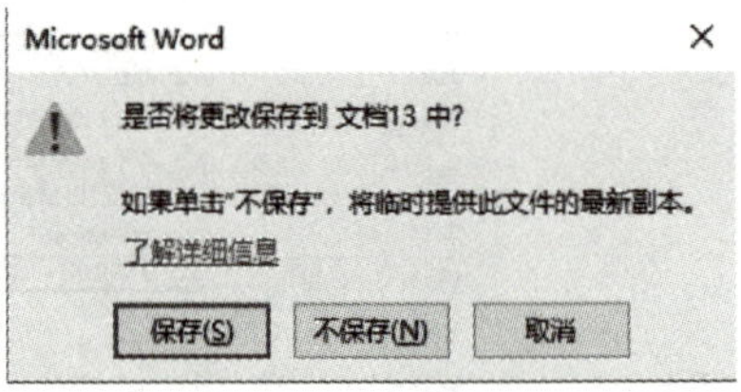

图 3-8　保存提示框

5. 文档的保护

文档保护主要是对文档文件的权限保护以及对文档内容的编辑权限的限定。在 Word 2016 中，通过设置打开密码、修改密码及设置自动保存时间的方式对文档进行保护。

1) 设置与取消密码

在 Word 2016 中，密码分为打开密码及修改密码，若设置了对应的密码，当打开文档或修改文档时均需要输入正确的密码才能进行操作。

设置密码的操作方法：单击【文件】按钮→【保存】或【另存为】命令，此时弹出【另存为】对话框，单击【工具】下拉列表，在弹出的列表中选择【常规选项】命令，此时弹出【常规选项】对话框，如图 3-9 所示。用户根据需要分别在【打开文件时的密码】和【修改文件时的密码】输入框中输入密码，若用户要求文档以只读方式打开，则选择"建议以只读方式打开文档"复选项。设置保护密码后，文档在下次打开或修改时需要输入正确的密码才能正确地进行打开和修改操作。

若要取消相应的密码，则只需进入图 3-9 所示对话框，将相应的密码框中设置的密码删除即可。

图 3-9　【常规选项】对话框

2) 设置自动保存时间

Word 2016 文字处理软件提供了自动保存功能，每隔一定的时间间隔会将文档保存到相应的位置，当遇到意外退出软件时，在重新启动软件后会有恢复上一次保存文档的功能。自动保存的时间间隔及自动恢复文件的位置可根据用户需要进行自定义。

操作方法：单击【文件】按钮→【更多】→【选项】命令，此时弹出【Word 选项】对话框。在该对话框中单击左侧选项列表中的【保存】选项，在【保存自动恢复信息时间间隔】中设置自动保存时间间隔，在【自动恢复文件位置】中可通过【浏览】按钮设置文件位置，如图 3-10 所示。

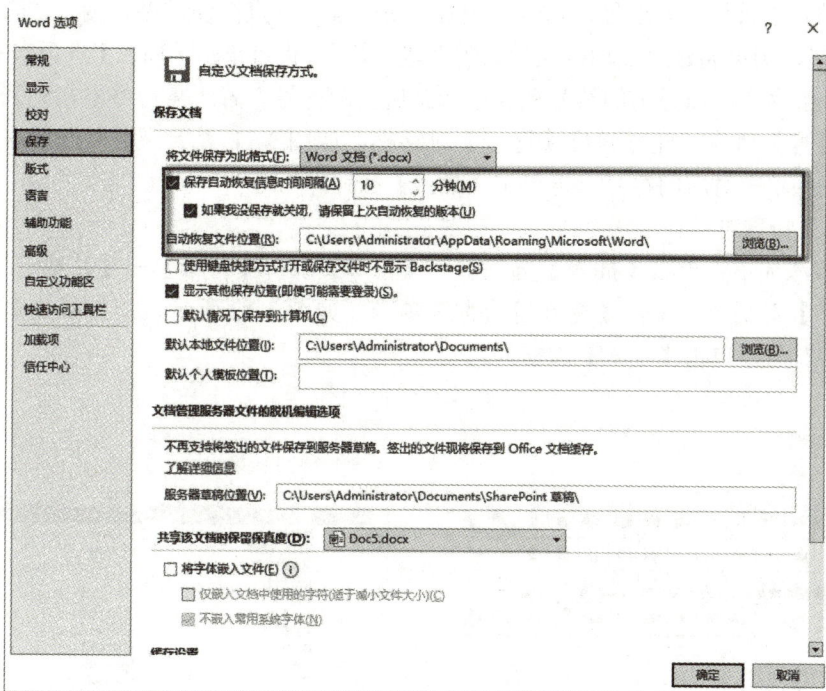

图 3-10　【Word 选项】对话框

四、Word 文档内容的基本编辑

文档编辑是用户掌握并使用 Word 文字处理软件的一个很重要的部分，只有有效地进行文档的编辑，才能实现最终需要的效果。

1. 文本的输入

Word 具有"即点即输"的功能，若想要进行文本的输入，首先需要确定输入点，只需要在输入位置单击或者通过键盘的方向键将输入点移动到正确的输入位置。常用的光标定位的快捷键有以下几个：

◆ Home：将光标移至行首。

◆ Ctrl + Home：将光标移至整篇文档的开头。

◆ End：将光标移至行尾。

◆ Ctrl + End：将光标移至整篇文档的末尾。

文本的输入主要包括英文、拼音、汉字、标点符号、特殊符号的输入。

(1) 输入英文。

操作方法如下：启动 Word 后，默认输入法为英文输入法，可直接通过键盘输入英文；若需要输入大写字母，则按下 Caps Lock 键或按住 Shift 键再单击对应的字母键即可。

(2) 输入汉字。

需要输入汉字，首先必须选择对应的中文输入法，如五笔、智能 ABC、搜狗拼音等，可通过 Ctrl+Shift 组合键进行不同输入法的切换。

(3) 输入标点符号。

常用的标点符号，如逗号、句号、顿号、引号等，可直接通过键盘输入，若不是很常见的标点符号，则可通过对应输入法的软键盘进行输入，也可单击【插入】选项卡→【符号】组→【符号】命令，在弹出的符号列表中选择所需的符号。若所需符号不在列表中，则单击【其他符号】命令，此时弹出【符号】对话框，如图 3-11 所示。用户根据需要选择不同字体查找并单击对应的符号，再单击【插入】按钮即可。

(4) 输入特殊符号。

操作方法如下：单击【插入】选项卡→【符号】组→【符号】→【其他符号】命令，弹出【符号】对话框，单击【特殊符号】选项卡，如图 3-12 所示，用户只需要在列表中选择对应的符号，单击【插入】按钮即可。

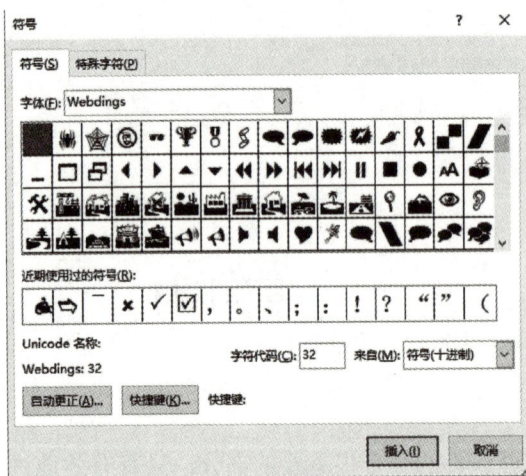

图 3-11 【符号】对话框

图 3-12 【特殊字符】选项卡

2. 文本的选定

在对文档内容进行相应的编辑时，首先必须选择对应的对象，文本也不例外。在 Word 2016 中，被选定的文本将会添加灰色背景显示。

通过鼠标、键盘或者扩展功能可实现文本的选定。

1) 利用鼠标

(1) 选定一个词：用鼠标指向这个词，再双击鼠标左键。

(2) 选定一句：按住 Ctrl 键，同时在需要选择的句子任意位置单击。

（3）选定一行，常用方法有以下两种：

方法一：将鼠标移至该行左边的文本选定区，当鼠标指针形状变为指向右上方的箭头时单击鼠标左键。

方法二：按下鼠标左键从行首拖动至行尾，再放开鼠标左键。

（4）选定一段：在需要选定段落的任意位置三击鼠标左键。

（5）选定全部文档，常用方法有以下两种：

方法一：执行菜单【编辑】→【全选】命令。

方法二：按下组合键 Ctrl + A。

（6）选定多行：将鼠标移至首行左边的文本选定区，当鼠标指针形状变为指向右上方的箭头时，按下鼠标左键向下拖至尾行。

（7）选定垂直一块区域：按下 Alt 键，同时再按下鼠标左键拖动至尾行。

2）利用键盘

利用键盘选定文本，首先定位光标，按住 Shift 键的同时再按下相应的方向键即可。

◆ Shift+ →：从光标插入点开始，连续向后选定文本。

◆ Shift+ ↑：从光标插入点开始，连续向上选定一行文本。

◆ Shift+ ↓：从光标插入点开始，连续向下选定一行文本。

◆ Shift+ ←：从光标插入点开始，连续向前选定文本。

3）利用扩展

将插入点定位到需选定文本内容的开始位置，然后按 F8 功能键，激活扩展式选定模式，再在文本内容结束位置单击即可。文本选定后，按 Esc 键取消扩展模式，否则鼠标单击任何位置，从插入点到鼠标单击位置区域的文本都会被选定。选定文本后，若需要撤销选定，只需在任意空白处单击鼠标即可。

3. 文本的移动与复制

所谓移动，就是将所选择的文档对象从原来的位置移动到新的位置。文本移动常用的方法有以下两种：

（1）利用鼠标实现文本的移动。

操作方法如下：选定需要移动的文本，按下鼠标左键将选定的文本拖至目的地。

（2）利用命令实现文本的移动。

① 选定需要移动的文本。

操作方法如下：单击【开始】选项卡下【剪贴板】组→【剪切】按钮或者按下组合键 Ctrl + X 或者单击鼠标右键选择【剪切】命令。

② 将光标定位到要插入文本的位置。

操作方法如下：单击【开始】选项卡下【剪贴板】组→【粘贴】按钮或者按下组合键 Ctrl + V 或者单击鼠标右键选择【粘贴】命令。

与文本的移动类似，文本的复制也是将选定的文本从文档的一个位置搬到另一个位置。不同的是，移动完文本后，原文本的位置不再存在该文本；而复制完文本后，原处的文本依然存在。

文本复制常用的方法有以下两种：

(1) 利用鼠标实现文本的复制。

操作方法如下：选定需要复制的文本，按下 Ctrl 键同时按下鼠标左键将选定的文本拖动至目的地。

(2) 利用命令实现文本的复制。

① 选定需要复制的文本。

操作方法如下：单击【开始】选项卡下【剪贴板】组→【复制】按钮或者按下组合键 Ctrl+C 或者单击鼠标右键选择【复制】命令。

② 将光标定位到要插入文本的位置。

操作方法如下：单击【开始】选项卡下【剪贴板】组→【粘贴】按钮或者按下组合键 Ctrl+V 或者单击鼠标右键选择【粘贴】命令。

4. 文本的删除

在进行文档编辑的过程中，文本的删减是必不可少的，是大多数用户经常遇到的。实现文本删除的常用方法有以下两种：

方法一：选定需要删除的文本，按 Delete 键。

方法二：选定需要删除的文本，使用【剪切】命令完成。

5. 撤销与恢复

1) 撤销

在文档编辑过程中，如果用户对自己的操作不满意或者进行了错误的操作，可以通过撤销功能回到先前的，常用的方法有以下两种：

方法一：单击快速访问工具栏中的"撤销"列表 (↩)，在列表中会列出最近执行的操作，可根据需要撤销到之前的某一步。

方法二：按下组合键 Ctrl + Z，可一步一步地往回撤销。

2) 恢复

执行了撤销操作后，用户又感觉还是需要恢复被撤销的操作，可以通过恢复功能来完成，常用的方法有以下两种：

方法一：单击快速访问工具栏中的【恢复】按钮 (↪)。

方法二：按下组合键 Ctrl+Y。

6. 查找与替换

查找与替换命令是便于用户在使用 Word 时对已有的内容进行查找或修改。Word 2016 提供了强大的文档搜索功能对指定的内容进行查找，还可将查找到的内容进行替换，大大方便了用户。

1) 查找

(1) 操作方法如下：单击【开始】选项卡→【编辑】组→【查找】命令→【高级查找】命令，此时弹出查找和替换对话框，选择【查找】选项卡，如图 3-13 所示。

(2) 在【查找内容】输入框中输入需要查找的内容，然后单击【查找下一处】按钮，这时，

Word 就会将查找到的内容反相显示,表明查找到。如果还需要查找,再单击【查找下一处】按钮。当整个文档查找完后,Word 会弹出一个消息框,告诉用户已经完成查找。

(3) 如果用户需要查找一些具有特定格式、符号的内容,只需单击【更多】按钮,在弹出的列表中根据需要设置搜索选项及查找选项。

2) 替换

所谓替换就是将查找的内容用其他的内容代替。

要执行替换功能,首先需要打开查找和替换对话框,常用的方法有以下两种:

方法一:单击【开始】选项卡→【编辑】组→【替换】命令。

方法二:按下组合键 Ctrl + H。

在【查找内容】输入框中输入需要替换的内容,在【替换为】输入框中输入新的内容,再单击【全部替换】按钮,Word 2016 会将所有找到的内容替换为新的内容,如图 3-14 所示。如果只需要替换一部分内容,可以先单击【查找下一处】按钮,如果需要替换,则单击【替换】按钮;如果不需要,就继续单击【查找下一处】按钮进行内容的查找。

如果用户需要替换一些特定格式、符号的内容,只需单击【更多】按钮,在弹出列表中根据需要设置搜索选项及替换选项即可。

图 3-13　【查找】对话框　　　　　图 3-14　【替换】对话框

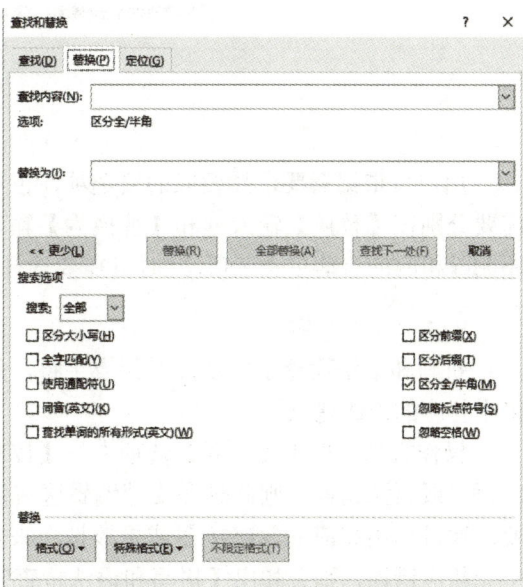

7. 自动更正

自动更正功能是软件对录入错误、误拼的单词、语法错误和错误的大小写等进行自动检测和更正,还可以使用自动更正功能快速插入文字、图形或符号。

操作方法:单击【文件】按钮→【更多】→【选项】命令,此时弹出【Word 选项】对话框,选择【校对】分类,再单击【自动更正选项】按钮,此时弹出【自动更正】对话框,如图 3-15 所示。

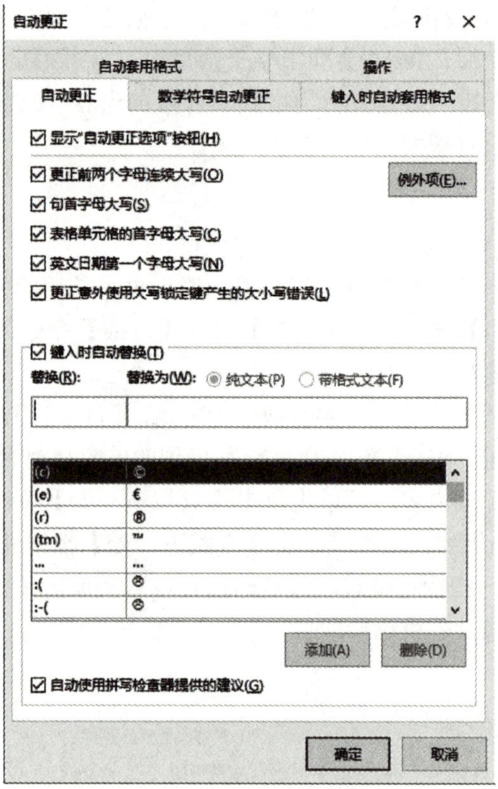

图 3-15 【自动更正】对话框

用户可根据需要选择相应的复选项，也可根据需要添加自己的自动更正选项，此时只需要分别在【替换】输入框和【替换为】输入框中输入对应的内容即可；用户还可根据需要删除相应的自动更正选项，此时只需要选择相应的自动更正选项，单击【删除】按钮即可。

8. 拼写和语法检查

拼写和语法检查主要是针对西方字符，是对英文写作中的拼写和语法错误进行检查及提出相应的修改建议。

操作方法：单击【审阅】选项卡→【校对】组→【拼写和语法】命令，若文档中有相应拼写或语法错误，则此时在文档编辑区右侧弹出【拼写和语法】对话框，用户可根据需要，通过单击相应的忽略按钮或更改按钮来实现对相应的拼写和语法建议的选择；若文档中无相应错误，则会弹出【拼写和语法检查完成】对话框。

▶ 任务实现

完成了本任务知识准备，对文档的基本操作、基本编辑有一定的了解后，现在我们可以为小明编写部门工作总结了。

上机操作步骤如下：

(1) 启动 Word 2016，并新建一个空白的文档，此时文档名为"文档 1.docx"，将文档保存到桌面并设置文档名为"部门工作总结 .docx"。

(2) 文档标题输入。将光标定位至文档的第一行，输入内容标题"部门工作总结"，完成文字输入后，按 Enter 键进入下一段落内容的输入。

(3) 文档内容输入。采用步骤 (2) 的方法完成部门工作总结各段落内容的输入，如图 3-16 所示。

图 3-16 文档内容输入

(4) 标题添加符号将光标定位到标题"部门工作总结"最前面，单击【插入】选项卡→【符号】功能组→【符号】→【其他符号】，在弹出的【符号】对话框中选择字体"Wingdings"，再在其下的符号列表中选择需要的符号，如图 3-17 所示，单击【插入】按钮将该符号插入。

(5) 将光标定位到标题"部门工作总结"最后面，在图 3-17 的符号列表中选择需要的另一个符号，再单击【插入】按钮将该符号插入。此时标题部分效果如图 3-18 所示。

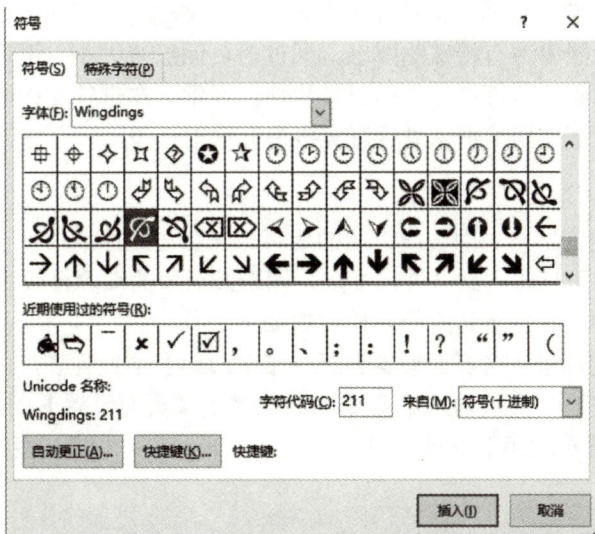

图 3-17 【符号】对话框

（6）各级标题添加符号。将光标定位到其他需要添加符号的位置，在图 3-17 的符号列表中选择不同的字体、不同的符号，再单击【插入】按钮将该符号插入。效果可参考图 3-19。

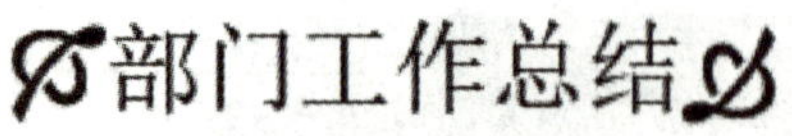

部门工作总结

图 3-18　添加符号后标题效果

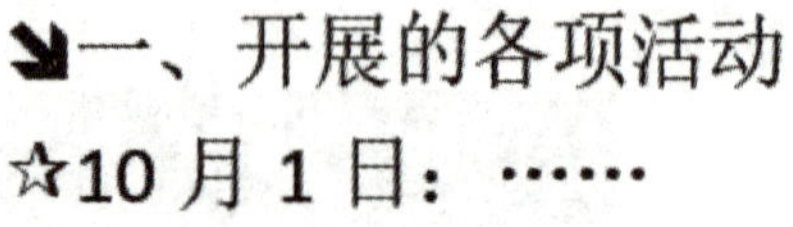

➥一、开展的各项活动
☆10 月 1 日：⋯⋯

图 3-19　其余添加符号的效果

（7）初次完成文档内容的录入后，请认真检查。在检查过程中可通过【删除】【复制】【移动】【查找与替换】【拼写和语法检查】等命令对文档内容进行调整与编辑，以确保文档内容的准确性。

（8）完成文档内容的调整后，按 Ctrl + S 组合键对文档进行保存并退出 Word 2016。

任务二　设置 Word 文档格式

任务描述

小明即将完成学业，在毕业之前需要撰写毕业论文。要求论文内容符合小明同学的专业及项目，内容格式符合学校关于毕业论文的格式要求。

本任务要求熟悉文档中页面的格式化，如纸张大小的设置、纸张方向的设置、文字方向的设置、页边距的设置等；字符的格式化，如字体、字号、字体颜色、下划线等的设置；段落的格式化，如行距、段前间距、段后间距、缩进等的设置。

知识准备

一、页面的格式化

页面即是文档的整个版面。在实际应用中，很多文档对于页面大小、页面文本排版方向、页边距、页面背景等都有特殊的要求，通过对页面纸张大小、页边距、页面背景、页眉、页脚、页码等的设置，可以让文档更具特性。通常，在进行文档编辑之前需对页面进行相关的设置，以保证文档编辑完成后可直接进行输出打印。

1. 页边距

页边距是指文档文字与页面边线之间的距离。在页边距区域内可设置页眉、页脚、页码，而在页边距内的可打印区域可进行文本、图形及对象的编辑排版。

在 Word 2016 中，设置页边距的操作步骤如下：

单击【布局】选项卡→【页面设置】组→【页边距】下拉列表，可直接选择列表中的页边距，也可单击【自定义页边距】命令，此时弹出【页面设置】的【页边距】选项卡，如图 3-20 所示。在【页边距】选项卡中可进行上、下、左、右页边距的设置。

2. 纸张

纸张主要有纸张方向、纸张大小两个属性。在 Word 2016 中，用户可根据需要对这两个属性进行设置。

(1) 纸张方向。

纸张方向有横向和纵向，设置方法如下：

单击【布局】选项卡→【页面设置】组→【纸张方向】下拉列表，可直接选择纸张方向(横向或纵向)。

(2) 纸张大小。

在 Word 2016 中，纸张默认大小为 A4(210 mm × 297 mm)。在实际应用中，用户可根据需要对纸张大小进行自定义，操作步骤如下：

单击【布局】选项卡→【页面设置】组→【纸张大小】下拉列表，可直接选择列表中的标准纸张大小，也可单击【其他纸张大小】命令，此时弹出【页面设置】的【纸张】选项卡，如图 3-21 所示。在该选项卡中可根据需要设置纸张的宽度、高度。

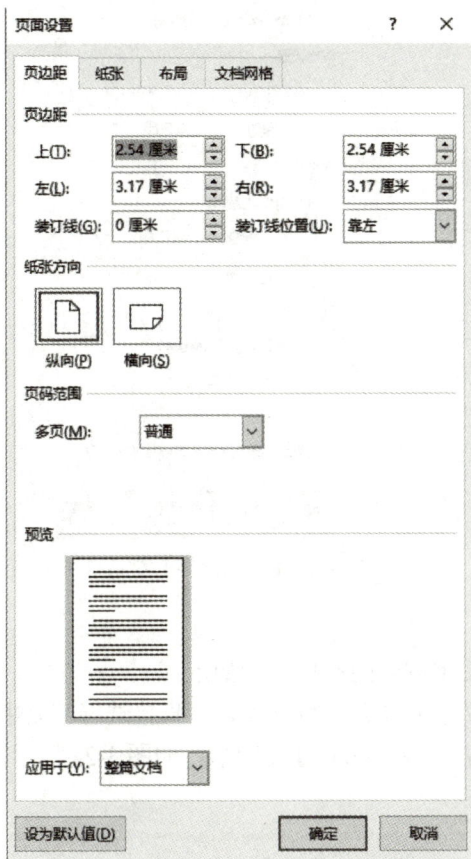

图 3-20 【页边距】选项卡   图 3-21 【纸张】选项卡

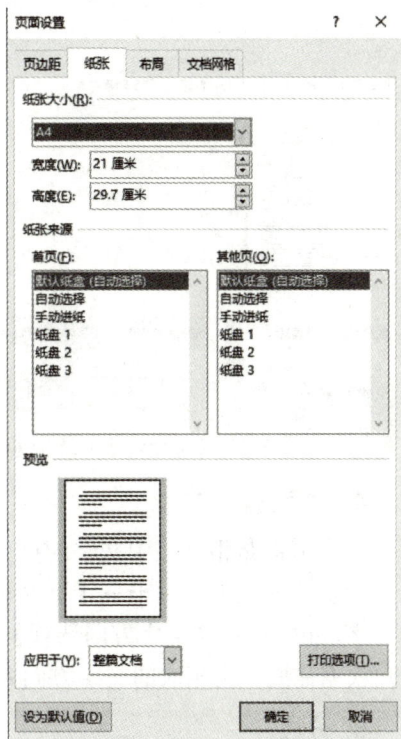

3. 文档网格

在 Word 2016 中，使用文档网格可以轻松而又精确地控制文字的排列方向、文档中每页的行数以及每行中的字符数，同时还可设置应用范围内所有的行或字符之间的"行跨度"和"字符跨度"。设置文档网格的操作步骤如下：

单击【布局】选项卡→【页面设置】组中的【页面设置】按钮(◢)，此时弹出【页面设置】对话框，选择【文档网格】选项卡，如图 3-22 所示。在该选项卡中可设置文字排列方向及栏数，可对每页行数、每行字符数进行相应设置，同时还可设置跨度，跨度值越大，则行数越少，每行所包含的字符数越少。

若想在文档中显示网格，则单击【绘图网格】按钮，此时弹出【绘图网格】对话框，可根据需要设置对象的对齐方式，网格水平间距、垂直间距，网格起点坐标及网格的显示状态，如图 3-23 所示。

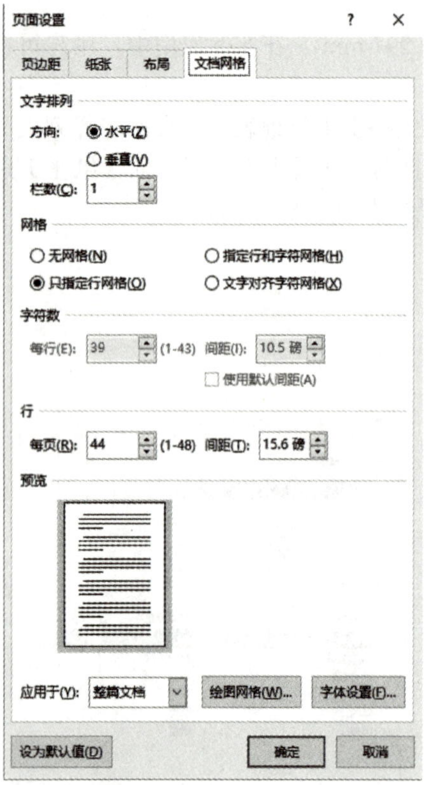

图 3-22 【文档网格】选项卡 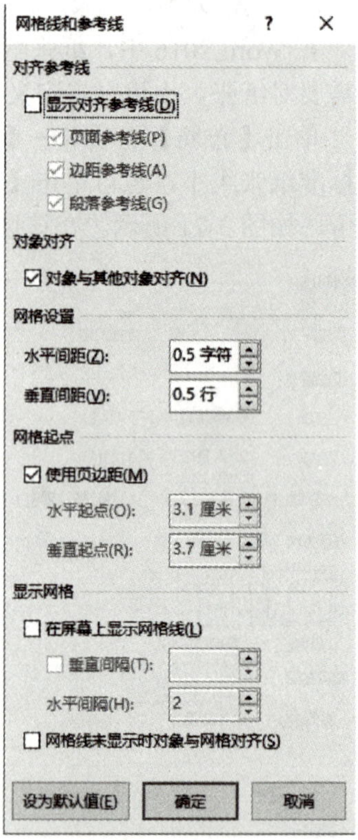   图 3-23 【绘图网格】对话框

4. 文字方向

文字方向是指文档中文字的排列方向。设置文字方向的操作步骤如下：

单击【布局】选项卡→【页面设置】组→【文字方向】下拉列表，可直接选择列表中的文字，也可单击【文字方向选项】命令，此时弹出【文字方向】对话框，如图 3-24 所示。用户根据需要单击相应的文字方向并设置应用范围。

5. 分栏

分栏是指将页面在横向上分为多列，类似于一个一行多列的表格，而文档内容则在每栏中并排显示。针对大篇幅文字内容的阅读来说，这种排版方式让阅读者都更能接受。日常生活中，我们会碰到一些文档需要进行分栏处理，常见的有报纸、公告、卡片或者海报等。

在 Word 2016 中，设置分栏的操作步骤如下：

选定需要分栏的内容，单击【布局】选项卡→【页面设置】组→【栏】下拉列表，用户可直接选择列表中的预设分栏，若列表中的分栏不满足要求，则单击【更多分栏】命令，此时弹出【栏】对话框，如图 3-25 所示。用户根据需要选择或设置栏数、宽度和间距及应用范围等。

图 3-24 【文字方向】对话框

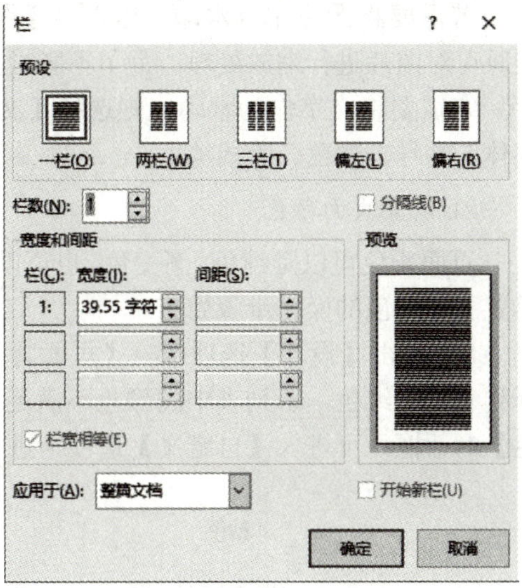

图 3-25 【栏】对话框

6. 页面背景

文档页面背景主要包括添加水印、设置页面颜色及添加页面边框三个部分。通过设置不同的背景不仅可为文档增添色彩，让文档看起来更加美观，又可在一定程度上起到强调及保护文档的作用。

1) 添加水印

添加水印是为了保护自己文档的版权、权益，从一定程度上防止抄袭。Word 2016 默认提供了机密、紧急、免责声明三类水印，也可自定义水印，自定义水印有图片水印、文字水印两类。添加水印的操作步骤如下：

单击【设计】选项卡→【页面背景】组→【水印】下拉列表，用户可直接选择列表中的水印效果，若列表中的水印不满足要求，则单击【自定义水印】命令，此时弹出【水印】对话框，如图 3-26 所示。

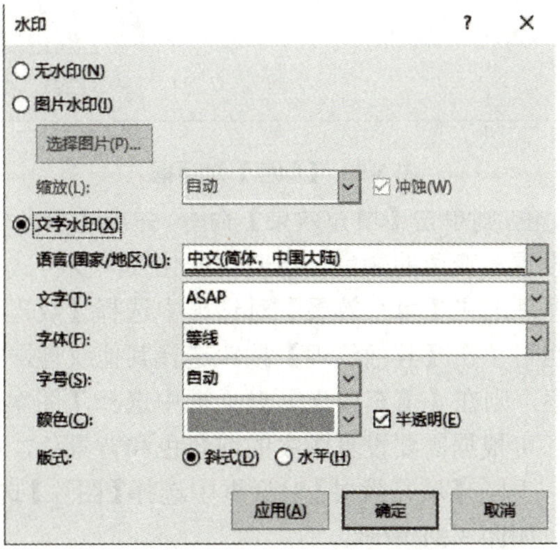

图 3-26 【水印】对话框

若需要将图片作为水印，则选择【图片水印】，再单击【选择图片】选择所需图片，同时可对图片进行缩放处理。为了不影响文字的显示，还可将图片设置为冲蚀效果。

若需要将文字作为水印，则选择【文字水印】，然后在相应的选项中设置文字、文字字体、字号、颜色、版式等。

2) 设置页面颜色

页面颜色可以是纯色、渐变色，也可以用纹理、图案、图片进行填充。在 Word 2016 中，设置页面颜色的操作步骤如下：

(1) 单击【设计】选项卡→【页面背景】组→【页面颜色】下拉列表，用户可直接选择列表中的纯色，若列表中的颜色不满足要求，则单击【其他颜色】命令，此时弹出【颜色】对话框，可进入【自定义】选项卡进行非标准颜色的选择，如图 3-27 所示。

图 3-27 【颜色】对话框

(2) 若需要填充渐变色，则单击【填充效果】命令，弹出【填充效果】对话框，选择【渐变】选项卡，根据需要设置渐变的颜色、透明度变化及渐变样式，如图 3-28 所示。

(3) 若需要填充纹理，则在【填充效果】对话框中选择【纹理】选项卡，根据需要选择纹理列表中的纹理，也可单击【其他纹理】按钮选择其他纹理，如图 3-29 所示。

(4) 若需要填充图案，则在【填充效果】对话框中选择【图案】选项卡，根据需要选择图案列表中的图案，还可根据需要设置图案的前景色和背景色，如图 3-30 所示。

(5) 若需要填充图片，则在【填充效果】对话框中选择【图片】选项卡，单击【选择图片】按钮选择所需图片即可，如图 3-31 所示。

图 3-28　【渐变】选项卡

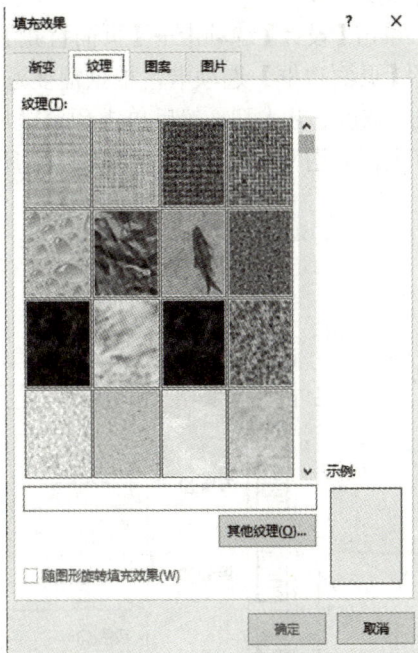

图 3-29　【纹理】选项卡

图 3-30　【图案】选项卡

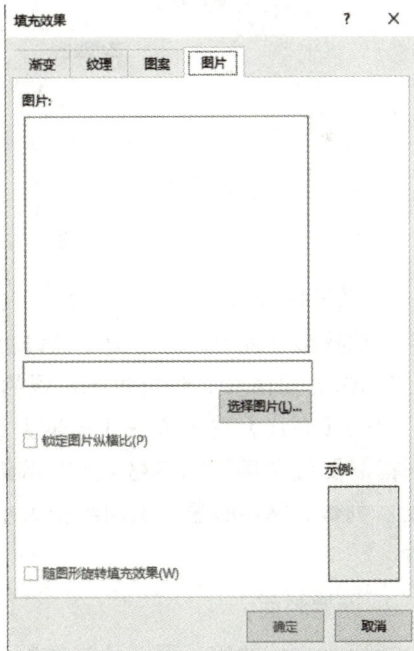

图 3-31　【图片】选项卡

3) 添加页面边框

为页面添加边框，可以让页面更美观，起点缀作用。在 Word 2016 中，添加页面边框的操作步骤如下：

　　单击【设计】选项卡→【页面背景】组→【页面边框】，此时弹出【边框和底纹】对话框，选择【页面边框】选项卡，根据需要选择边框类型 (方框、阴影、三维、自定义)、样式、颜色、宽度、艺术型，然后单击预览区域中对应的边框选择按钮进行边框显示隐藏的设置，还可进行应用范围的设置，如图 3-32 所示。

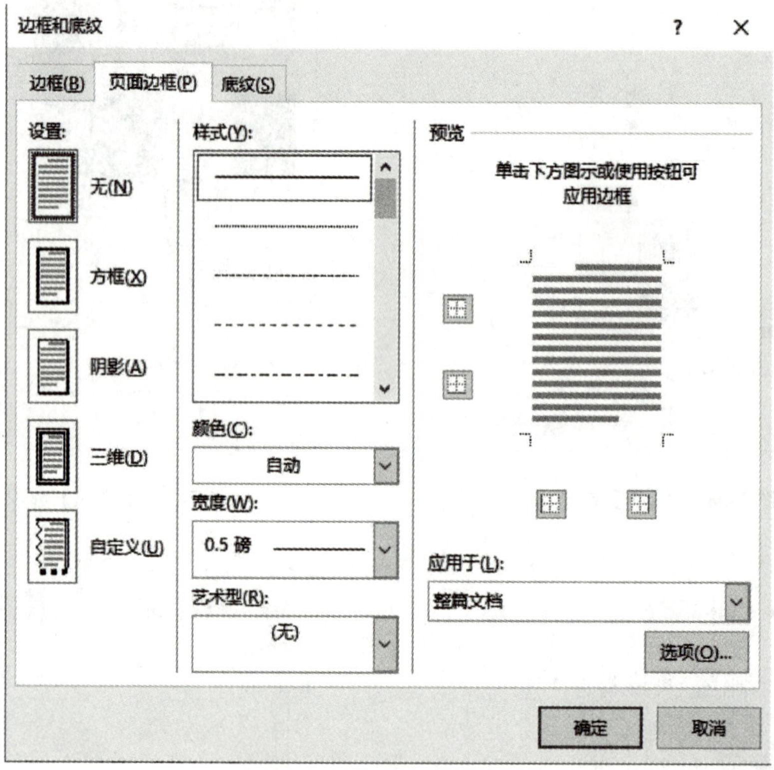

图 3-32　【页面边框】选项卡

7. 设置稿纸

　　文档排版过程中，若希望文档以稿纸的形式出现，让文档更加工整，则可进行稿纸设置。在 Word 2016 中，进行稿纸设置的操作步骤如下：

　　单击【布局】选项卡→【稿纸】组→【稿纸设置】，此时弹出【稿纸设置】对话框，可根据需要设置稿纸网格格式 (非稿纸文档、方格式稿纸、行线式稿纸、外框式稿纸)、行数 × 列数、网格颜色、页面纸张大小、纸张方向、页眉 / 页脚及换行习惯等，如图 3-33 所示。

8. 设置封面

　　封面是文档的第一页，恰当的封面可为文档添色。Word 2016 内置了一些封面效果，设置封面的操作步骤如下：

　　单击【插入】选项卡→【页面】组→【封面】下拉列表，可在弹出的下拉列表中单击选择内置的封面，在【Office.com 中的其他封面】中也提供了部分封面，若不需要封面，则单击【删除当前封面】命令，如图 3-34 所示。

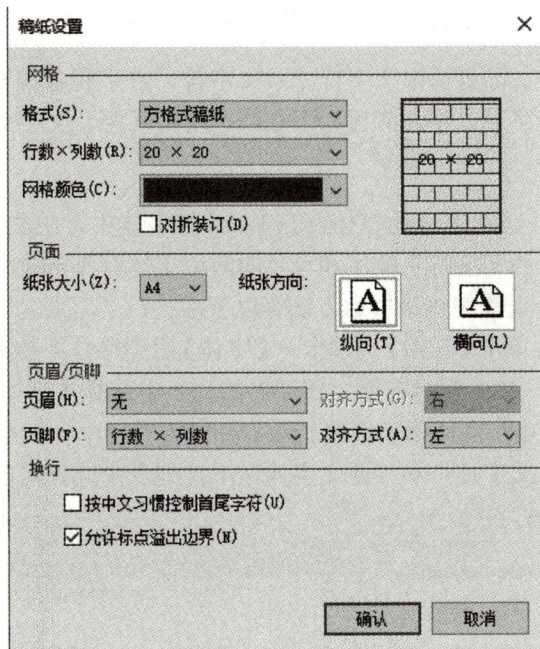

图 3-33【稿纸设置】对话框

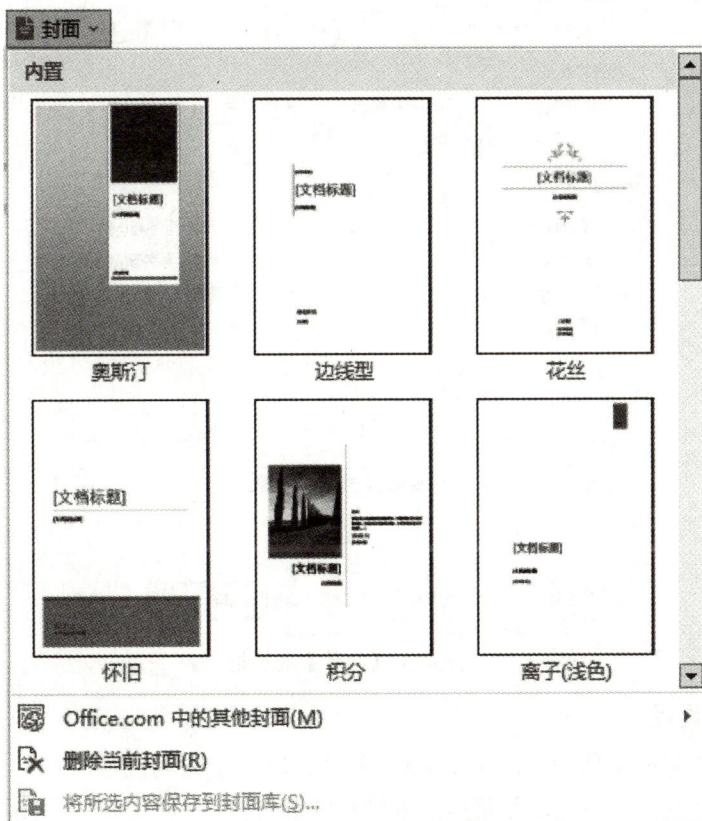

图 3-34 【封面】下拉列表

二、字符的格式化

在 Word 文档中，字符包括中文字符、西文字符、数字和各种符号等，字符的格式化主要包括字体、字形、字号、字体颜色、下划线、字符间距、文字效果等的相关设置。

1. 字体的设置

文字的各种不同外在形态称为字体。在 Word 的字体中，中文字符常用字体有宋体、楷体、黑体、隶书等，西文字符、数字和符号的常用字体有 Times New Roman、Arial 等。

在 Word 2016 中，设置字体常用的方法有以下两种：

方法一：选定文本，单击【开始】选项卡→【字体】组中字体下拉列表，选择需要的字体。

方法二：选定文本，单击鼠标右键，在弹出的列表中选择【字体】命令或单击【开始】选项卡下的【字体】组中的【字体】按钮（），此时弹出【字体】对话框，如图 3-35 所示，用户可根据需要在"中文字体"和"西文字体"下拉列表中选择需要的字体。

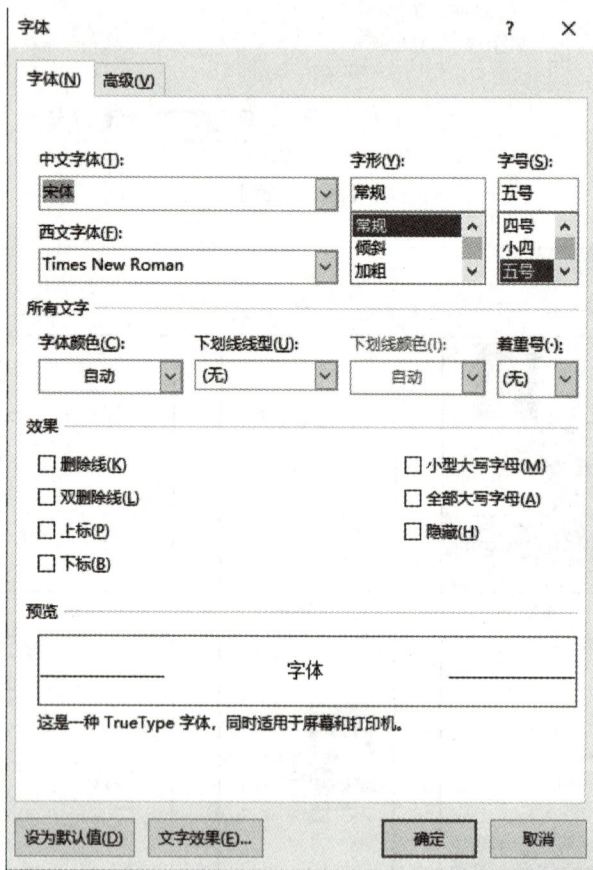

图 3-35 【字体】对话框

2. 字号的设置

字号是指字符的字体大小。在 Word 文档中，默认字号为五号。

在 Word 2016 中，设置字号常用的方法有以下三种：

方法一：选定文本，单击【开始】选项卡→【字体】组中字号下拉列表，选择需要的字号。

方法二：打开【字体】对话框，如图 3-35 所示，用户根据需要在"字号"列表中选择需要的字号。

方法三：选定文本，按组合键 Ctrl +] 或 Ctrl + [，此时字号以 1 点的大小增大或减小。

3. 字形的设置

字符的字形设置主要包括字符加粗、倾斜、下划线、字符边框、字符底纹及字符缩放。

1) 字符加粗

在 Word 2016 中，字符加粗常用的方法有以下三种：

方法一：选定文本，单击【开始】选项卡→【字体】组中【加粗】按钮（**B**）。

方法二：打开【字体】对话框，如图 3-35 所示，用户根据需要在"字形"列表中选择"加粗"。

方法三：按下组合键 Ctrl + B。

2) 字符倾斜

在 Word 2016 中，字符倾斜常用的方法有以下三种：

方法一：选定文本，单击【开始】选项卡→【字体】组中【倾斜】按钮（*I*）。

方法二：打开【字体】对话框，如图 3-35 所示，用户根据需要在【字形】列表中选择"倾斜"。

方法三：按下组合键 Ctrl + I。

3) 字符下划线

在 Word 2016 中，为字符添加下划线常用的方法有以下三种：

方法一：选定文本，单击【开始】选项卡→【字体】组→【下划线】下拉列表，如图 3-36 所示，用户根据需要设置下划线的线型和颜色。

方法二：打开【字体】对话框，如图 3-35 所示，用户根据需要在【下划线线型】下拉列表中选择下划线的线型，在【下划线颜色】下拉列表中设置下划线的颜色。

图 3-36　下划线下拉列表

方法三：按下组合键 Ctrl + U，此时为选定文本添加默认的下划线线型和下划线颜色。

4) 字符着重号

在 Word 2016 中，为字符添加着重号的方法如下：

选定文本，打开【字体】对话框，如图 3-35 所示，用户根据需要在【着重号】下拉列表中选择着重号。

5) 字符边框

在 Word 2016 中，为字符添加边框常用的方法有以下两种：

方法一：选定文本，单击【开始】选项卡→【字体】组→【字符边框】按钮（**A**），此时选定文本添加默认的方框。

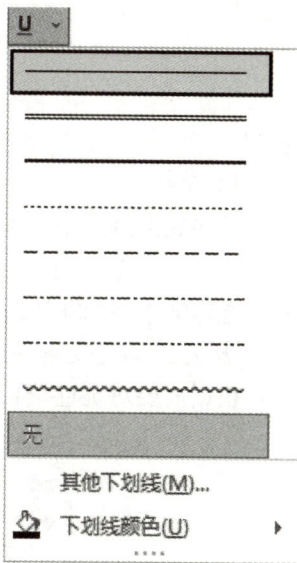

方法二：选定文本，打开【页面设置】对话框，单击【布局】选项卡，再单击【边框】按钮，此时弹出【边框和底纹】对话框，首先选择【边框】选项卡，如图 3-37 所示，用户根据需要对设置、样式、颜色、宽度、预览及应用进行设置，实现不同状态边框的添加。

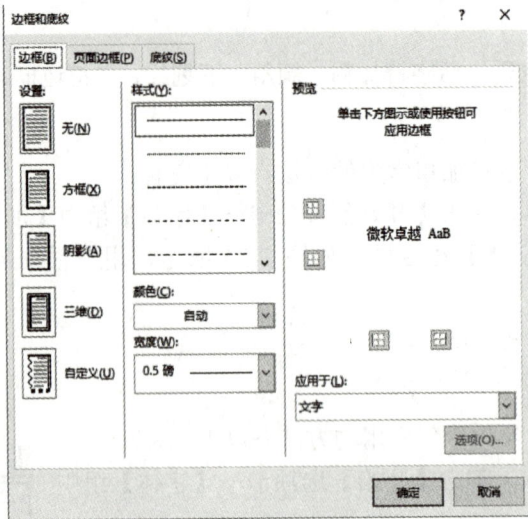

图 3-37 【边框】选项卡

6) 字符底纹

在 Word 2016 中，为字符添加底纹常用的方法有以下两种：

方法一：选定文本，单击【开始】选项卡→【字体】组→【字符底纹】按钮（**A**），此时选定文本添加默认的灰色底纹。

方法二：选定文本，打开【边框和底纹】对话框，选择【底纹】选项卡，如图 3-38 所示，用户根据需要对设置、样式、颜色、宽度、预览及应用进行设置，实现不同状态边框的添加。

图 3-38 【底纹】选项卡

7）字符缩放

在 Word 2016 中，对字符进行缩放常用的方法有以下两种：

方法一：选定文本，单击【开始】选项卡→【段落】组→【中文版式】下拉列表，在弹出的下拉列表中选择【字符缩放】，如图 3-39 所示，用户根据需要选择缩放比例。

图 3-39　【字符缩放】下拉列表

方法二：选定文本，打开【字体】对话框，选择【高级】选项卡，如图 3-40 所示，在【缩放】下拉列表中选择对应的缩放比例。

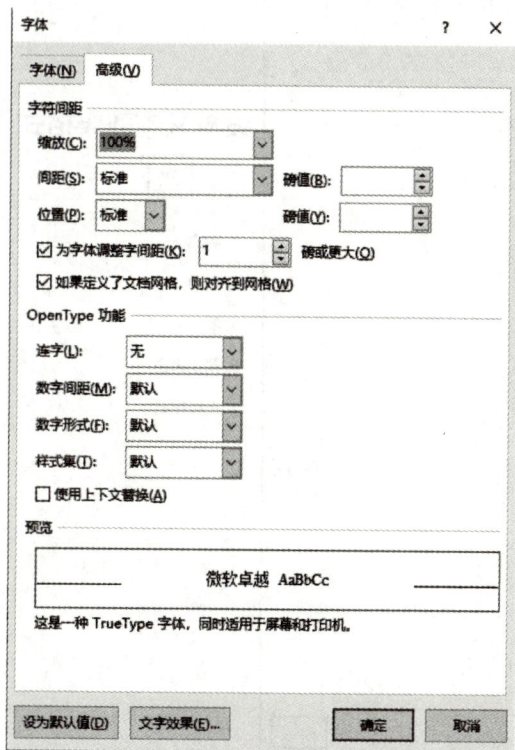

图 3-40　【高级】选项卡

4. 字体颜色的设置

在 Word 文档中，默认情况下字体颜色为黑色。

在 Word 2016 中，设置字符颜色常用的方法有以下两种：

方法一：选定文本，单击【开始】选项卡→【段落】组→【字体颜色】下拉列表中选择需要的颜色，也可单击【其他颜色】按钮选择非标准颜色。

方法二：选定文本，打开【字体】对话框，用户根据需要在【字体颜色】下拉列表选择需要的颜色，也可单击【其他颜色】按钮选择非标准颜色。

5. 字符间距的设置

所谓字符间距是指字符与字符之间的间隔距离。

在 Word 2016 中，设置字符间距的方法如下：

选定文本，打开【字体】对话框，选择【高级】选项卡，如图 3-40 所示，在【间距】下拉列表中选择间距加宽或紧缩，在其后的磅值输入框中选择间距大小或输入间距大小。

6. 文字效果的设置

文字效果是用来为文字添加阴影、映像、发光、三维格式等效果，让文字看起来更有立体感。

在 Word 2016 中，设置文字效果的方法如下：

选定文本，打开【字体】对话框，单击【文字效果】按钮，此时弹出【设置文本效果格式】对话框，如图 3-41 所示，用户只需根据需要对文本填充、文本轮廓、阴影、映像、发光、柔化边缘和三维格式进行相应设置即可。

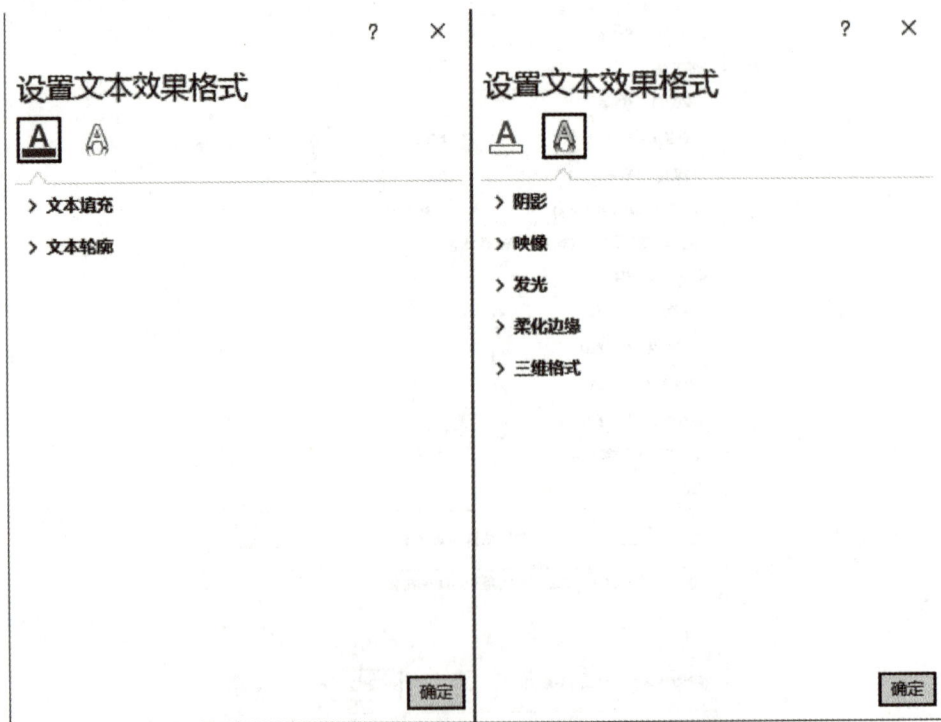

图 3-41 【设置文本效果格式】对话框

7．其他效果设置

1）其他字体效果的设置

在 Word 2016 中，文字还可设置为上标、下标、删除线、隐藏、字母大小写转换等效果，设置方法如下：

选定文本，打开【字体】对话框，选择【字体】选项卡，在【效果】选项列表中选择需要设置的效果，如图 3-42 所示。

效果

☐ 删除线(K)　　　　　　　　　☐ 小型大写字母(M)

☐ 双删除线(L)　　　　　　　　☐ 全部大写字母(A)

☐ 上标(P)　　　　　　　　　　☐ 隐藏(H)

☐ 下标(B)

图 3-42　【效果】选项列表

2）中文版式的设置

在 Word 2016 中，还可对字符进行拼音指南、带圈字符、纵横混排、合并字符、双行合一中文版式效果的设置。

(1) 拼音指南。

添加拼音指南的方法如下：

选定文本，单击【开始】选项卡→【字体】组→【拼音指南】按钮（ ![wén文] ），此时弹出【拼音指南】对话框，如图 3-43 所示，用户根据需要对各个参数进行输入或设置。

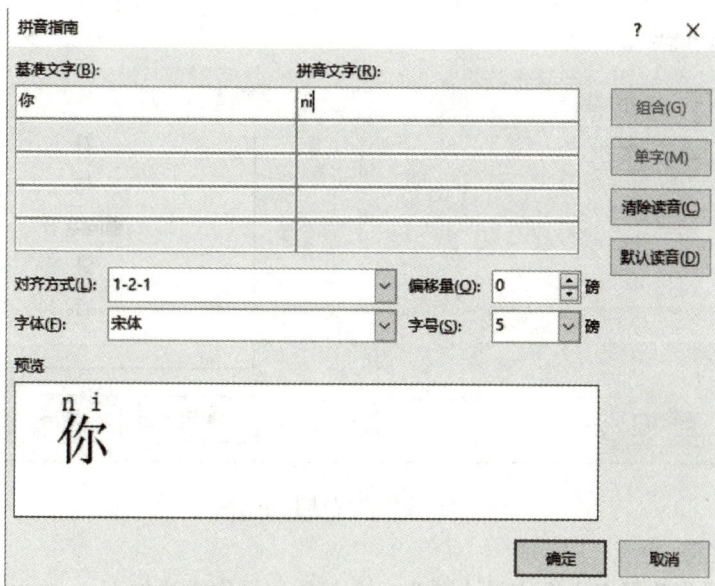

图 3-43　【拼音指南】对话框

(2) 带圈字符。

设置带圈字符的方法如下：

选定文本，单击【开始】选项卡→【字体】组→【带圈字符】按钮 (字)，此时弹出【带圈字符】对话框，如图 3-44 所示，用户根据需要对各个参数进行设置。

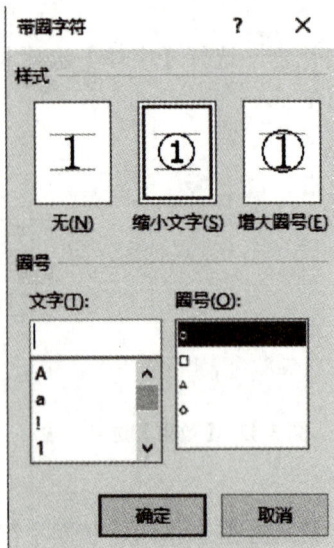

图 3-44 【带圈字符】对话框

(3) 纵横混排。

纵横混排是指将纵向字符与横向字符进行混合排版，操作方法如下：

选定文本，单击【开始】选项卡→【段落】组→【中文版式】下拉列表中的【纵横混排】命令，此时弹出【纵横混排】对话框，如图 3-45 所示，用户根据需要对各个参数进行设置。

图 3-45 【纵横混排】对话框

(4) 合并字符。

合并字符是指将最多六个字符合并为一个整体，操作方法如下：

选定文本，单击【开始】选项卡→【段落】组→【中文版式】→【合并字符】命令，此时弹出【合并字符】对话框，如图 3-46 所示，用户根据需要对各个参数进行设置。

图 3-46　【合并字符】对话框

(5) 双行合一。

双行合一是指将两行文字显示在一行，从而实现单行、双行的混合排版效果。操作方法如下：

单击【开始】选项卡→【段落】组→【中文版式】→【双行合一】命令，此时弹出【双行合一】对话框，如图 3-47 所示，在【文字】输入框中输入需要合一的文字，其余参数根据需要进行设置。

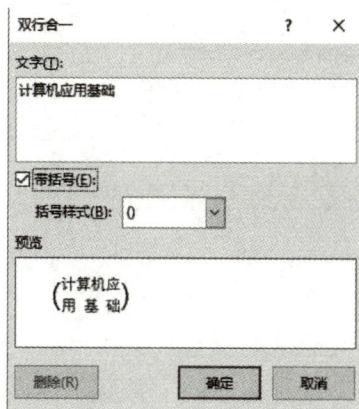

图 3-47　【双行合一】对话框

三、段落的格式化

在 Word 文档中，段落不仅仅是一段文本，也包括有段落标记的图形或其他对象。段落的标志是回车符，一个回车符意味着上一段落结束，下一段落开始。当段落作为排版对象时，指的就是两个回车符之间的内容。

一篇文档是由许多段落构成的，一篇美观的文档必然要对段落进行格式化。段落的格式化主要包括段落的行间距、段前间距、段后间距、对齐方式、缩进等的设置，本节主要针对段落的相关设置进行详细的介绍。

1. 行间距和段落间距

行间距是指构成段落的行中每两行之间的间隔距离；段落间距是指段落与段落之间的间隔距离，包括段前间距和段后间距。

在 Word 2016 中，设置行间距和段落间距常用的方法如下：

光标定位到相应段落的任意位置，单击鼠标右键，选择【段落】命令或单击【开始】选项卡→【段落】组→【段落】按钮(▫)，此时弹出【段落】对话框，选择【缩进和间距】选项卡，如图 3-48 所示，在"间距"选项中分别设置段前间距、段后间距及行距。

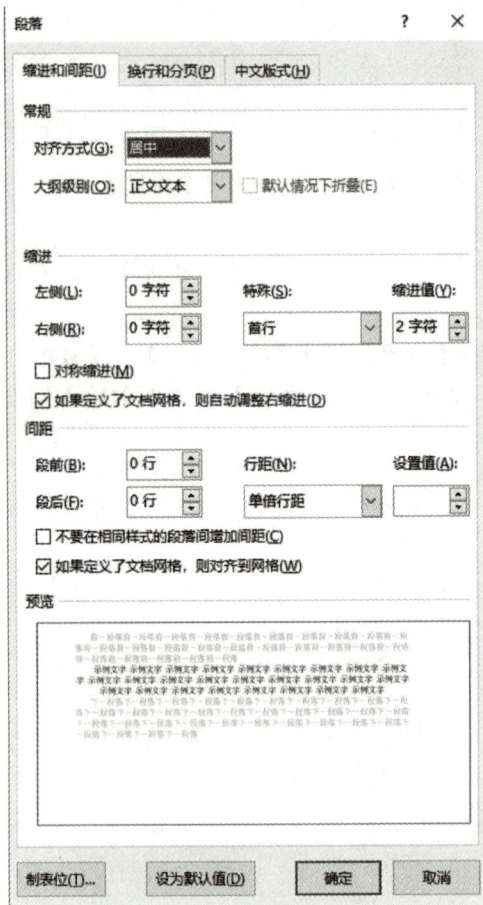

图 3-48 【缩进和间距】对话框

2. 段落对齐方式

Word 2016 中提供的对齐方式有左对齐、居中对齐、右对齐、两端对齐和分散对齐。

在 Word 2016 中，设置段落的对齐方式常用的方法有以下三种：

方法一：光标定位到相应段落的任意位置，单击【开始】选项卡→【段落】组中对应的对齐按钮(▤ ▤ ▤ ▤ ▥)。

方法二：光标定位到相应段落的任意位置，打开【段落】对话框，选择【缩进和间距】选项卡，在【对齐方式】下拉列表中选择相应的对齐方式。

方法三：使用键盘组合键的方式实现段落的对齐，其中 Ctrl＋L 实现左对齐，Ctrl＋R 实现右对齐，Ctrl＋E 实现居中对齐，Ctrl＋J 实现两端对齐，Ctrl＋Shift＋J 实现分散对齐。

3. 段落缩进

段落缩进是指段落两侧与页边界间的距离，段落缩进的四种方式分别是首行缩进、悬挂缩进、左缩进和右缩进。

在 Word 2016 中，设置段落的缩进常用的方法有以下三种：

方法一：光标定位到相应段落的任意位置，单击【开始】选项卡→【段落】组→【增加缩进】按钮 ( ) 和【减小缩进】按钮 ( )。单击上述图标一次，可使选定的段落向右或向左移动一个汉字的位置。

方法二：光标定位到相应段落的任意位置，打开【段落】对话框，选择【缩进和间距】选项卡，在"缩进"选项中分别对左缩进、右缩进、特殊格式 (即首行缩进、悬挂缩进) 进行设置。

方法三：光标定位到相应段落的任意位置，用鼠标拖动标尺上相应缩进标记向左或向右移动到合适的位置。

4. 项目符号和编号

在进行文档排版的过程中，经常会涉及章节的划分、列表的显示等，为了让这些内容结构层次清楚，重点突出，在 Word 2016 中可通过设置项目符号和编号实现效果。

1) 项目符号

设置项目符号的方法如下：

光标定位到相应段落的任意位置，单击【开始】选项卡→【段落】组→【项目符号】下拉列表 ( )；在下拉列表中选择所需要的符号或单击【定义新项目符号】命令，此时弹出【定义新项目符号】对话框，如图 3-49 所示，用户可根据需要单击【符号】按钮或【图片】按钮，此时弹出【符号】对话框或【图片项目符号】对话框，根据需要选择符号或根据需要选择插入的图片，如图 3-50 所示。

图 3-49 【定义新项目符号】对话框   图 3-50 【插入图片】对话框

2) 项目编号

在 Word 2016 中，设置项目编号的方法如下：

光标定位到相应段落的任意位置，单击【开始】选项卡→【段落】组→【编号】下拉列表 ( )，在下拉列表中选择所需要的编号或单击【定义新编号格式】命令，此时弹出

【定义新编号格式】对话框，如图 3-51 所示，用户可根据需要对编号样式、编号格式、对齐方式进行设置，也可单击【字体】按钮对编号样式的字体相关属性进行设置。

5. 首字下沉

首字是指一个段落的第一个字，首字下沉就是段落的首字字号变大，并且向下移动一定的距离，段落的其他部分保持原样。采用首字下沉的排版方式，可以突显段落，起到吸引注意力及强调的作用。

在 Word 2016 中，设置首字下沉的操作方法如下：

将光标定位到需要设置首字下沉段落的任意位置，单击【插入】选项卡→【文本】组→【首字下沉】下拉列表，在弹出的下拉列表中选择下沉方式。若需要设置更多的选项，则单击【首字下沉选项】命令，此时弹出【首字下沉】对话框，如图 3-52 所示，用户根据需要选择首字下沉的位置、字体、下沉行数、距正文的距离等。

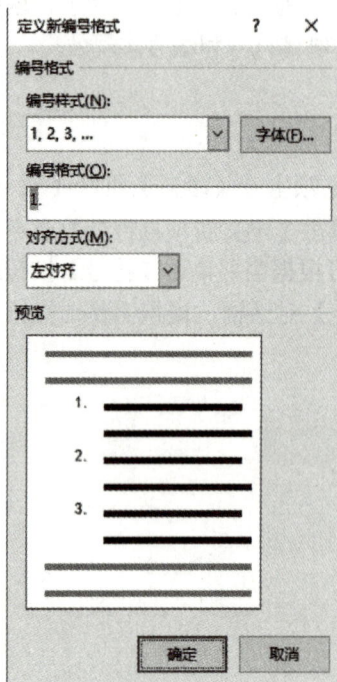

图 3-51 【定义新编号格式】对话框   图 3-52 【首字下沉】对话框

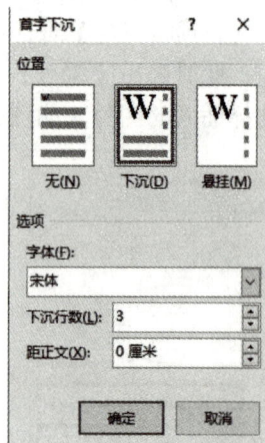

▶ 任务实现

完成本任务知识准备，掌握文档的版面、字符和段落的格式化后，我们便可以为小明撰写的论文进行基本的格式化了。

相关要求：

(1) 论文纸张大小为 A4，页边距上下左右均为 2 cm，每页 30 行，每行 35 个字。

(2) 添加论文丝状封面，封面包含标题、论文题目、学生姓名、学号、专业、指导教师、日期几个部分。标题采用黑体一号、加粗、居中对齐；其余部分采用黑体三号、1.5 倍行距、左缩进 8 个字符。封面参考效果如图 3-53 所示。

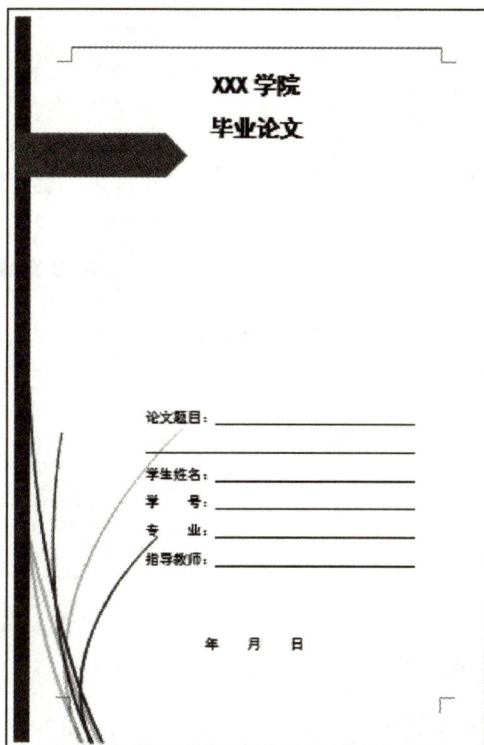

图 3-53　论文封面参考效果

(3) 论文正文部分采用宋体小四号，首行缩进 2 个字符，段前段后间距 5 磅，行距 20 磅。

(4) 参考文献部分内容采用宋体五号，段前间距 3 磅，行距 17 磅，并为参考文献添加编号。

上机操作步骤如下：

(1) 启动 Word 2016，新建一个空白的文档，此时文档名为"文档 1.docx"，将文档保存到桌面并设置文档名为"毕业论文 .docx"。

(2) 光标定位，完成毕业论文相关章节内容的录入，效果如图 3-54 所示。

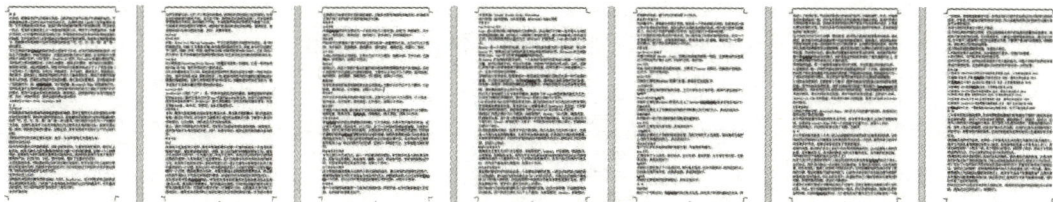

图 3-54　内容参考效果

(3) 基本页面设置。单击【布局】选项卡中【页面设置】功能组中的【页面设置】按钮（⊡），弹出【页面设置】对话框，选择【页边距】选项卡，将页边距的上、下、左、右的数值均设置为 2 cm，完成页边距的设置，设置参数如图 3-55 所示；选择"纸张"选项卡，选择纸张大小为 A4，设置参数如图 3-56 所示；选择"文档网格"选项卡，选择文字排列方向为"水平"，网格选择"指定行和字符网格"，在字符数中设置每行 35，行中设置每页 30，设置参数如图 3-57 所示。最后单击【确定】按钮完成论文的基本页面设置。

图 3-55　页边距参数设置

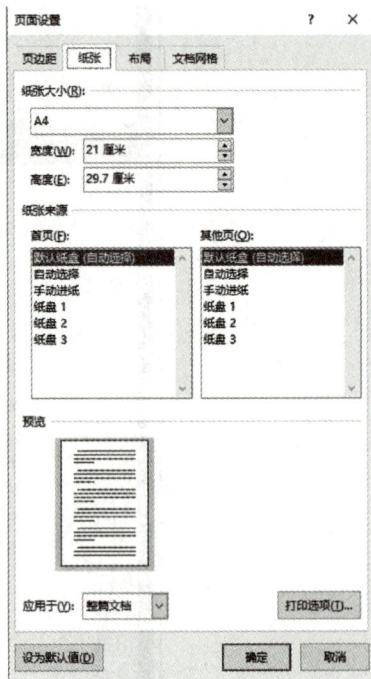

图 3-56　纸张参数设置

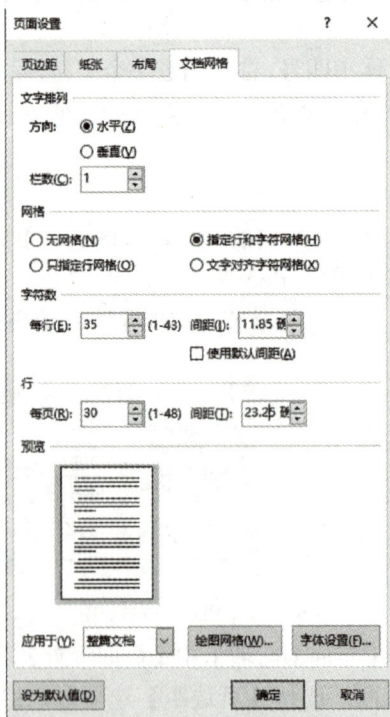

图 3-57　文档网格参数设置

(4) 将光标定位在文档开头，单击【插入】选项卡→【页面】组→【封面】下拉列表，在弹出的下拉列表中选择"丝状"，此时插入封面。封面上自动生成默认的相关标题等信息，此时将这些信息选中后全部删除。

（5）封面标题设置。将光标定位在封面的开头，输入内容"XXX 学院"再按 Enter 键输入"毕业论文"；选定这两部分的内容，在【开始】选项卡的【字体】组中的字体下拉列表中选择"黑体"，字号下拉列表中选择"一号"，再单击加粗按钮；在【段落】组中单击【居中对齐】按钮，完成论文封面标题的设置，设置参数如图 3-58 所示。

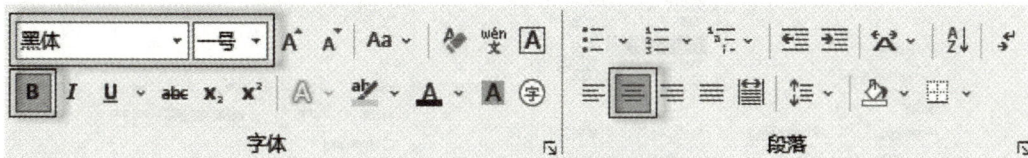

图 3-58　字体及段落参数设置

（6）按 Enter 键将光标定位到下半部分，输入"论文题目："，然后单击【开始】选项卡的【字体】组中的下划线按钮，再输入空格键，完成下划线的创建，其余内容的创建方法与此相同。

（7）选择此次创建的所有内容，在【开始】选项卡的【字体】组中的字体下拉列表中选择"黑体"，字号下拉列表中选择"三号"；然后单击【段落】组中的段落按钮（ ），此时弹出【段落】对话框，选择【缩进和间距】选项卡，设置左侧缩进"8字符"，行距选择"1.5 倍行距"，参数设置如图 3-59 所示。

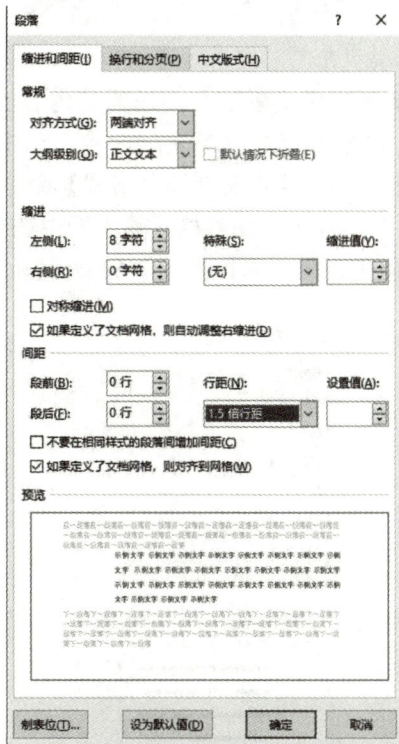

图 3-59　缩进和间距参数设置

（8）选择论文正文部分，单击【开始】选项卡中【字体】组中的字体按钮（ ），此时弹出【字体】对话框，选择【字体】选项卡，设置中文字体为"宋体"，字号为"小四"，参数设置如图 3-60 所示；再单击【段落】组中的段落按钮（ ），此时弹出【段落】对话框，选择【缩进和间距】选项卡，设置特殊为"首行"，缩进值为"2字符"，段前间距和段后间距分别设置为"5磅",行距选择"固定值",设置值为"20磅",参数设置如图3-61所示。

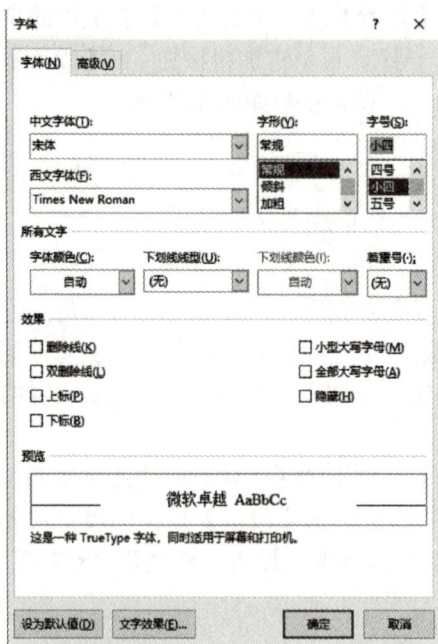

图 3-60　字体参数设置　　　　　图 3-61　段落参数设置

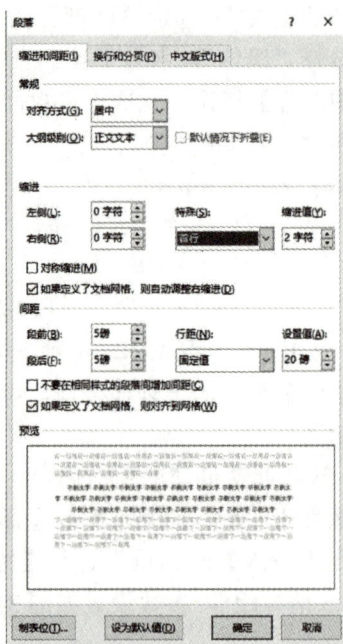

(9) 采用相同的方法,选择参考文献部分,设置其内容的字体为宋体,字号为五号,段前间距3磅,行距17磅。选择所有的参考文献内容,单击【开始】选项卡的【段落】组中的【项目编号】下拉列表,选择【定义新编号格式】命令,此时弹出【定义新编号格式】对话框,设置编号样式为"1,2,3,…",编号格式输入框中在数字1前后分别加入中括号,参数设置如图3-62所示,设置前后效果对比如图3-63所示。

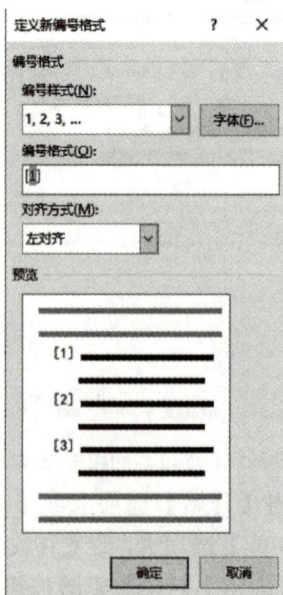

图 3-62　【定义新编号格式】对话框

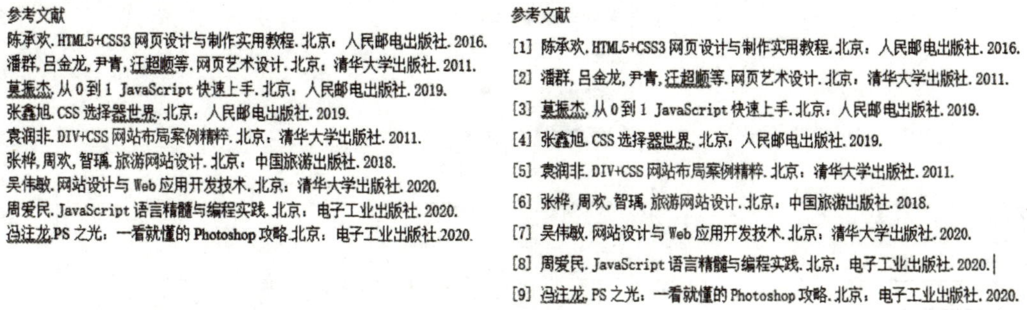

参考文献

陈承欢. HTML5+CSS3 网页设计与制作实用教程. 北京，人民邮电出版社. 2016.

潘群，吕金龙，尹青，汪超颋等. 网页艺术设计. 北京，清华大学出版社. 2011.

莫振杰，从 0 到 1 JavaScript 快速上手. 北京，人民邮电出版社. 2019.

张鑫旭. CSS 选择器世界. 北京，人民邮电出版社. 2019.

袁润非. DIV+CSS 网站布局案例精粹. 北京，清华大学出版社. 2011.

张桦，周欢，智瑀. 旅游网站设计. 北京，中国旅游出版社. 2018.

吴伟敏. 网站设计与 Web 应用开发技术. 北京，清华大学出版社. 2020.

周爱民. JavaScript 语言精髓与编程实践. 北京，电子工业出版社. 2020.

冯注龙 PS 之光：一看就懂的 Photoshop 攻略 北京：电子工业出版社. 2020.

参考文献

[1] 陈承欢. HTML5+CSS3 网页设计与制作实用教程. 北京，人民邮电出版社. 2016.

[2] 潘群，吕金龙，尹青，汪超颋等. 网页艺术设计. 北京，清华大学出版社. 2011.

[3] 莫振杰，从 0 到 1 JavaScript 快速上手. 北京，人民邮电出版社. 2019.

[4] 张鑫旭. CSS 选择器世界. 北京，人民邮电出版社. 2019.

[5] 袁润非. DIV+CSS 网站布局案例精粹. 北京，清华大学出版社. 2011.

[6] 张桦，周欢，智瑀. 旅游网站设计. 北京，中国旅游出版社. 2018.

[7] 吴伟敏. 网站设计与 Web 应用开发技术. 北京，清华大学出版社. 2020.

[8] 周爱民. JavaScript 语言精髓与编程实践. 北京，电子工业出版社. 2020.

[9] 冯注龙. PS 之光：一看就懂的 Photoshop 攻略. 北京，电子工业出版社. 2020.

图 3-63　设置前后对比效果

(10) 完成对论文的基本格式设置，保存文档。

(11) 完成文档内容的调整后，按 Ctrl + S 组合键对文档进行保存并退出 Word 2016。

任务三　设计 Word 文档版面

任务描述

在上一任务的基础上继续对小明同学的论文设置做进一步的完善。

本任务要求熟悉文档中样式的创建与应用、页眉页脚的编排、页码的创建与设置以及其中涉及的相关分隔符的使用。

知识准备

一、样式和模板

样式和模板的功能是 Word 2016 中文版中非常好用的功能，它能够在很短的时间内就完成许多的排版操作，节约了时间，提高了工作效率。

1. 样式

样式是多个格式排版命令的组合，它规定了一个段落的总体格式，包括段落中的字体格式、段落格式等。使用样式排版可以自动编排段落，既快速又准确，而且修改起来也很方便，它避免了手工编排既费时，修改又不方便，需要对每个标题都进行修改的不足。例如，一篇文章中有许多相同格式的段落，那么就可以将这些段落排成同一个样式，这样，当需要改变这些段落的格式时，只需重新定义一下样式的格式即可。

1) 样式的创建

在 Word 2016 中，创建样式的操作步骤如下：

(1) 单击【开始】选项卡→【样式】组→【样式】按钮（▨），此时弹出【样式】面板，如图 3-64 所示。

(2) 单击【新建样式】按钮（▨），此时弹出【根据格式化创建新样式】对话框，如图 3-65 所示，根据需要设置名称、样式类型、样式基准、后续段落样式及对应的字体、字号、字型等。

图 3-64 【样式】面板　　　　　　　　　图 3-65 【根据格式化创建新样式】对话框

2) 样式的应用

样式定义好之后，就可以在实际工作中应用它来排版。在 Word 2016 中，样式的应用操作方法如下：

选择需要应用样式的操作对象，单击【开始】选项卡→【样式】组中对应的需要应用的样式即可。

3) 样式的修改

样式定义好之后，用户可以随时对已定义好的样式进行修改，修改后 Word 2016 就会自动更新文档中应用此样式的对象。

在 Word 2016 中，修改样式的操作方法如下：

打开【样式】面板，单击【管理样式】按钮 (多)，此时弹出【管理样式】对话框，选择要编辑的样式，单击【修改】按钮，此时弹出【修改样式】对话框，根据需要设置新的格式即可。

2. 模板

模板就是由多个特定的样式组合而成的文档，是一个预先设置好的特殊文档，它不仅能提供一种塑造最终文档外观的框架，同时又能让用户向其中加入自己的信息。模板中各个标题样式的格式都是预先设定好的，在排版文档时只需套用这个模板，就可以排出与模

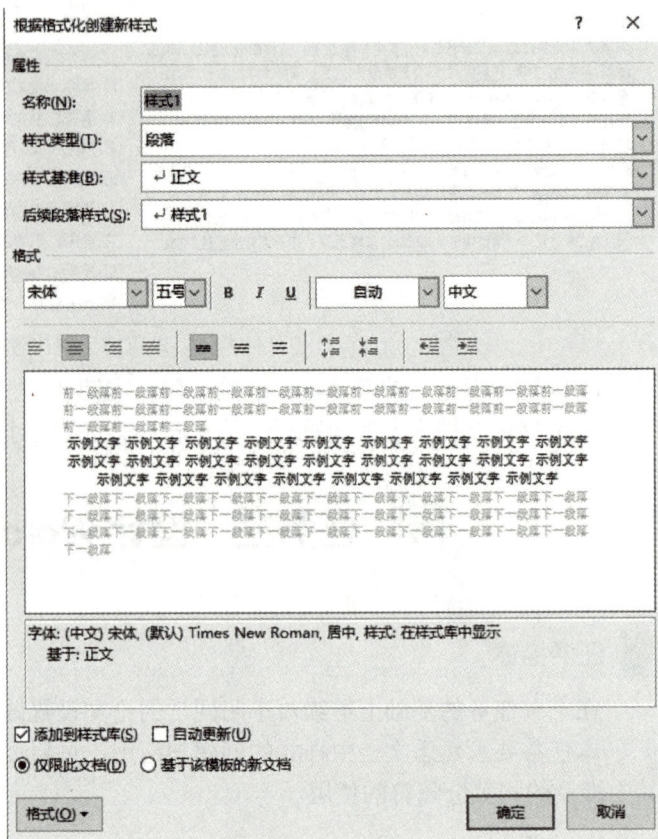

板文件相同格式的文档。

假设需要对多个文档进行排版，而且这些文档的标题、页眉等格式都需要排成一样的，那么就可以给这些文档建立一个模板，然后再进行排版。

1) 基于已有文档创建模板

基于已有文档创建模板的操作步骤如下：

(1) 创建一个文档，并对该文档进行排版。

(2) 单击【文件】按钮→【另存为】命令，此时弹出【另存为】对话框，在【保存类型】下拉列表中选择"文档模板"或"word 97-2003 模板"，再输入模板名并选择保存位置，最后单击【确定】按钮即可。

2) 基于已有模板创建模板

基于已有模板创建模板的操作方法如下：

单击【文件】按钮下【新建】按钮，用户根据需要单击选择右侧对应的可用模板，再单击右侧的【创建】按钮即可。

3) 模板的应用

模板创建好之后，用户就可以对文档套用相应的模板。

在 Word 2016 中，应用模板的操作步骤如下：

(1) 单击【快速访问工具栏】下拉按钮，选择【其他命令】，在【从下列位置选择命令】选项的下拉列表中选择"所有命令"，在所有命令列表中找到"模板"，单击【添加】按钮，再单击【确定】按钮。

(2) 单击【快速访问工具栏】中的【模板】按钮，在弹出的选项中选择【文档模板】，此时弹出【模板和加载项】对话框，单击【选用】按钮，此时弹出【选用模板】对话框，在模板的存储位置找到创建好的模板，再单击【打开】按钮即可。

4) 模板的修改

模板创建好之后，用户可以随时对已创建好的模板进行修改。

在 Word 2016 中，修改模板的操作方法如下：

单击【文件】按钮→【打开】命令，此时弹出【打开】对话框，在【文档类型】下拉列表中选择"文档模板"，在对应保存位置将需要修改的模板打开，按照普通文档的编辑方式对模板进行修改。修改完成后，单击【文件】按钮→【另存为】命令，此时弹出【另存为】对话框，在【文档类型】下拉列表中选择"文档模板"，将原有模板替换保存即可。

二、分页与分节

在 Word 文档中，当内容超过一页时，会自动将溢出的部分内容移至下一页，但在实际应用中，经常会遇到需要强制将内容分页的情况。当不同内容需要设置不同的页眉、页脚和纸张大小等时，则会涉及分节。

1. 分页

在 Word 2016 中，实现分页的常用方法有以下两种：

方法一：光标定位到需要分页的位置，单击【布局】选项卡→【页面设置】组→【分隔符】下拉列表，在列表中单击【分页符】。

方法二：光标定位到需要分页的位置，单击【插入】选项卡→【页面】组→【分页】按钮。

2. 分节

在 Word 2016 中，实现分节的操作方法如下：

光标定位到需要分页的位置，单击【布局】选项卡→【页面设置】组→【分隔符】下拉列表，在列表中选择正确的分节符（下一页、连续、偶数页、奇数页）。

三、页眉和页脚

页眉和页脚通常用来显示文档的附加信息，常用来插入时间、日期、页码、单位名称、微标等。其中，页眉在页面的顶部，页脚在页面的底部。

1. 设置页眉、页脚

在 Word 2016 中，设置页眉和页脚的操作方法如下：

单击【插入】选项卡→【页眉和页脚】组→【页眉】或【页脚】下拉列表，在弹出的下拉列表中选择预设的一些页眉页脚的样式，若不满足要求，则单击【编辑页眉】或【编辑页脚】命令，同时出现【页眉和页脚工具设计】选项卡，如图 3-66 所示。

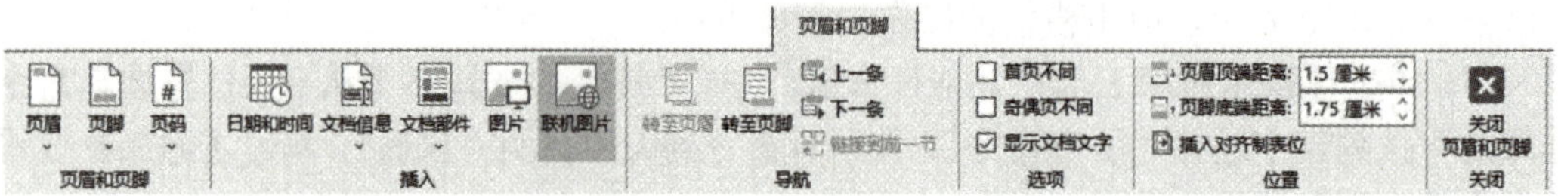

图 3-66 【页眉和页脚工具设计】选项卡

在实际的应用过程中，如果用户需要设置首页不同或奇偶页不同的页眉和页脚，则只需要单击【布局】选项卡→【页面设置】组→【页面设置】按钮（ ），此时弹出【页面设置】对话框，进入【布局】选项卡，在"页眉和页脚"选项中选择"首页不同"或"奇偶页不同"复选项，如图 3-67 所示。或者单击【页眉和页脚工具设计】选项卡→【选项】组→【首页不同】复选项或【奇偶页不同】复选项即可。

若需要设置随机不同的页眉和页脚，操作步骤如下：

(1) 光标定位到上一页的页尾或下一页的页首，单击【布局】选项卡→【页面设置】组→【分隔符】下拉列表，在弹出的下拉列表中选择"下一页"。

(2) 单击【页眉和页脚工具设计】选项卡中的【链接到前一节】按钮（ ）即可取消页眉和页脚的链接，实现不同节之间页眉和页脚不同。

2. 设置页码

在长文档中，为页面添加页码可以方便查看当前页数。页码与页眉、页脚是相关联的，页码可放置于页眉、页脚处，可放置于页边距区域内，也可放置于当前位置。在 Word 2016 中，设置页眉和页脚的操作方法如下：

(1) 单击【插入】选项卡→【页眉和页脚】组→【页码】下拉列表，可在弹出的下拉列表中根据页码放置的位置选择相应的样式。页码放置位置有页面顶端、页面底端、页边距和当前位置。

(2) 若需要自定义页码，则单击【设置页码格式】命令，此时弹出【页码格式】对话框，可根据需要设置编号格式、章节号及页码编号，如图 3-68 所示。

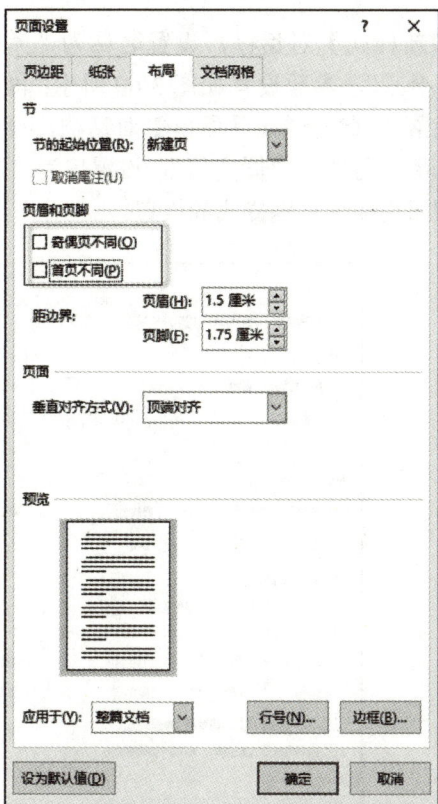

图 3-67 【布局】选项卡

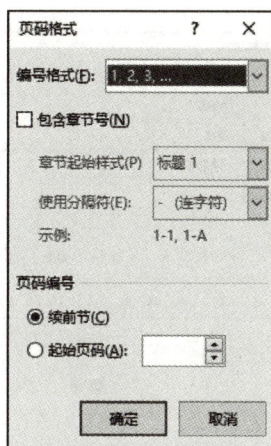

图 3-68 【页码格式】对话框

任务实现

　　完成本任务知识准备：掌握文档样式的创建与修改，分隔符的创建，页眉、页脚的创建与修改，我们便可以为小明撰写的论文进行进一步的格式与版面设置。

　　相关要求：

　　(1) 论文中的大标题（如第一章）采用基于标题 1 样式，黑体小三号、段后间距 30 磅、段前间距 5 磅、行距 20 磅、居中对齐。

　　(2) 论文中的一级标题（如 1.1）采用基于标题 2 样式，黑体四号、段后间距 18 磅、段前间距 5 磅、行距 20 磅、左对齐。

　　(3) 论文中的二级标题（如 1.1.1）采用基于标题 3 的样式，黑体小四号、段后间距 12 磅、段前间距 5 磅、行距 20 磅、左对齐。

　　(4) 论文中的三级标题（如 1.1.1.1）采用基于标题 4 的样式，黑体五号、段后间距 6 磅、段前间距 5 磅、行距 20 磅、左对齐。

　　(5) 页码从引言开始按阿拉伯数字连续编排，前置部分用罗马数字单独编排；页码位于页面底端，居中书写。

　　(6) 页眉从第一章开始，每一章采用该部分的大标题作为页眉，不同章节页眉不同，采用宋体五号字居中书写。

上机操作步骤如下：

(1) 打开文档"毕业论文 .docx"。

(2) 创建新样式。打开【根据格式化创建新样式】对话框，设置名称为"大标题"，样式基准为"标题 1"，格式中设置"黑体""小三"，参数设置如图 3-69 所示；再单击底部【格式】按钮，在弹出的子命令中选择"段落"，此时弹出【段落】对话框，设置对齐方式为"居中"，段前为"5 磅"，段后为"30 磅"，行距为"固定值"，设置值为"20 磅"，参数设置如图 3-70 所示，最后双击【确定】按钮完成大标题样式的设置。

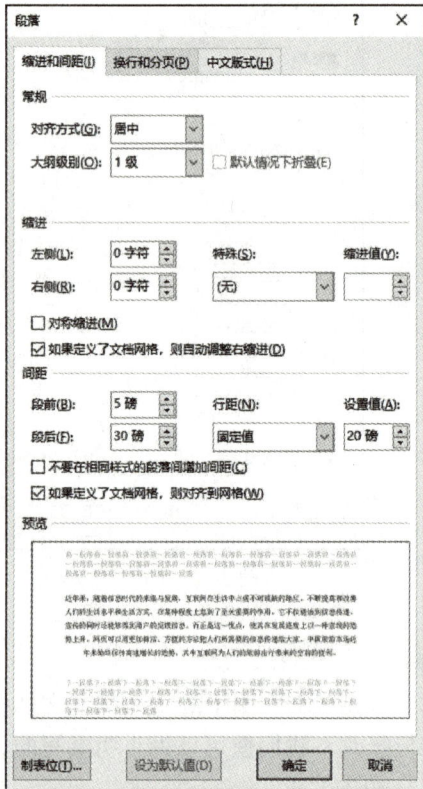

图 3-69　创建新样式　　　　图 3-70　在段落对话框中设置参数

(3) 相同的方法分别创建"一级标题""二级标题"和"三级标题"样式。

(4) 样式应用。选定不同等级的章节标题内容，分别单击【开始】选项卡下【样式】组中对应的样式即可完成样式的应用。

(5) 添加页码。选择【插入】选项卡中【页眉和页脚】中的【页码】下拉列表，在弹出的下拉列表中选择"页面底端"中的"普通数字 2"，为论文的每一页添加页码。

(6) 删除封面页的页码。光标定位到封面页的页脚处，选择【页眉和页脚】选项卡中【选项】组中的【首页不同】复选框，取消封面页的页码。

(7) 关闭页眉和页脚。将光标定位到引言标题开头，选择【布局】选项卡中页面设置组中的【分隔符】下拉列表中的"下一页"，此时引言内容转入下一页。进入引言页的页脚，单击【页眉和页脚】选项卡下【导航】组中的"链接到前一节"，取消该命令的选中状态，再重新对该页进行页码的插入，此时引言页的页码以阿拉伯数字开始连续编排。

(8) 定位到摘要页的页脚，选定页码，单击【页眉和页脚】选项卡下【页眉和页脚】组中的页码下拉列表的【设置页码格式】命令，此时弹出【页码格式】对话框，设置编号格式为"I,II,III,…"，设置起始页码为"1"，参数设置如图 3-71 所示，完成前置部分用罗马数字编排页码的要求。

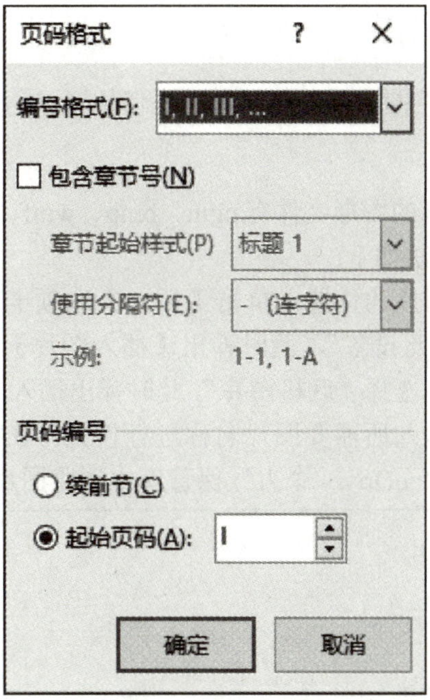

图 3-71 在【页码格式】对话框中设置参数

(9) 选择【插入】选项卡中的【页眉和页脚】组中的【页眉】下拉列表，在弹出的下拉列表中选择"空白"，在引言页对应页眉中输入"引言"，此时后续所有页的页眉都将与该页相同，关闭页眉和页脚。

(10) 将光标定位到引言后的章节开头,选择【布局】选项卡中【页面设置】组中的【分隔符】下拉列表中的"下一页"，此时该章节内容转入下一页。进入该章节开头页的页眉，单击【页眉和页脚】选项卡下【导航】功能组中的【链接到前一节】命令，取消该命令的选中状态，再重新输入该页的页眉，此时该页及后续页的页眉与引言部分的页眉不同。

(11) 采用相同的方法，在每一个章节前插入一个下一页的分节符，再对页眉进行修改即可完成每个章节页眉不同的要求。

(12) 完成该部分的设置，保存文档。

任务四　编排 Word 文档内容

任务描述

在上一任务的基础上，继续为小明的论文添加所需的图片、表格等，让论文内容更加丰富饱满。

　　本任务要求熟悉文档中图文混排的编辑与设置、表格的创建与编辑、题注与脚注的创建与编辑、目录的创建与更新等。

知识准备

一、图形的插入

　　Word 2016 可以方便地将图片插入到文档的任何位置，达到图文并茂的效果。

1. 插入图形文件

　　Word 文档中，可以插入的图形文件有 cgm、bmp、wmf、pic、jpg 等格式。

　　插入图形文件的操作方法如下：

　　将插入点置于需插入图片的位置，单击【插入】选项卡→【插图】组→【图片】命令，在弹出的列表中选择"此设备"，此时弹出【插入图片】对话框，用户根据需要选择图片插入即可；还可在列表中选择"联机图片"，此时弹出插入图片对话框，如图 3-72 所示，此时可在 bing 图像搜索中输入所需要图片名称进行搜索，在搜索到的图片中选择所需图片插入即可；也可在个人"OneDrive- 个人"保管库中浏览图片进行选择插入。

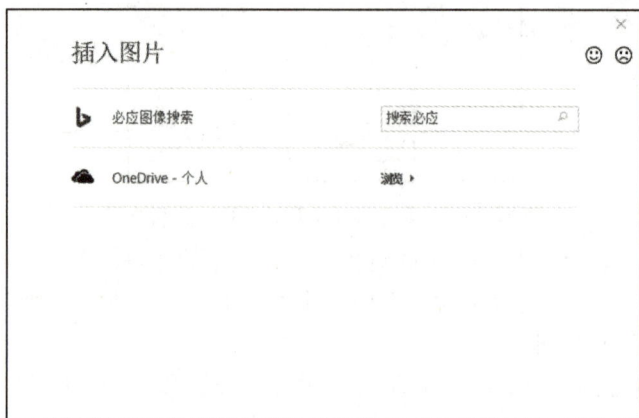

图 3-72　插入联机图片对话框

2. 插入屏幕截图

　　用户还可将屏幕截图插入到文档中，其操作方法如下：

　　将插入点置于需插入图片的位置，单击【插入】选项卡→【插图】组→【屏幕截图】命令，在弹出的列表中单击【屏幕剪辑】命令，此时鼠标指针变为十字，按下鼠标左键绘制截图区域，松开鼠标左键，此时对应区域的截图便插入到对应的位置上了。

二、形状的绘制

　　Word 2016 除了能插入已完成好的图片，还提供了绘制图形的功能，使用户可以自己绘制图形。

1. 绘制形状

　　当用户需要在指定区域绘制形状时，操作方法如下：

　　单击【插入】选项卡→【插图】组→【形状】命令，此时弹出下拉列表。在下拉列表中列出了各种不同类型的形状,其中包括"线条""基本形状""箭头总汇""流程图"等类别,每一类别下又列出了该类的各种图形按钮,单击图形按钮,鼠标指针便会变为十字形。在文本编辑区中拖动鼠标到所需大小,释放鼠标即可绘制出相应的图形。此时只能绘制一次该图形,若想多次绘制同一形状,则可在该形状上单击鼠标右键,在弹出的快捷菜单中选择【锁定绘图模式】命令,则可进行多次绘制;若要取消这样的状态,只需按 Esc 键即可。

2. 绘制 SmartArt 图形

SmartArt 图形是信息和观点的视觉表示形式,可以从多种布局中进行选择来创建 SmartArt 图形,从而快速、轻松、有效地传达信息。Word 2016 为用户提供了插入 SmartArt 图形的功能。

用户插入 SmartArt 图形的操作方法如下:

单击【插入】选项卡→【插图】组→【SmartArt】命令,此时弹出【选择 SmartArt 图形】对话框,如图 3-73 所示。用户根据需要选择对应的图形类型,单击对应类型中的图形,再单击【确定】按钮即可插入对应的 SmartArt 图形。

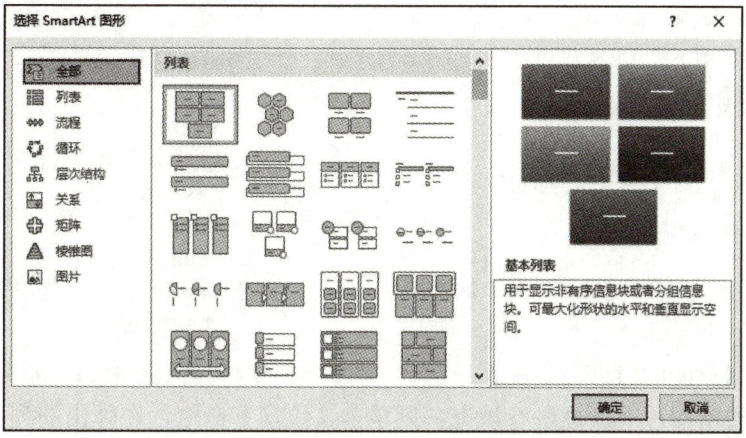

图 3-73　【选择 SmartArt 图形】对话框

3. 设置形状样式

绘制图形后,我们还可以根据需要对图形进行一些修饰、为图形设置内部填充效果或让图形产生立体的效果。在 Word 2016 中,这些效果统称为形状样式,其中样式主要包括"形状填充""形状轮廓"和"形状效果"三个部分。

当选择形状后,会出现【形状格式】选项卡,用户利用该选项卡中【形状样式】组可直接应用预设的一些形状样式,此时只需单击形状样式列表中的样式即可,若对预设样式不满意,则可进行自定义设置。

1) 设置形状填充

设置形状填充的操作步骤如下:

(1) 选定需改变的图形,单击【形状样式】选项卡→【形状样式】组→【形状填充】命令,此时会弹出【形状填充】下拉列表,如图 3-74 所示。在弹出的下拉列表中选择主题颜色、标准色、无填充颜色或其他填充颜色。当单击其他填充颜色时,弹出【颜色】对话框,用户可根据需要选择对应的颜色,再单击【确定】按钮即可。

(2) 若需要用图片进行填充，则单击【图片】命令，此时弹出【插入图片】对话框，用户根据需要选择对应的图片即可。

(3) 若需要用渐变色进行填充，则单击【渐变】命令，在弹出的子命令中选择相应的渐变或单击【其他渐变】命令，此时弹出【设置形状格式】面板，选择"填充"类中的"渐变填充"单选项，如图 3-75 所示。用户根据需要进行渐变类型、方向、角度、渐变光圈、渐变中颜色、颜色亮度、颜色透明度设置，若旋转图形时希望渐变效果与图形同时进行旋转，则选择"与形状一起旋转"复选项。

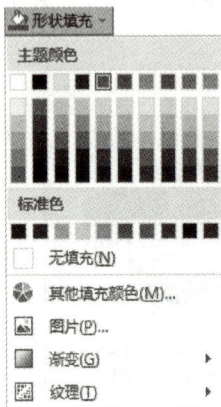

图 3-74　【形状填充】下拉列表　　　图 3-75　在【设置形状格式】面板中设置参数 (一)

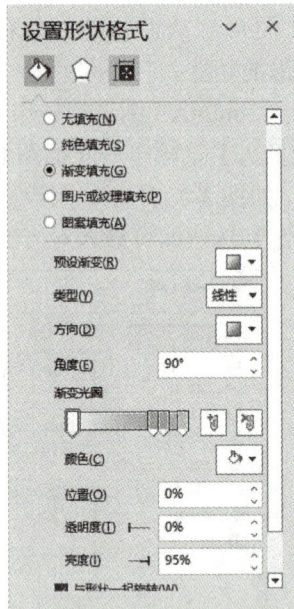

(4) 若需要用图片或纹理进行填充，则单击【纹理】命令，在弹出的列表中选择相应的纹理图片或在图 3-75 中选择"图片或纹理填充"单选项，再对其下的选项进行设置即可。

(5) 若需要用图案进行填充，则在图 3-75 中选择"图案填充"单选项，再对其下的选项进行设置即可。

2) 设置形状轮廓

设置形状轮廓操作步骤如下：

(1) 选定需改变的图形，单击【形状格式】选项卡→【形状样式】组→【形状轮廓】命令，此时弹出【形状轮廓】下拉列表，如图 3-76 所示。设置形状轮廓颜色的方法同形状填充一样。

(2) 单击【粗细】命令，在弹出的下拉列表中选择相应的轮廓线条粗细，若单击【其他线条】命令，将弹出【设置形状格式】面板，选择【实线】选项，如图 3-77 所示。用户根据需要设置轮廓宽度、复合类型、短划线类型、线端类型、连接类型等即可。

(3) 单击【虚线】命令，在弹出的下拉列表中选择相应的虚线线条，若单击【其他线条】命令，则操作同上。

(4) 单击【箭头】命令，在弹出的下拉列表中选择相应的箭头形状，若单击【其他箭头】命令，则操作同上。

图 3-76　【形状轮廓】下拉列表　　　图 3-77　在【设置形状格式】面板中设置参数（二）

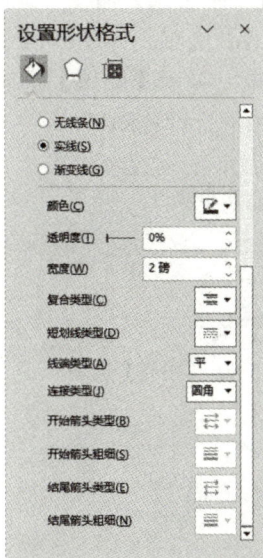

3) 设置形状效果

形状效果是为形状添加阴影、发光、阴影旋转等效果的，让形状产生立体效果，操作步骤如下：

(1) 选定需改变的图形，单击【形状格式】选项卡→【形状样式】组→【形状效果】命令，在弹出的下拉列表中选择阴影、映像、发光等即可为形状添加效果。

(2) 单击【阴影】命令，在弹出的下拉列表中选择相应的阴影样式，若单击【阴影选项】命令，此时弹出【设置形状格式】对话框，显示【效果】选项，展开【阴影】选项，如图 3-78 所示，用户根据需要设置阴影的颜色、透明度、大小、模糊等。

(3) 单击【映像】命令，在弹出的下拉列表中选择相应的映像样式。若单击【映像选项】命令，此时弹出【设置形状格式】对话框，显示【效果】选项，展开【映像】选项，如图 3-79 所示，用户根据需要设置预设、透明度、大小、模糊、距离。

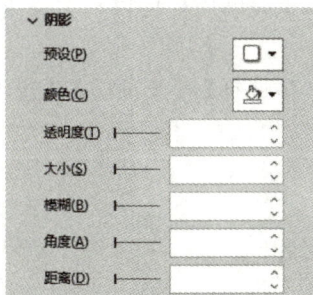

图 3-78　【阴影】选项　　　　　　　图 3-79　【映像】选项

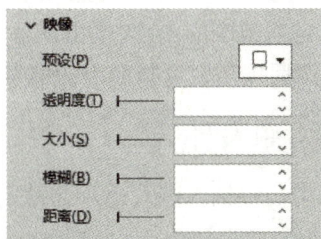

(4) 单击【发光】→【柔化边缘】→【三维格式】→【三维旋转】命令，在弹出的下拉列表中选择相应的样式。若单击【发光选项】命令，此时弹出【设置形状格式】对话框，显示【效果】选项，展开【发光】选项，如图 3-80 所示；若单击【柔化边缘】命令，此时弹出【设置形状格式】对话框，显示【效果】选项，展开【柔化边缘】选项，如图 3-81

所示；若单击【三维格式】命令，此时弹出【设置形状格式】对话框，显示【效果】选项，展开【三维格式】选项，如图 3-82 所示；若单击【三维旋转】命令，此时弹出【设置形状格式】对话框，显示【效果】选项，展开【三维旋转】选项，如图 3-83 所示。用户根据需要对各选项进行设置即可。

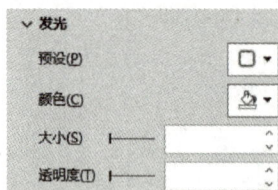

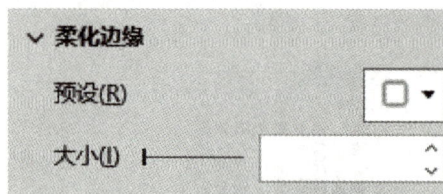

图 3-80 【发光】选项 图 3-81 【柔化边缘】选项

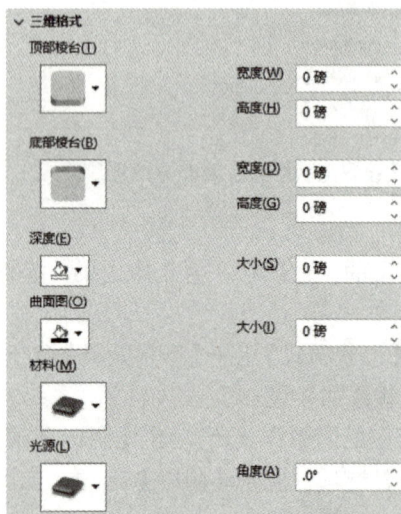

图 3-82 【三维格式】选项 图 3-83 【三维旋转】选项

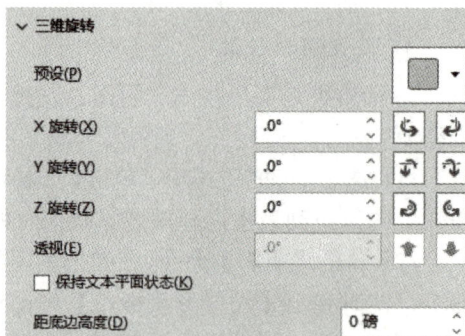

4. 图形的叠放

有时，用户需要绘制多个重叠的图形。一般的重叠顺序是最先绘制的处于图形的最底层，最后绘制的处于图形的最顶层。如果需要改变这样的重叠顺序，可以利用快捷菜单中【叠放次序】命令，操作方法如下：

选定需改变的图形，单击鼠标右键，在弹出的快捷菜单中选择【置于顶层】/【置于底层】命令，然后按需要选择命令级联菜单中的一项命令即可。

三、图片的编辑

在文档中插入图片后，通常需要对图片进行一些编辑处理。

1. 图片的缩放、裁剪和旋转

1）裁剪

对图片裁剪的操作方法如下：

选择需要裁剪的图片，选择【图片格式】选项卡→【大小】组→【裁剪】命令，在弹出的下拉列表中可选择【裁剪】【裁剪为形状】【纵横比】【填充】【调整】命令。当单击【裁剪】

命令时，图片出现黑色裁剪线，用户按下鼠标左键拖动即可；当单击【裁剪为形状】命令时，会弹出形状列表，用户单击所需形状即可将图片裁剪为对应的形状；当单击【纵横比】命令时，会弹出纵横比列表，用户根据需要选择纵横比；当单击【填充】命令时，保持原始纵横比对图片进行调整，从而填充整个图片区域；当单击【调整】命令时，保持原始纵横比对图片进行调整，从而让整个图片在图片区域中显示。

2）缩放

对图片进行缩放的操作方法如下：

选择需要缩放的图片，选中【图片格式】选项卡，在高度、宽度输入框中输入对应的高度和宽度值或单击【微调】按钮进行高度和宽度的调整，从而实现图片的缩放。另外，也可以利用鼠标左键拖动图片上的控制点来实现图片的缩放。

若要对图片进行精确缩放，则单击【图片格式】选项卡→【大小】组→【大小】按钮（ ），此时弹出【布局】对话框，显示【大小】选项卡，如图 3-84 所示。用户根据需要设置缩放选项即可。

图 3-84 【大小】选项卡

3）旋转

对图片进行旋转的操作方法如下：

选择需要旋转的图片，单击【图片格式】选项卡→【排列】组→【旋转】命令，在弹出的下拉列表中选择"向右旋转 90°""向左旋转 90°""垂直翻转""水平翻转"选项可实现图片特殊的旋转。

若要对图片进行其他角度的旋转,则单击上一步下拉列表中的【其他旋转选项】命令,此时弹出【布局】对话框,显示【大小】选项卡,如图 3-84 所示。用户根据需要设置旋转选项即可。

2. 图片的调整

对于插入文档中的图片可以进行更正、颜色设置,还可以添加艺术效果,从而让图片变得更加符合主题,更有艺术感。

1) 图片的更正

图片的更正实际是调整图片的亮度、对比度或清晰度,操作方法如下:

选择需要更正的图片,单击【图片格式】选项卡→【调整】组→【校正】命令,在弹出的下拉列表中选择预设的更正效果,若效果不满意,则单击【图片校正选项】命令,此时弹出【设置形状格式】对话框,显示【图片】选项,如图 3-85 所示。用户根据需要对各子选项进行设置即可。

2) 图片的颜色

更改图片的颜色是为了提高图片的质量或匹配文档内容,操作方法如下:

选择需要更改颜色的图片,单击【图片格式】选项卡→【调整】组→【颜色】命令,在弹出的下拉列表中选择预设的颜色效果,若效果不满意,则单击其他命令。例如,单击【其他变体】命令,在弹出的颜色中选择需要的颜色;单击【设置透明色】命令,此时鼠标指针变为设置透明色图标,在需要透明的颜色上单击即可将该颜色透明;单击【图片颜色选项】命令,此时弹出【设置形状格式】对话框,显示【图片】选项,展开【图片颜色】选项,如图 3-86 所示。用户根据需要对各子选项进行设置即可。

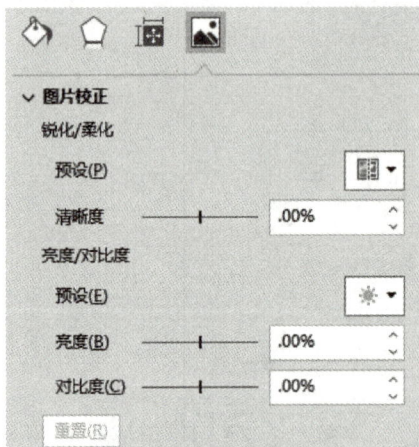

图 3-85 【图片校正】选项

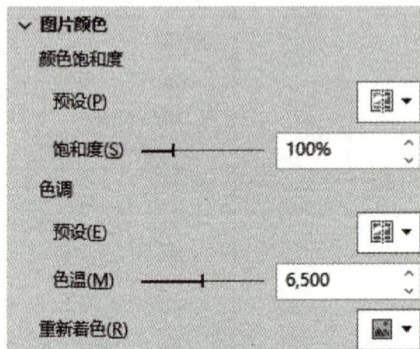

图 3-86 【图片颜色】选项

3) 图片的艺术效果

为图片添加艺术效果是为了让图片更像草图或油画,更具有艺术感,操作方法如下:

选择需要添加艺术效果的图片,单击【图片格式】选项卡→【调整】组→【艺术效果】命令,在弹出的下拉列表中选择预设的艺术效果,若效果不满意,则单击【艺术效果选项】命令,此时弹出【设置形状格式】对话框,显示【效果】选项,展开【艺术效果】选项。首先在【艺术效果】下拉列表中选择一种艺术效果,然后再对相应的一些选项进行自定义即可，如图 3-87 所示。

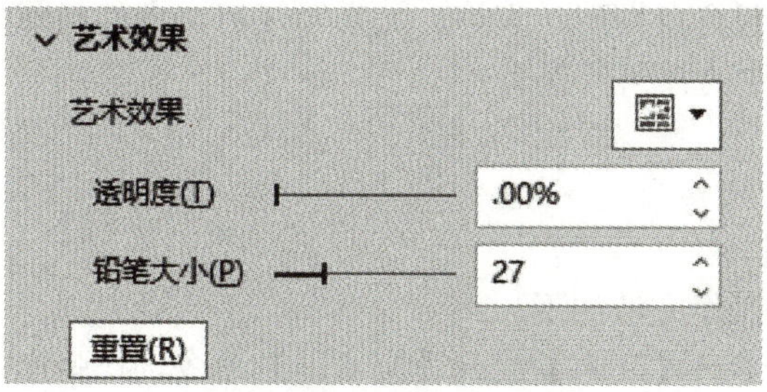

图 3-87　【艺术效果】选项

3. 图片的样式

图片的样式主要包括图片边框、图片效果和图片版式。图片边框是为图片添加指定粗细、线型和颜色的轮廓线；图片效果是为图片添加阴影、棱台、发光、映像等三维效果；图片版式是将图片与 SmartArt 图形联系起来。为图片添加样式的操作与设置形状效果类似，此处不再赘述。

4. 图片的环绕方式

如果需要在图片的周围环绕文字，可单击【图片格式】选项卡→【排列】组→【环绕文字】命令，在弹出的下拉列表中选择相应的环绕方式。若需要进行自定义，则单击【其他布局选项】命令，此时弹出【布局】对话框，显示【文字环绕】选项卡，如图 3-88 所示。用户根据需要进行选项的设置即可。

图 3-88　【文字环绕】选项卡

四、文本框的使用

文本框就是文档中包含了图形、表格、文字等任何文本的局部文档，它可以根据用户的需要随意放置在文档中的任何位置。

1. 插入文本框

1) 插入内置文本框

插入内置文本框的操作方法如下：

单击【插入】选项卡→【文本】组→【文本框】命令，在弹出的下拉列表中单击"内置"中列出的内置文本框样式，此时在文档中对应的位置便插入了对应的文本框，用户只需将其中的内容更改为所需内容即可。

2) 插入空白的文本框

插入空白文本框的操作方法如下：

单击【插入】选项卡→【文本】组→【文本框】命令，在弹出的下拉列表中单击【绘制文本框】命令，此时鼠标指针变为黑色十字，拖动鼠标即可绘制一个文本框。若要绘制一个空白的竖排文本框，则在弹出的下拉列表中单击【绘制竖排文本框】命令，其余操作与上同。

3) 将所选内容保存到文本框库

对于一些需要重复使用的内容，可以将内容保存到文本框库，用户只需单击文本框库的对应常规列表中的文本框样式即可。操作方法如下：

选择需要保存的文本内容，单击【插入】选项卡→【文本】组→【文本框】命令，在弹出的下拉列表中单击【将所选内容保存到文本框库】命令，此时弹出【新建构建基块】对话框，如图 3-89 所示，用户根据需要对对话框中各选项进行设置。

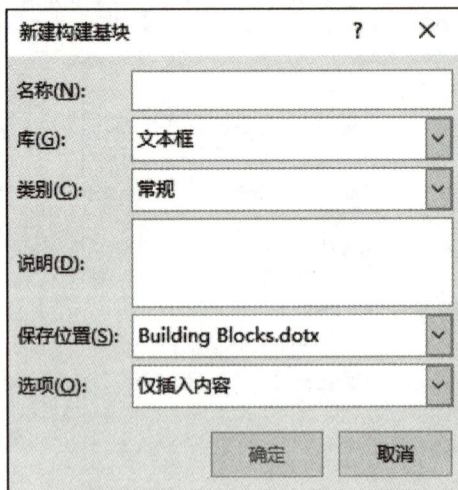

图 3-89 【新建构建基块】对话框

2. 编辑文本框

插入文本框之后，用户还可以改变文本框的大小、位置或者对文本框做一些修饰。

1) 改变文本框的大小及位置

改变文本框的大小及位置可以直接通过拖动鼠标完成，操作方法如下：

选中文本框 (此时鼠标指针变为四方向箭头形状，文本框周围有八个小方格)，当鼠标指针变为四方向箭头形状时，可以移动文本框至任意位置；当鼠标指针变为斜箭头时就可以改变文本框的大小。当满足用户需要后，释放鼠标即可。

2) 文本框的修饰

如果需要对文本框的线条、颜色等进行编辑，单击【绘图格式】选项卡→【形状样式】组中的相关命令进行文本框样式的设置，其操作方法与设置形状样式相同，此处不再赘述。

3) 文本框的链接

在 Word 文档中，还可以建立多个文本框，并且可以将这些文本框链接起来。创建文本框的链接操作方法如下：

在文档中建立多个文本框，首先选定一个文本框，单击【形状格式】选项卡→【文本】组→【创建链接】命令，此时鼠标指针变成一个带向下箭头的杯子形状，将鼠标指针移动到需要链接的文本框中，当鼠标指针变为一个带有指向右下角箭头的倾斜的杯子形状时，单击鼠标左键便可将两个文本框链接起来。

需要链接多个文本框时，只需重复上面的步骤即可。文本框链接好之后，一个文本框中溢出的内容就会自动移到下一个链接的文本框中。

需要断开链接，只需选定链接好的文本框，然后单击【形状格式】选项卡→【文本】组→【断开链接】命令即可。

五、艺术字

艺术字是指具有各种特殊形状和图形效果的文字。

1. 插入艺术字

插入艺术字的操作方法如下：

将插入点置于需要加入艺术字的位置，单击【插入】选项卡→【文本】组→【艺术字】命令，在弹出的下拉列表中单击所需要的艺术字样式，此时艺术字框便插入到文档对应位置上，并将艺术字框中的文本更改为所需要的文本即可。

2. 编辑艺术字

当插入艺术字之后，对于艺术字的样式可进行自定义，操作方法如下：

选择需要编辑的艺术字，单击【形状格式】选项卡→【艺术字样式】组中的命令，包括预设的艺术字样式，若预设的艺术字样式不满足要求，则可自定义文本填充、文本轮廓和文本效果，其操作与设置形状样式类似，此处不再赘述。

六、SmartArt

1. 绘制 SmartArt 图形

SmartArt 图形是信息和观点的视觉表示形式，可以通过从多种不同布局中进行选择来创建 SmartArt 图形，从而快速、轻松、有效地传达信息。Word 2016 为用户提供了插入 SmartArt 图形的功能。插入 SmartArt 图形的操作方法如下：

单击【插入】选项卡→【插图】组→【SmartArt】命令，此时弹出【选择 SmartArt 图形】对话框，用户根据需要选择对应的图形类型，然后单击对应类型中的图形，再单击【确定】按钮即可插入对应的 SmartArt 图形。

2. SmartArt 图形格式化

SmartArt 图形格式化的操作方法如下：

选择插入的 SmartArt 图形，此时会出现【SmartArt 设计】选项卡和【格式】选项卡，用户可根据需要对 SmartArt 图形的版式、样式、形状样式等进行设置，与其他图形的格式化方法类似，此处不再赘述。

七、公式

Word 提供的公式编辑器可以让用户方便地在文档中建立复杂的数学公式。插入公式的操作方法如下：

将插入点定位在需插入公式的位置，单击【插入】选项卡→【符号】组→【公式】命令，在弹出的下拉列表中单击内置的公式或 Office.com 中的其他公式即可。

若所需公式不在内置公式和 Office.com 中的其他公式中，则单击【插入新公式】命令，此时出现【公式】选项卡，如图 3-90 所示。

图 3-90 【公式】选项卡

用户可根据需要在功能区上选择相应的模板和符号，输入欲插入的公式。公式建立好之后，在空白区的任意位置单击鼠标，即可退出公式编辑状态，并将建立的公式插入到插入点处。建立好公式后，如果需要修改，可单击该公式，重新打开【公式】选项卡，用户再根据需要修改即可。

八、表格

1. 创建表格

1) 普通表格的创建

要进行表格的操作，首先必须创建表格，创建表格的方法通常有以下三种：

(1) 通过命令。

通过命令创建表格的操作方法如下：

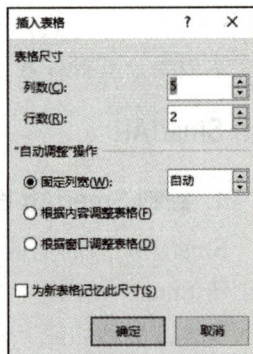

光标定位在需要创建表格的位置，单击【插入】选项卡→【表格】组→【表格】命令，在弹出的下拉列表中单击【插入表格】命令，此时弹出【插入表格】对话框，如图 3-91 所示。用户根据需要在"列数""行数"输入框中输入相应的列数和行数，在【"自动调整"操作】中选定一种操作。如果选择"固定列宽"选项，则可以在后面的输入框中输入固定的列宽值或由软件平均分配列宽；选择"根据内容调整表格"选项，则列宽会自动适应内容的宽度；选择"根据窗口调整表格"选项，则表示表格的宽度 图 3-91 【插入表格】对话框

与窗口的宽度一致，当窗口的宽度改变时，表格宽度同时改变。

(2) 绘制表格。

通过绘制表格命令创建表格的操作方法如下：

光标定位在需要创建表格的位置，单击【插入】选项卡→【表格】组→【表格】命令，在弹出的下拉列表中单击【绘制表格】命令，此时鼠标指针变为一支笔的形状，用户只需在文档编辑窗口中按下鼠标左键拖动以绘制所需的表格即可。同时出现【表设计】选项卡和【布局】选项卡，分别如图 3-92 和图 3-93 所示。用户通过选项卡中的命令设置表格样式、擦除表格边框、绘制表格、表格数据排序等。

图 3-92　【表设计】选项卡

图 3-93　【布局】选项卡

(3) 通过【插入表格】按钮创建

通过【插入表格】按钮创建表格的操作方法如下：

光标定位在需要创建表格的位置，单击【插入】选项卡→【表格】组→【表格】命令，在弹出的下拉列表中有一个可调节大小的网格，如图 3-94 所示。按住鼠标左键手动选定所需的行数和列数，松开左键即可。

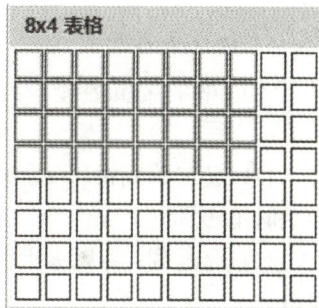

2) 插入 Excel 表格

在 Word 2016 中可插入 Excel 表格，操作方法如下：

图 3-94　表格网格

光标定位在需要创建表格的位置，单击【插入】选项卡→【表格】组→【表格】命令，在弹出的下拉列表中单击【Excel 电子表格】命令，此时在对应位置出现与 Excel 表格的行和列样式一致的表格，如图 3-95 所示。用户根据需要在单元格中输入内容，输入完毕后在文档空白处单击，此时在文档对应位置便出现对应的表格。

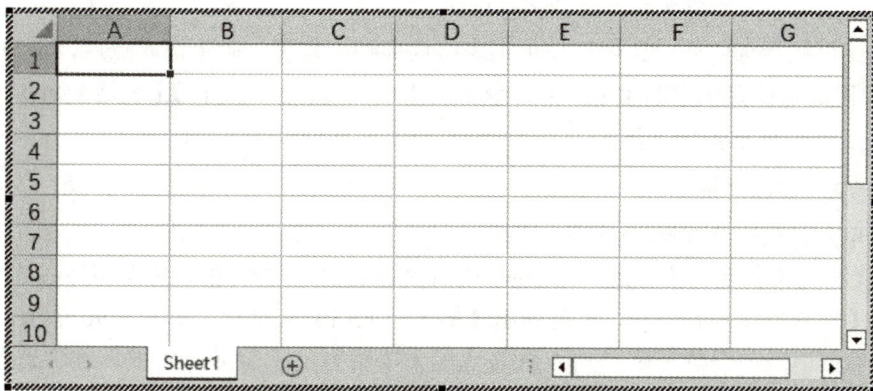

图 3-95　Excel 电子表格

3) 插入快速表格

Word 2016 中提供了一些快速表格，如日历、会议议程等，用户可通过快速表格创建一些预先设定好行列数及对应样式的表格，操作方法如下：

光标定位在需要创建表格的位置，单击【插入】选项卡→【表格】组→【表格】命令，在弹出的下拉列表中单击【快速表格】命令，在弹出的列表中单击满足要求的表格即可。

2. 表格的编辑

在实际应用中，完成表格的插入后，还需要对表格进行一些编辑、美化处理。例如，输入内容，处理单元格等。

1) 输入表格内容

表格创建好之后，就可在每个单元格中输入内容，输入时需要将插入点定位在对应的单元格中，再输入内容。当一个单元格的内容输入完成后，可用 Tab 键使插入点移动到下一个单元格（如果已经为最后一个单元格，那么 Word 会自动为表添加一行表格）。如果要回到上一个单元格，可以采用 Shift + Tab 键。

如果用户认为这样的方法不够方便，可以直接将鼠标移动到所需的单元格单击即可输入。

2) 选定表格元素

对表格的编辑处理和其他文本一样，仍然需要先选定再处理。选定表格元素的方法如下：

(1) 选定单元格：将鼠标指针移动到单元格的左边沿，当鼠标指针变为指向右上方的箭头时单击即可。

(2) 选定列：将鼠标指针移动到该列的顶部，当鼠标指针变为指向下方的箭头时单击即可。

(3) 选定行：将鼠标指针移动到该行左边的选定区，当鼠标指针变为指向右上方的箭头时单击即可。

(4) 选定整表：将鼠标指针移动到表格的左上角，此时会出现一个"选定符号"，单击它即可。

(5) 任意选定：如果要任意选定单元格，可采用按住鼠标左键拖动鼠标经过所需的单元格，当单元格变为黑色之后，释放鼠标即可。

除了使用鼠标选定外，还可以先单击表格内的相应位置，确定插入点后，再单击鼠标右键，在弹出的快捷菜单中的【选择】命令下的【单元格】【列】【行】【表格】命令来选定。

3) 插入 / 删除单元格、行列

(1) 插入 / 删除单元格。

插入单元格的操作步骤如下：

(1) 光标定位到插入位置的单元格中，单击鼠标右键，在弹出的快捷菜单中单击【插入】选项卡→【插入单元格】命令，此时弹出【插入单元格】对话框，如图 3-96 所示。

(2) 在对话框中提供了四种插入后其他单元格位置的调整方式，根据需要选择一种，单击【确定】按钮即可插入。

删除单元格是插入的逆过程。删除单元格的操作方法如下：

选定要删除的单元格，单击鼠标右键，在弹出的快捷菜单中选择【删除单元格】命令或单击【表格工具布局】选项卡→【行和列】组→【删除】命令，在弹出的下拉列表中选择【删除单元格】命令，此时弹出【删除单元格】对话框，如图 3-97 所示。用户根据需要选择一种删除单元格后其他单元格位置的调整方式，最后单击【确定】按钮即可。

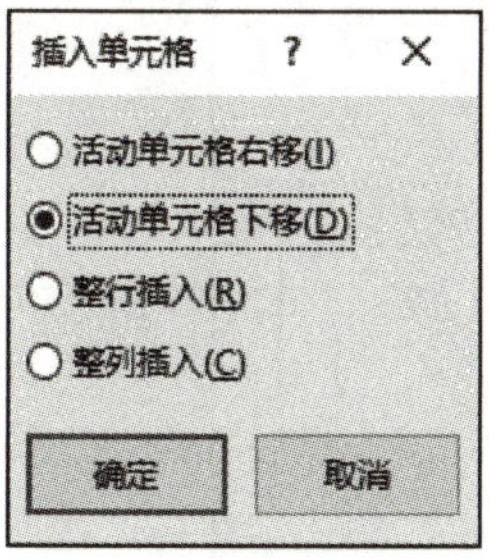

图 3-96 【插入单元格】对话框 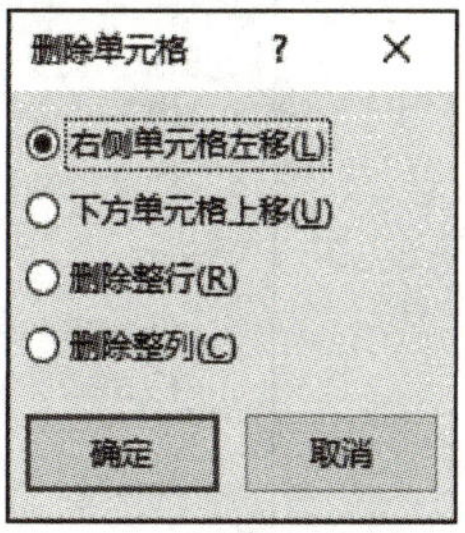　　　　　图 3-97 【删除单元格】对话框

(2) 插入 / 删除行列。

插入 / 删除行列的操作方法如下：

光标定位于单元格或选择某行 / 某列，单击鼠标右键，在弹出的快捷菜单中选择插入子菜单中的【在左侧插入列】/【在右侧插入列】/【在上方插入行】/【在下方插入行】命令，或单击【表格工具布局】选项卡→【行和列】组→【在上方插入】/【在下方插入】/【在左侧插入】/【在右侧插入】命令即可插入相应行 / 列；若要删除，则单击【表格工具布局】选项卡→【行和列】组→【删除】命令，在弹出的下拉列表中选择【删除列】/【删除行】命令即可。

4) 移动 / 复制行列

表格的行列，也可以像文本一样，进行复制和移动。操作方法如下：

选定要复制或移动的行 (列)，单击【开始】选项卡→【剪贴板】组→【剪切】或【复制】按钮，也可以单击鼠标右键选择【剪切】或【复制】命令。

将插入点定位到要复制或移动到的位置，单击【开始】选项卡→【剪贴板】组→【粘贴】按钮或单击鼠标右键选择【粘贴】命令，即可完成移动或复制。同样对于单元格也可以采用这样的方法进行移动和复制。

5) 调整表格的行高与列宽

在 Word 2016 中，表格的行高与列宽并不是固定不变的，可以进行一定的调整。

(1) 鼠标移动法。

将鼠标指针移动到需改变行高 (列宽) 表格的垂直 (水平) 标尺处的行线 (列线) 上，当鼠标指针变为双横线加双向箭头或双竖线加双向箭头时，按下鼠标左键拖动到满意的位置，释放鼠标即可。

(2) 利用命令法。

有时对表格的行高和列宽，有一定具体的精度要求，这时就可以采用命令法。操作方法如下：

选定要调整的行 (列) 或将光标定位在某行 / 列中的单元格中，单击【表格工具布局】

选项卡→【表】组→【属性】命令，此时弹出【表格属性】对话框，如图 3-98 所示。选择【行】或【列】选项卡，选中"指定高（宽）度"复选框，输入具体的值即可。如果还需要对其他行（列）调整，还可以单击【上一行】与【下一行】按钮。

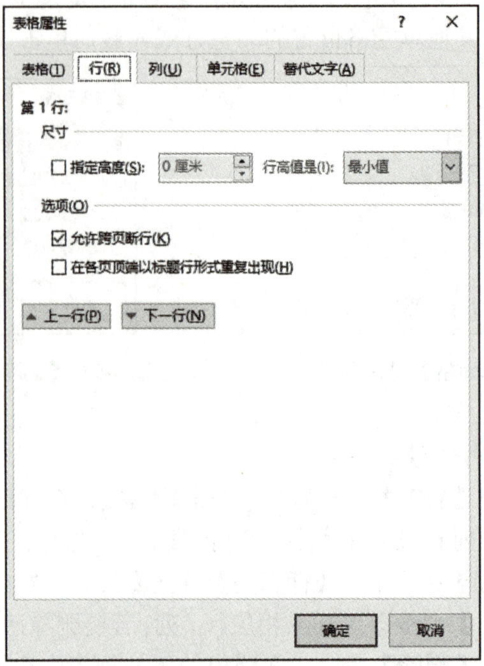

图 3-98　【表格属性】对话框

除了上一步的方法可进行行高列宽精确设置外，还可单击【表格工具布局】选项卡→【单元格大小】组→【宽度】和【高度】输入框进行宽度和高度的输入与调整。

6）合并和拆分单元格

（1）合并单元格。

合并单元格，即将多个单元格合并为一个单元格。操作方法如下：

选定需要合并的所有单元格，单击【表格工具布局】选项卡→【合并】组→【合并单元格】命令或单击鼠标右键，在弹出的快捷菜单中选择【合并单元格】命令。

（2）拆分单元格。

拆分单元格是合并的逆过程，是将一个单元格拆分为多个单元格。操作方法如下：

选定需拆分的单元格，单击【表格工具布局】选项卡→【合并】组→【拆分单元格】命令或单击鼠标右键，在弹出的快捷菜单中选择【拆分单元格】命令，此时弹出【拆分单元格】对话框，在对话框中输入拆分的行数和列数。如果选中的是多个单元格，可选中"拆分前合并单元格"复选框，这样就会先将多个单元格合并后再拆分，否则，系统会将所有选定的单元格全部拆分。

7）将文本转换为表格

用户编辑好文本内容后，如果觉得用表格表现出来会更直观，可以将文本转换为表格，操作方法如下：

　　选定需转换的文本，单击【插入】选项卡→【表格】组→【表格】命令，在弹出的下拉列表中单击【文本转换成表格】命令，即会出现【将文字转换为表格】对话框，如图 3-99 所示。在对话框中设定列数、文字的分隔位置及单元格的大小，最后单击【确定】按钮，便可将文本转换为表格形式。

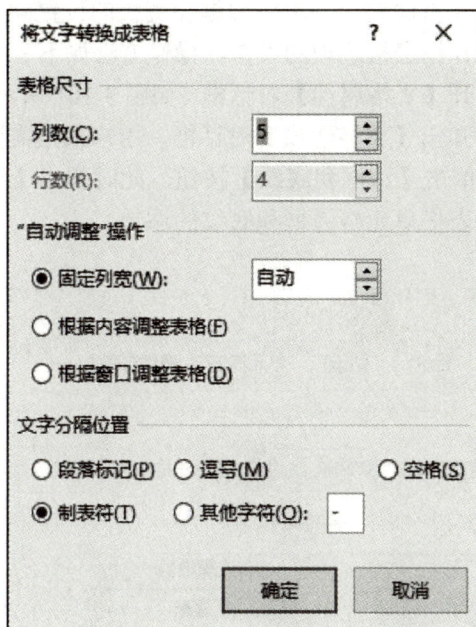

图 3-99 【将文字转换成表格】对话框

8) 将表格转换为文本

　　用户也可以将制作好的表格转换为文本的形式，操作方法如下：

　　选定表格，单击【表格工具布局】选项卡→【数据】组→【转换为文本】命令，此时弹出【表格转换成文本】对话框，如图 3-100 所示。用户根据需要选择对应的文字分隔符，再单击【确定】按钮即可。

图 3-100 【表格转换为文本】对话框

3. 表格的格式化

表格创建好之后，对于表格中的内容及表格的边框和底纹等外观做修饰时，就需要对表格进行格式化。对于表格中内容的格式化，主要涉及对齐方式、文字环绕等，此时只需打开【表格属性】对话框进行相应设置即可；对于表格外观的修饰，主要涉及表格的边框和底纹、单元格边距、单元格间距等。表格边框和底纹的设置同文档的边框和底纹设置相同，此处不再赘述。下面介绍表格选项的设置，操作方法如下：

选择对应的表格，打开【表格属性】对话框，如图 3-101 所示。选择【表格】选项卡，单击【选项】按钮，此时弹出【表格选项】对话框，用户根据需要进行选项设置，完成后单击【确定】按钮即可；单击【边框和底纹】按钮，此时弹出【边框和底纹】对话框，利用该对话框可完成表格或表格单元格边框和底纹的添加。

图 3-101 【表格属性】对话框

4. 表格内数据的排序与计算

在日常生活中，常常需要对表格中的数据进行排序和计算。例如，建立一个学生表，需要对学生成绩进行排序和计算，等等。下面就对表格内数据的排序及计算进行具体的介绍。

1）排序

可根据列的内容按升序或降序对表格进行排列，操作方法如下：

将插入点停留在表格中的任何位置（或者选择需排序的列），单击【表格工具布局】选项卡→【数据】组→【排序】命令，此时弹出【排序】对话框，如图 3-102 所示。【主要关键字】下拉框确定的是排序依据的内容或项目，当"主要关键字"内容有并列的情况时，系统会根据后面的"第二关键字"的内容进行排序。【类型】下拉框确定的是排序依据的值的类型，例如拼音、日期，等等。最后选择"升序"或"降序"是确定按升序或降序排列。最后单击【确定】按钮，即可完成排序。

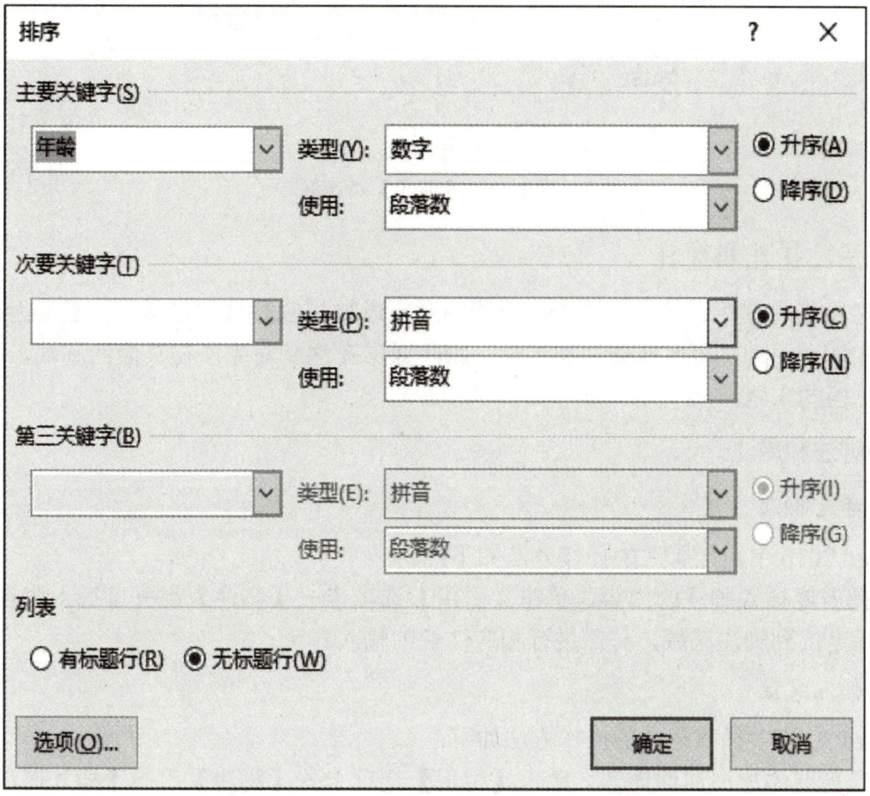

图 3-102　【排序】对话框

2）计算

同样，也可以对表格中的数据进行计算，操作方法如下：

将插入点置于放置计算结果的单元格中，单击【表格工具布局】选项卡→【数据】组→【公式】命令，此时弹出【公式】对话框，如图 3-103 所示。"公式"文本框用于设置计算所用的公式，这些公式可以通过对话框下面的"粘贴函数"下拉列表框（其中罗列了许多常用的公式）选择；计算的对象可以用单元格表示（列用字母 A、B、C 表示，行用数字 1、2、3 表示，单元格即 A1、A2，等等）。最后单击【确定】按钮，即可完成计算。

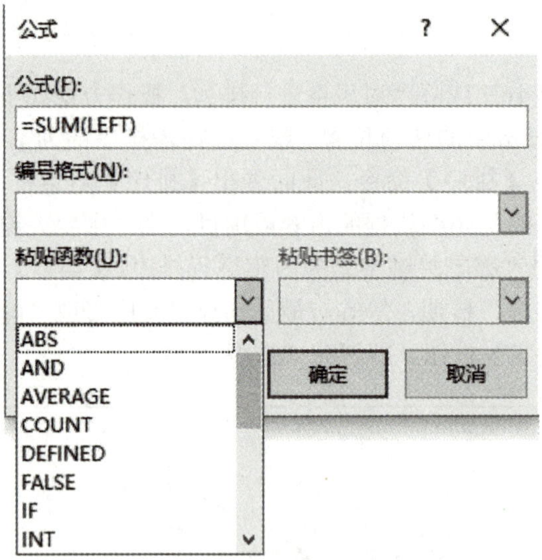

图 3-103 【公式】对话框

九、脚注、尾注和题注

题注是指为图片、表格、图表、公式等对象添加相应编号与名称。当需要为对象添加相应的注释说明时，可选择脚注和尾注。脚注通常在注解对象所在页面的底端，尾注通常在整篇文档的末尾。

1. 脚注和尾注

1) 插入脚注

Word 2016 中添加脚注的操作方法如下：

选择需要插入脚注的内容，单击【引用】选项卡→【脚注】组→【插入脚注】按钮，此时光标定位到脚注区域，只需进行相应注解的输入即可。

2) 插入尾注

Word 2016 中插入尾注的操作方法如下：

选择需要添加尾注的内容，单击【引用】选项卡→【脚注】组→【插入尾注】按钮，此时光标定位到尾注区域，只需进行相应注解的输入即可。

3) 脚注、尾注的格式化

在实际应用中，脚注和尾注的位置、编码方式等是可以设置的，脚注和尾注也可以相互转换。操作方法如下：

单击【引用】选项卡→【脚注】组→【脚注和尾注】按钮（ ），此时弹出【脚注和尾注】对话框，根据需要分别选择脚注或尾注，并对各自的格式进行设置，最后单击【插入】按钮，如图 3-104 所示。

若要进行脚注与尾注的相互转换，则单击【转换】按钮，此时弹出【转换注释】对话框，根据需要选择对应的单选项即可，如图 3-105 所示。

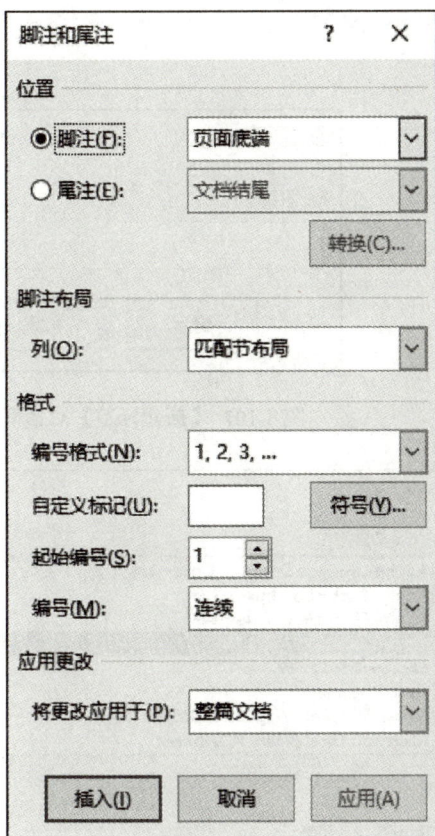

图 3-104　【脚注和尾注】对话框

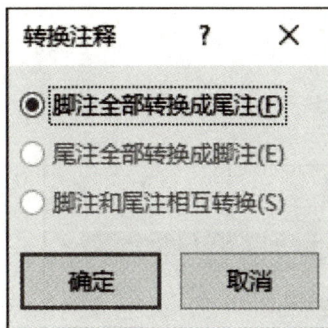

图 3-105　【转换注释】对话框

4) 脚注与尾注的浏览

创建了脚注、尾注后，可对其进行浏览，操作方法如下：

单击【引用】选项卡→【脚注】组→【下一条脚注】的下拉列表，根据需要选择"下一条脚注""上一条脚注""下一条尾注""上一条尾注"，进行浏览。

2. 题注

添加题注可以让长文档中的图表、图片等对象实现自动连续地编号，若图表、图片等对象发生变化时，亦可实现编号的自动更新，以保证编号的连续。在 Word 2016 中，添加题注的操作方法如下：

若只对某一对象添加题注，则选择该对象，单击【引用】选项卡→【题注】组→【插入题注】按钮，此时弹出【题注】对话框，如图 3-106 所示。单击【新建标签】按钮，在弹出的【新建标签】对话框中输入新的标签名可实现新标签的创建，如图 3-107 所示。单击【编号】按钮，此时弹出【题注编号】对话框，可设置题注编号格式，如图 3-108 所示。

当插入某一类型的对象时，希望自动插入对应题注，则单击【自动插入题注】按钮，此时弹出【自动插入题注】对话框，如图 3-109 所示。在【插入时添加题注】列表中选择自动插入题注的对象，在"选项"中根据需要选择标签名及题注所在位置。若需要新建标签，则单击【新建标签】按钮；若需要修改编号格式，则单击【编号】按钮。

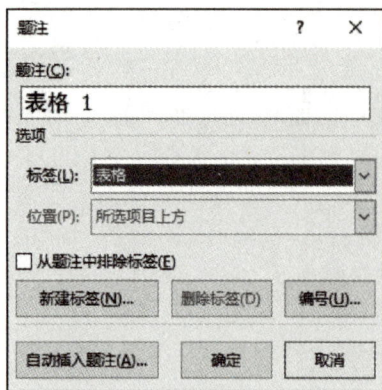

图 3-106 【题注】对话框

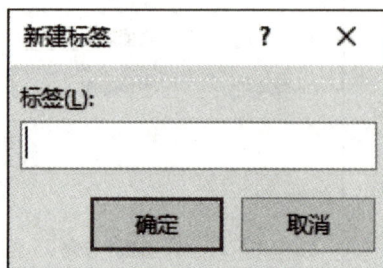

图 3-107 【新建标签】对话框

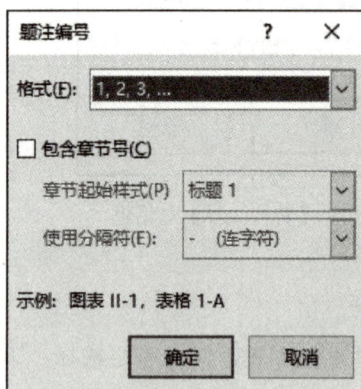

图 3-108 【题注编号】对话框

图 3-109 【自动插入题注】对话框

十、目录

目录是长文档不可缺少的一个部分，通过目录可以实现目录项与正文间的跳转，方便用户快速实现内容的检索。

1. 创建目录

首先，输入对应的文档标题，将光标分别定位在文档标题所在的段落上，再根据标题的等级不同，依次为标题设置如"标题 1、标题 2、标题 3"等样式。

其次，将光标定位在需要输入目录的位置，单击【引用】选项卡→【目录】组→【目录】下拉列表，在弹出的下拉列表中选择所需要的目录样式。若列表中的目录样式不满足要求，则选择下拉列表中的【自定义目录】命令，此时弹出【目录】对话框，根据需要设置各项参数，再单击【确定】按钮即可，如图 3-110 所示。

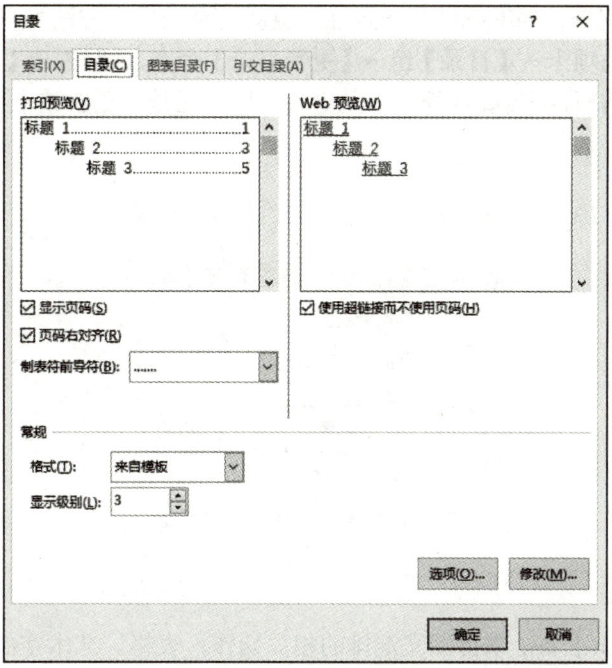

图 3-110　【目录】对话框

　　此时创建的目录默认是通过内置标题样式创建的，若用户想通过自定义样式创建目录，则单击图 3-110 中的【选项】按钮，此时弹出【目录选项】对话框，用户根据需要选择有效样式，并在对应样式后输入目录级别 (可输入 1 ～ 9 中的一个数字)，如图 3-111 所示，完成设置后单击【确定】按钮即可。

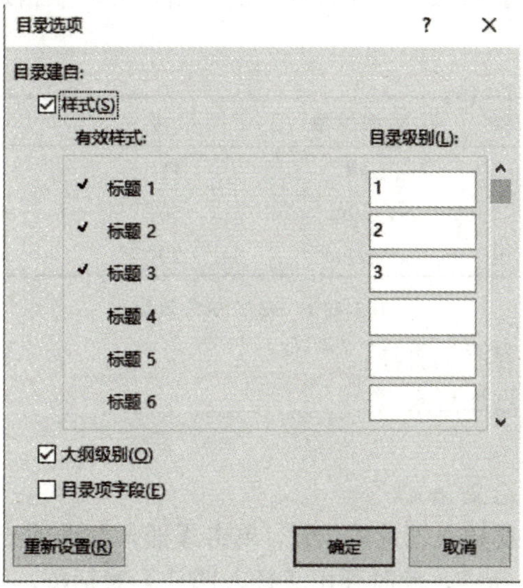

图 3-111　【目录选项】对话框

2. 更新目录

当文档的内容发生增减、文档标题或页码等发生改变时，就需要对目录进行更新，以保证目录与内容之间链接的准确性与一致性。更新目录的操作方法如下：

单击【引用】选项卡→【目录】组→【更新目录】命令，此时弹出【更新目录】对话框，如图 3-112 所示，用户根据需要选择是"只更新页码"还是"更新整个目录"后，单击【确定】按钮即可。

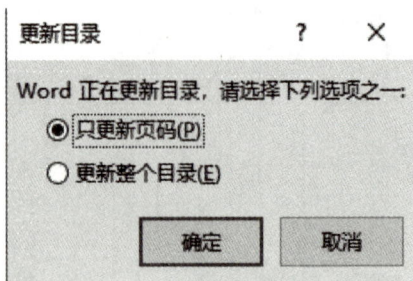

图 3-112 【更新目录】对话框

▶ 任务实现

完成本任务知识准备：掌握图文混排的相关操作，表格、艺术字的创建与编辑，脚注与尾注的创建与设置，目录的创建与更新等知识后，我们可以为小明撰写的论文进行进一步的完善。

相关要求：

(1) 在论文中需要插入图片的对应位置插入所需的图片，并设置图片的文本环绕方式为"嵌入型环绕"，居中对齐；图注位于图片下方，采用宋体小四号，居中对齐。

(2) 在论文中相应位置插入一个 4 行 6 列的表格，并对表格进行格式化，表格参考效果如图 3-113 所示。

中文含义	字段名称	数据类型	长度	是否为空	备注
学生编号	id	int	11	否	主键
账号	name	varchar	50	null	
密码	password	varchar	20	null	

图 3-113 表格参考效果

(3) 为论文中某些内容添加脚注。

(4) 在摘要后为论文添加目录页。

上机操作步骤如下：

(1) 打开文档"毕业论文 .docx"。

(2) 将光标定位到需要插入图片的位置，单击【插入】选项卡→【插图】组→【图片】下拉列表中的【此设备】命令，此时弹出【插入图片】对话框，找到图片所在位置，选择图片插入。

(3) 环绕方式设置：选择插入的图片，单击【图片格式】选择卡→【排列】组→【环绕文字】下拉列表中的【嵌入型】命令；对齐方式设置：单击【开始】选项卡→【段落】组中的【居中】对齐按钮。实现图片的对齐方式与环绕方式的设置。

(4) 插入图注。将光标定位到插入的图片末尾，按 Enter 键切换到下一段，输入该图片的图注 (如图 1-1 启动界面)，选择图注内容，设置字体、字号与对齐方式。设置方法同之前的任务，此处不再赘述。

(5) 插入表格。将光标定位到需要插入表格的位置，单击【插入】选项卡→【表格】组→【插入表格】命令，此时弹出【插入表格】对话框，设置列数为"6"，行数为"4"，选择【根据窗口调整表格】单选项，参数设置如图 3-114 所示，再单击【确定】按钮完成表格的插入。

(6) 表格内容输入。在每个单元格中输入对应的内容。选择整个表格，单击【开始】选项卡，进行字体及字号的设置；单击【表格工具布局】选项卡→【对齐方式】组中的水平居中按钮 (▤) 完成表格中文本内容的格式化，此时表格内容如图 3-115 所示。

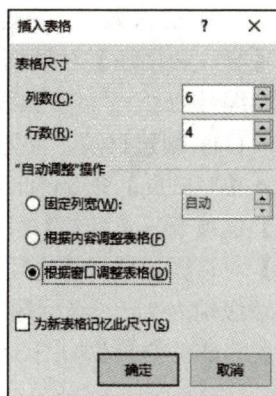

图 3-114 【插入表格】对话框

中文含义	字段名称	数据类型	长度	是否为空	备注
学生编号	id	int	11	否	主键
账号	name	varchar	50	null	
密码	password	varchar	20	null	

图 3-115 表格效果

(7) 表格边框设置。选择表格，单击【表设计】选项卡→【边框】组中的【边框】按钮 (↘)，此时弹出【边框和底纹】对话框，选择样式为实线，设置宽度为"3.0 磅"，再单击预览部分对应边的按钮，以保证只有顶边使用该边框，参数设置如图 3-116 所示。再设置宽度为"1.5 磅"，再单击预览部分对应边的按钮以保证只有底边使用该边框，参数设置如图 3-117 所示。

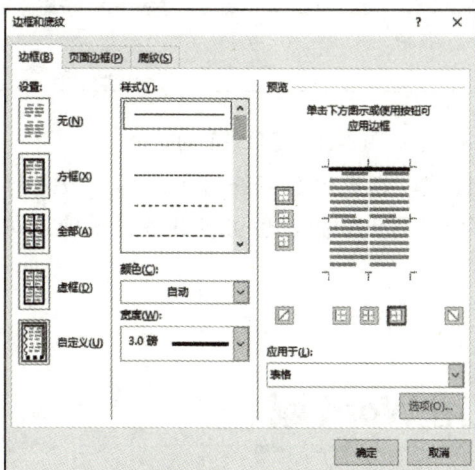

图 3-116 顶边参数设置

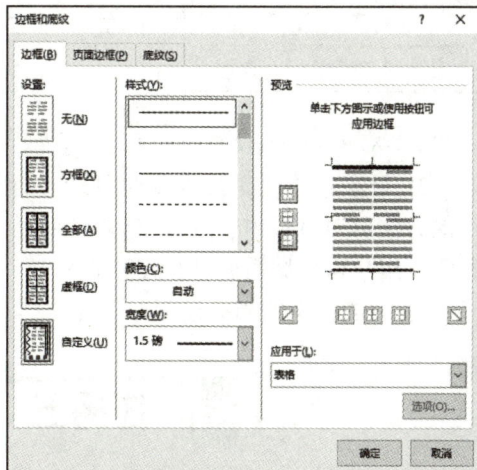

图 3-117 底边参数设置

(8) 选择第一行，采用与步骤 (7) 相同的方法设置该行底边边框，完成表格的格式化。

(9) 添加脚注。选择论文中需要添加脚注的文字"学生编号"，单击【引用】选项卡→【脚注】组→【插入脚注】命令，此时光标定位于脚注部分，输入对应的脚注内容"此处的学生编号不是学生的学号，是单独赋予学生的号码。"完成脚注的创建。

(10) 插入脚注。定位到脚注，单击【引用】选项卡下的【脚注】按钮 (），此时弹出【脚注和尾注】对话框，设置脚注位置为"页面底端"，编号格式为"一，二，三，…"，起始编号为"一"，参数设置如图 3-118 所示，完成脚注的创建与格式化。

(11) 创建目录。首先，将光标定位到摘要页的末尾，单击【插入】选项卡→【页面】组→【空白页】命令，此时插入了一页空白页；其次，将光标定位到空白页开头，单击【引用】选项卡→【目录】组→【目录】下拉列表，选择【自定义目录】命令，此时弹出【目录】对话框，单击【选项】按钮，在有效样式中设置大标题的目录级别为 1，一级标题的目录级别为 2，二级标题的目录级别为 3；最后单击【确定】按钮回到目录对话框。目录设置完成后的参数如图 3-119 所示，完成目录的创建。

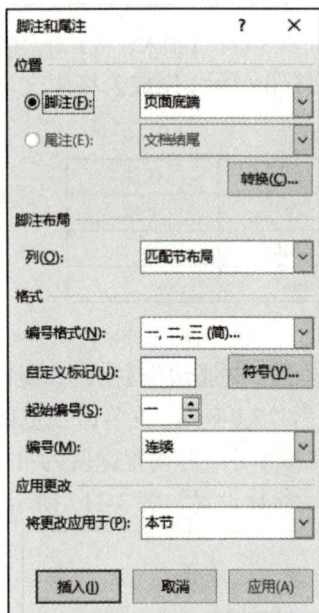

图 3-118　脚注参数设置　　　　　　　　　　　图 3-119　【目录】对话框

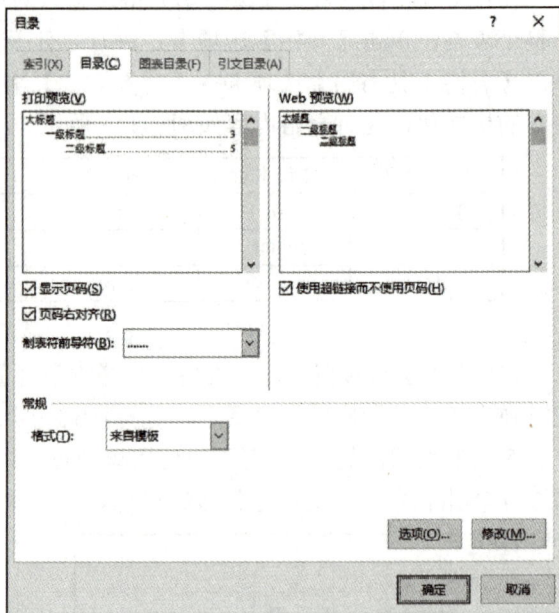

(12) 目录格式化。若需要对目录进行格式设置，则选定对应的目录内容，按之前任务中的方法可对目录内容进行字体、字号、文字颜色等的设置，也可设置各目录项之间的行距等，用户可根据需要进行设置。

(13) 完成论文的相关设置，保存文档。

任务五　应用 Word 域

任务描述

小明作为部门的负责人，需要为每一名成员办理一张工作牌，工作牌要求是统一的格式，如何才能高效地帮助小明完成任务呢？

本任务要求熟悉文档中域的使用、邮件合并的创建与应用等。

知识准备

一、域

简单地讲，域就是引导在 Word 文档中自动插入文字、图形、页码或其他信息的一组代码。每个域都有一个唯一的名称，它的功能与 Excel 中的函数非常相似。

使用 Word 域可以实现许多复杂的工作，如自动编页码，自动插入图表的题注、脚注、尾注的号码；按不同格式插入日期和时间；自动创建目录，实现邮件的自动合并与打印；执行加、减及其他数学运算；创建数学公式；调整文字位置等。Word 2016 提供了 9 类域，分别是编号、等式和公式、链接和引用、日期和时间、索引和目录、文档信息、文档自动化、用户信息、邮件合并。

1. 插入域

插入域的操作方法如下：

将光标定位至需要插入域的位置，单击【插入】选项卡→【文本】组→【文档部件】下拉列表中的【域】命令，此时弹出【域】对话框，如图 3-120 所示。用户可根据需要选择域的类别，再选择对应的域名即可。

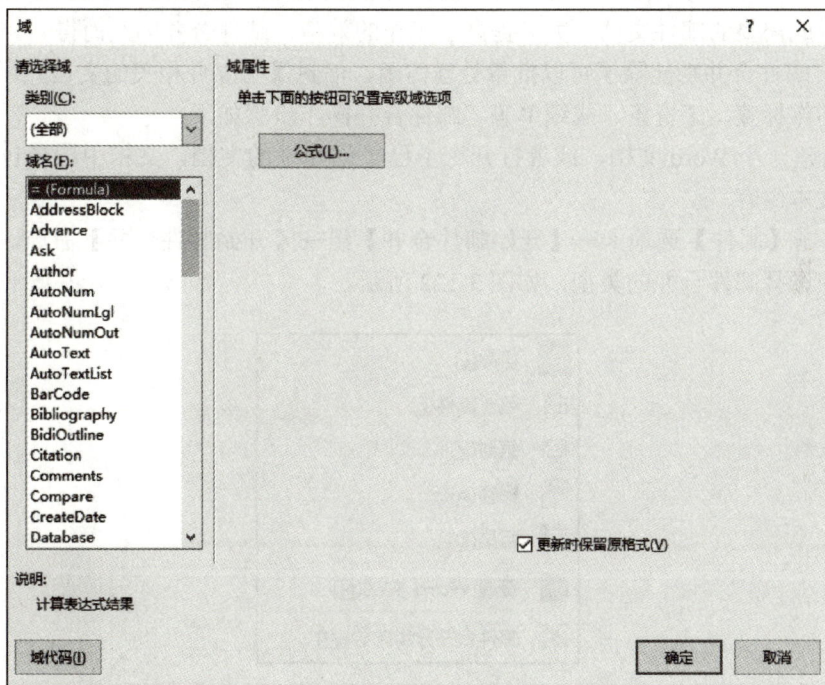

图 3-120　【域】对话框

2. 编辑域

编辑域的操作方法如下：

选定插入的域，单击鼠标右键，选择快捷菜单中与域相关的命令，如图 3-121 所示，可以实现对域代码的显示、隐藏、修改、编辑等。用户也可选择更新域，实现域的更新，选择编辑域，则打开【域】对话框，用户可以对域的格式等进行设置，选择切换域代码可以实现域代码的显示与隐藏。

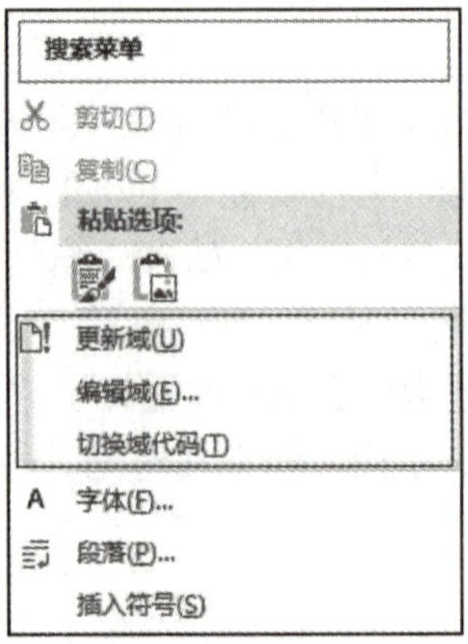

图 3-121　域相关快捷命令

二、邮件合并

邮件合并最初用于批量处理"邮件文档"。具体地说就是在邮件文档 (主文档) 的固定内容中，合并与发送信息相关的一组通信资料 (数据源：如 Excel 表、Access 数据表等)，从而批量生成需要的邮件文档，大大提高了工作的效率，邮件合并因此而得名。

显然，邮件合并功能除了可以批量处理信函、信封等与邮件相关的文档外，也可以轻松地批量制作标签、工资条、成绩单等。邮件合并操作步骤如下：

(1) 新建一个 Word 文档，或者打开一个已经创建好的文档，文档中应当包含邮件合并相关的文本内容。

(2) 单击【邮件】选项卡→【开始邮件合并】组→【开始邮件合并】命令，在弹出的下拉列表中选择邮件合并的类型，如图 3-122 所示。

图 3-122　邮件合并类型列表

(3) 单击邮件选项卡下的【选择收件人】命令，若收件人列表已经创建好，则选择【使用现有列表】，单击【浏览】，此时弹出【选取数据源】对话框，根据需要在对应的位置找到相应的数据文件；若联系人在 Outlook 中，则选择【从 Outlook 联系人中选择】，单击【选择联系人文件夹】；若以上两种情况均不满足，则选择【键入新列表】，此时弹出【新建地址列表】对话框，用户根据需要输入、增加或删除对应的条目。

(4) 单击邮件选项卡下的【插入合并域】命令,在弹出的下拉菜单中选择需要插入的域名。

(5) 单击邮件选项卡下的【预览结果】命令及相应记录按钮,可预览邮件合并结果。

(6) 单击邮件选项卡下的【完成并合并】命令,在弹出的下拉菜单中选择相应的操作,完成邮件的合并。

▶ **任务实现**

完成本任务知识准备,掌握了域、邮件合并的基本操作,我们便可以开始帮助小明高效生成本部门成员工作牌。

上机操作步骤如下:

(1) 启动 Word 2016,新建一个空白的文档,此时文档名为"文档 1.docx",将文档保存为"部门工作牌 .docx"。

(2) 在"部门工作牌"文档中完成工作牌的基本样式的排版,效果参考如图 3-123 所示。

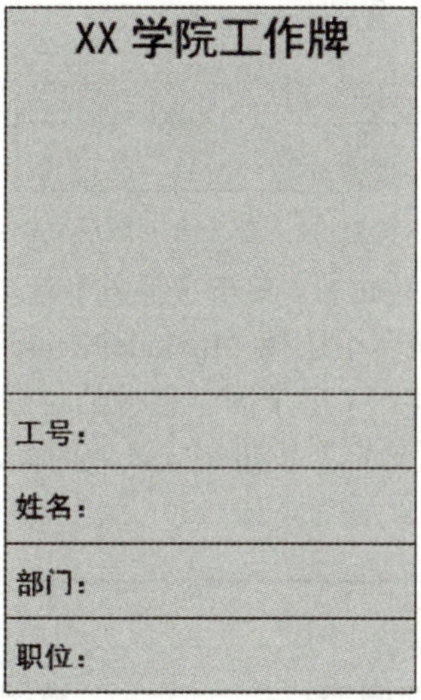

图 3-123　工作牌样式

(3) 将每一位成员的照片准备好放于某一个文件夹中,再创建 Excel 工作牌表,其中包含照片所在路径、工号、姓名、部门、职位等相关信息,如图 3-124 所示,保存该工作簿为"工牌 .xlsx"。

	A	B	C	D	E
1	工号	姓名	部门	职位	照片
2	001	张三	学生会	干事	001.bmp
3	002	李初	团委	干事	002.bmp
4	003	珊珊	学生会	副主席	003.bmp
5	004	晓荟	宣传部	干事	004.bmp

图 3-124　工牌表数据参考

(4) 回到"部门工作牌 .docx"文档中,首先,单击【邮件】选项卡→【开始邮件合并】组→【开始邮件合并】下拉列表中的【普通 Word 文档】命令;其次,单击【邮件】选项卡→【开始邮件合并】组→【选择收件人】下拉列表中的【使用现有列表】命令,在弹出的【选择数据源】对话框中找到"工牌 .xlsx",单击【打开】按钮,此时弹出【选择表格】

对话框，选择相应的表格；最后单击【确定】按钮，完成数据源的选择。

（5）将光标定位到工号后，单击【邮件】选项卡→【编写和插入域】组→【插入合并域】下拉列表中的【工号】命令，采用相同的方法完成姓名、部门、职位的合并域的插入，此时文档效果如图 3-125 所示。

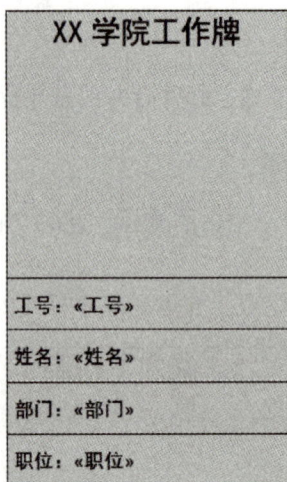

图 3-125　插入部分合并域后文档效果

（6）将光标定位到工作牌照片位置，单击【插入】选项卡→【文本】组→【文档部件】下拉列表中的【域】命令，在域名中选择"IncludePicture"，在域属性的文件名或 URL 输入框中输入图片文件夹所在的路径（每个同学存放的位置不同，则该路径不同），参数设置如图 3-126 所示。最后单击【确定】按钮完成该域的插入。此时图片处于未能正常显示状态。

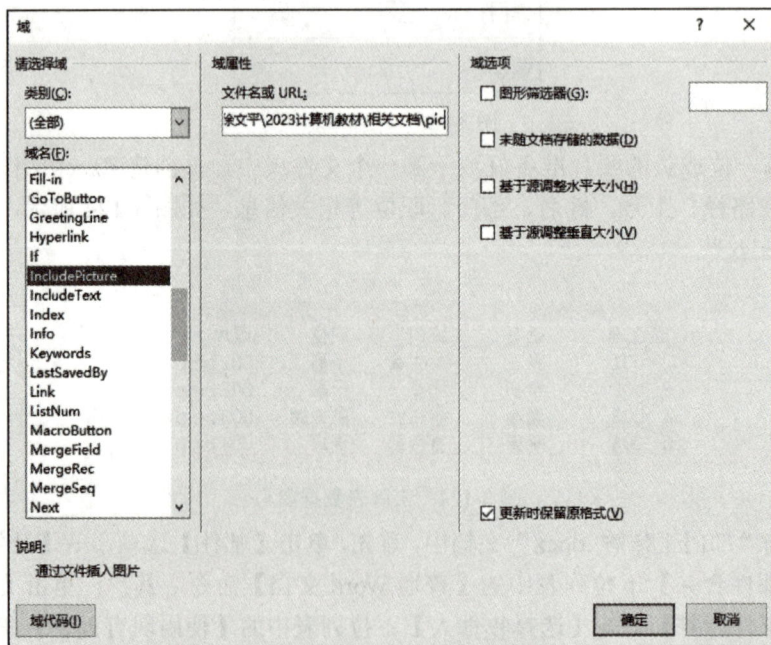

图 3-126　插入图片域参数设置

（7）选择图片占位符，按 Alt + F9 键切换到域代码，将光标定位到后双引号前，首先输入"\\"，再单击【邮件】选项卡→【编写和插入域】组→【插入合并域】下拉列表中的【照片】命令，此时代码前后对比如图 3-127 所示，然后选择域代码，按 Alt + F9 键，此时照片仍未正常显示。

（8）单击【邮件】选项卡→【完成】组→【完成并合并】下拉列表中的【编辑单个文档】命令，此时弹出【合并到新文档】对话框，在其中选择"全部"，如图 3-128 所示。最后单击【确定】按钮完成合并。

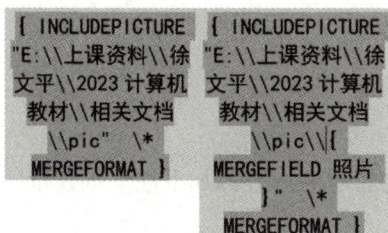

图 3-127　域代码前后对比

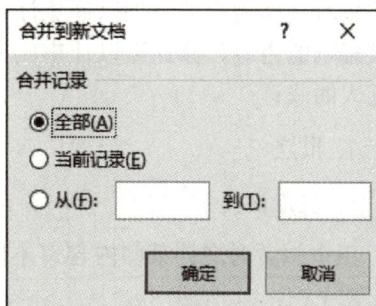

图 3-128　【合并到新文档】对话框

（9）此时得到一个新的邮件合并后的文档，全选，按 F9 键刷新，此时文档中所有信息正确显示，完成了工作牌的批量生成，效果如图 3-129 所示。保存该文档为"部门工作牌结果 .docx"。

图 3-129　邮件合并结果

任务六　修订和打印 Word 文档

任务描述

小明所在部门的一名成员写了一份活动策划文档，文档完成后交给小明进行审阅，此时小明需要对文档中不恰当的部分进行批注，提出修改意见，之后将该策划文档打印 5 份分别分发给相关人员。

本任务要求熟悉文档的批注与修订，同时为了能够正确完成印刷，还要求熟悉相关的打印设置。

📑 知识准备

一、批注与修订

Word 2016 提供了文档的审阅功能，其中批注与修订功能让每一次的修改都有迹可循。批注只对文档相应部分加以评论注释，表明修改意见等，而不会直接修改原文档，故不会直接影响的内容。修订可以让审阅人直接对文档进行修改，而撰稿人可以选择接受或拒绝审阅人的修订。

1. 批注

1) 创建批注

当审阅者对文档某些内容有不同的看法时，可以为相应的内容添加批注。创建批注的操作如下：

选择需要添加批注的内容，单击【审阅】选项卡→【批注】组→【新建批注】命令，此时光标会定位到文档右侧的批注框中，审阅者将相应的批注内容输入其中，再单击批注框外任意区域即可。

2) 查看批注

为了方便用户快速准确地对批注进行查看，以防遗漏，可通过命令对批注进行逐条查看。操作方法如下：

单击【审阅】选项卡→【批注】组→【上一条】或【下一条】命令，可以对批注进行较准确的查看。

3) 编辑批注

编辑批注的操作方法如下：单击批注框，定位光标即可对批注内容进行修改。

4) 删除批注

当完成批注所标记部分的修改后，用户可根据需要删除相应的批注。Word 2016 提供了三种删除批注的方法。

(1) 删除单个批注。

选择单个批注，单击【审阅】选项卡→【批注】组→【删除】下拉列表中的【删除】命令即可删除该批注。

(2) 删除所有批注。

选择任意一个批注，单击【审阅】选项卡→【批注】组→【删除】下拉列表中的【删除文档中的所有批注】命令即可将该文档中的所有批注一次性全部删除。

(3) 删除指定审阅者的批注。

要删除指定审阅者的批注，首先需要对人员进行特定的选择。单击【审阅】选项卡→【修订】组→【显示标记】下拉列表中的【特定人员】子命令中不想要删除的审阅者用户名，仅保留需要删除的审阅者用户名的选择状态;再单击【审阅】选项卡→【批注】组→【删除】

下拉列表中的【删除所有显示的批注】命令，即可删除指定的批注。

2. 修订

1）打开修订功能

打开修订功能的操作方法如下：

单击【审阅】选项卡→【修订】组→【修订】下拉列表中的【修订】命令，即可打开修订功能，此时用户对需要修订部分的内容进行修订即可。

2）修订的查看

由于修订不像批注那样，有一个明显的批注框，所以修订比较容易遗漏。为了避免这种情况，用户可通过命令对修订进行逐条查看，操作方法如下：

单击【审阅】选项卡→【更改】组→【上一处】或【下一处】命令，可以对修订进行较仔细的查看。

3）审阅修订

对于审阅者创建的修订，撰写者可以选择接受或拒绝。

（1）接受修订。

接受修订的操作方法如下：单击【审阅】选项卡→【更改】组→【接受】下拉列表中相应的命令，可以选择接受修订的范围，如图 3-130 所示。

（2）拒绝修订。

拒绝修订的操作方法如下：单击【审阅】选项卡→【更改】组→【拒绝】下拉列表中相应的命令，可以选择拒绝修订的范围，如图 3-131 所示。

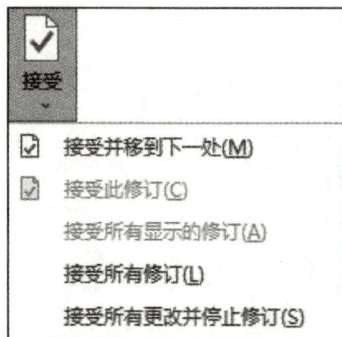

图 3-130　【接受】下拉列表　　　　图 3-131　【拒绝】下拉列表

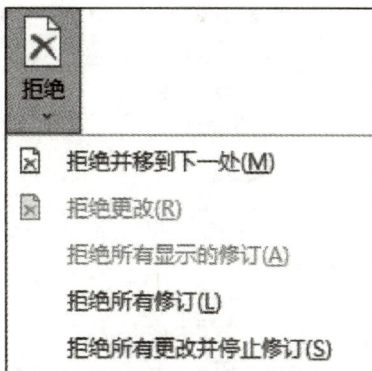

二、打印

建立 Word 文档的主要目的是保存和阅读，因此文档建立后，可将文档输出。

1. 打印预览

Word 2016 将打印预览和打印设置合并在一起，操作方法如下：

单击【文件】按钮→【打印】命令，此时弹出【打印】对话框，对话框中间部分为打印设置，右侧为打印预览效果，如图 3-132 所示。用户根据需要对打印颜色（黑白 / 彩色）、打印页数、边距等进行设置。设置完成后单击【打印】按钮即可。

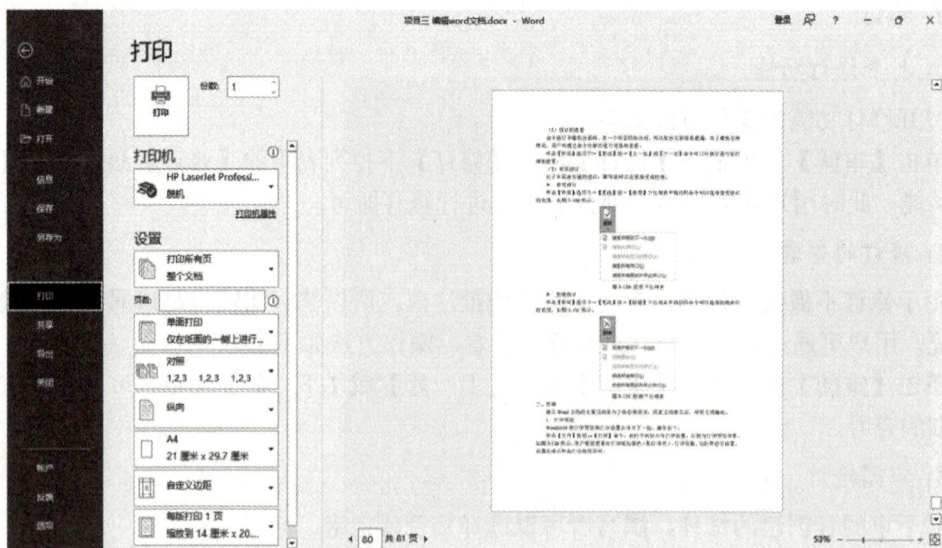

图 3-132　【打印】对话框

2. 打印机属性设置

打印机属性的设置直接影响到打印效果，所以在打印之前一定要进行设置，操作如下：单击【文件】按钮→【打印】命令→【打印机属性】命令，此时弹出打印机属性设置对话框，用户根据需要设置打印方式、纸张类型、打印机纸张尺寸、打印质量等，如图 3-133 所示。

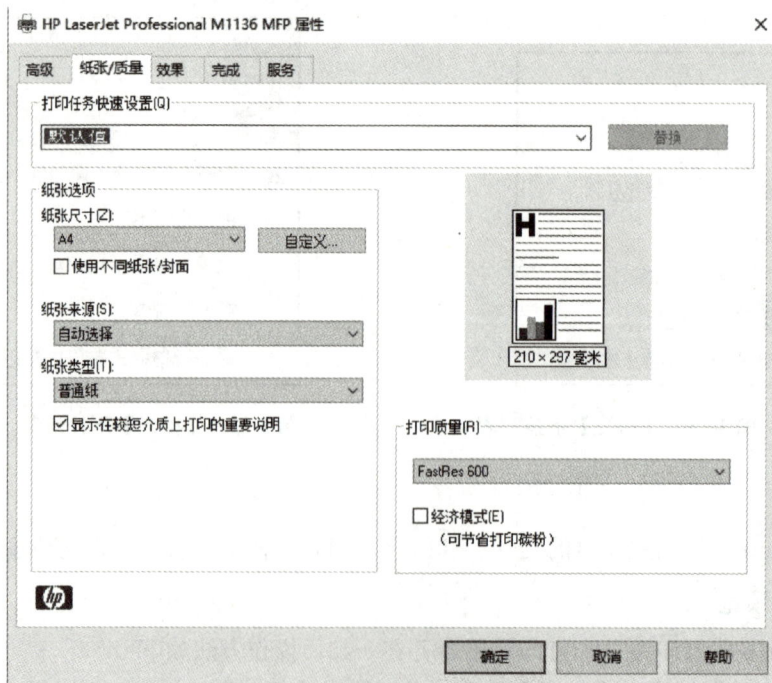

图 3-133　打印机属性设置对话框

任务实现

完成本任务知识准备，掌握了 Word 文档的批注与修订以及打印设置后，我们便可以开始帮助小明完成策划文档的修订与打印。

上机操作步骤如下：

(1) 打开"策划 .docx"（该策划文档由学生自己完成）。

(2) 根据文档内容添加批注或修订，完成文档的修改后删除所有批注，同时对修订部分进行选择性的接受与拒绝。该部分由同学之间相互完成。

(3) 单击【文件】按钮→【打印】命令，设置打印份数为"5"，双面打印，参数设置如图 3-134 所示。设置完成后，单击【打印】按钮即可对文档进行打印。

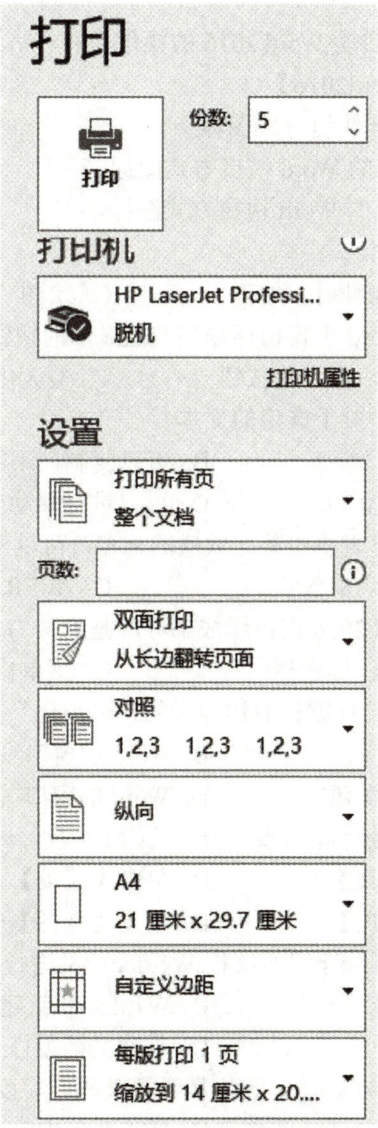

图 3-134　打印参数设置

项 目 小 结

本项目通过六个任务介绍与练习 Word 2016 的相关操作,使读者掌握文档的基本操作、文档的排版、文档的高级应用、表格的操作、图形的操作及文档的输出操作等。通过对本项目的学习,让学生对使用 Word 2016 进行基本的排版有一定的了解,从而能排出图文并茂的文档。

课 后 练 习

一、选择题

1. 下列选项中不能用于启动 Word 2016 的操作是 (   )。

A. 单击【开始】→【Word2016】

B. 单击任务栏中的 Word 快捷方式图标

C. 双击 Windows 桌面上的 Word 快捷方式图标

D. 单击 Windows 桌面上的 Word 快捷方式图标

2. Word 2016 属于 (   )。

A. 应用软件　　　　　B. 操作系统　　　　　C. 绘图　　　　　D. 系统软件

3. 以下选项中,不是 Word 主窗口标题栏右边显示的按钮是 (   )。

A. 关闭按钮　　　　　B. 最小化按钮　　　　　C. 最大化按钮　　　　D. 打开按钮

4. 在 Word 编辑状态下,对于选定的文本 (   )。

A. 可以移动,不能复制　　　　　　B. 可以复制,不能移动

C. 可以同时进行移动和复制　　　　D. 可以进行移动或复制

5. 在 Word 中,若要计算表格中某行数值的总和,可以使用的统计函数是 (   )。

A. Total( )　　　　　B. SUM( )　　　　　C. AVERAGE( )　　　D. COUNT( )

6. 下列选项不属于 Word 2016 窗口组成部分的是 (   )。

A. 对话框　　　　　B. 标题栏　　　　　C. 菜单栏　　　　　D. 状态栏

7. 单击 Word 2016 主窗口标题栏右边显示的"最小化"按钮后 (   )。

A. Word 的窗口被关闭　　　　　　B. Word 的窗口没关闭,是任务栏上一按钮

C. 被打开的文档窗口未关闭　　　　D. Word 的窗口关闭,变成窗口图表关闭按钮

8. 在 Word 2016 编辑状态下,若要打开 (关闭) 标尺,则应执行的操作是 (   )。

A. 单击【视图】→【标尺】　　　　　　B. 单击【编辑】→【工具栏】→【标尺】

C. 单击【工具】→【标尺】　　　　　　D. 单击【视图】→【工具栏】→【标尺】

9. 进入 Word 后,打开了一个已有文档 W1.doc,又进行了新建操作,则 (   )。

A. W1.doc 被关闭　　　　　　　　　B. W1.doc 和新建文档均处于打开状态

C. "新建"操作失败　　　　　　　　D. 新建文档被打开但 W1.doc 被关闭

10. 在 Word 2016 的编辑状态下,为文档设置页码,可以使用 (   )。

A. 工具菜单中的命令　　　　　　　　B. 插入菜单中的命令

C. 编辑菜单中的命令　　　　　　　　D. 格式菜单中的命令

11. 在 Word 的编辑状态下，复制操作的组合键是（　　）。

A. Ctrl + A　　　　　　B. Ctrl + C　　　　　　C. Ctrl + V　　　　　　D. Ctrl + X

12. 在 Word 2016 的编辑状态下，设置文本的字体，常用的选项卡是（　　）。

A. 开始　　　　　　　B. 格式　　　　　　　C. 工具　　　　　　　D. 视图

13. 在 Word 2016 的编辑状态下，对于选定的文字不能进行的设置是（　　）。

A. 动态效果　　　　　B. 自动版式　　　　　C. 下划线　　　　　　D. 着重号

14. 在 Word 2016 中，下述关于分栏操作的说法，正确的是（　　）。

A. 任何视图下均可看到分栏效果　　　B. 设置的各栏宽度和间距与页面宽度无关

C. 栏与栏之间不可以设置分隔线　　　D. 可以将选定的段落分成指定宽度的两栏

15. 在 Word 2016 的编辑状态下，当前正在编辑一个新建文档"文档 1"，当执行【文件】菜单中的"保存"命令时（　　）。

A. 自动以"文档 1"为名存盘　　　　B. 弹出【另存为】对话框，供进一步操作

C. 该"文档 1"被存盘　　　　　　　D. 不能以"文档 1"存盘

16. 以下选项中，属于 Word 2010 具有的功能是（　　）。

A. 表格处理　　　　　B. 绘制图形　　　　　C. 自动更正　　　　　D. 以上三项都是

17. 在 Word 2016 的文档中，选定文档某行内容后，使用鼠标拖动方法将其移动时，配合的键盘操作是（　　）。

A. 按住 Esc 键　　　　B. 按住 Ctrl 键　　　　C. 不做操作　　　　　D. 按住 Alt 键

18. 在 Word 2016 中，选择一个矩形文字块时，应按住（　　）键再拖动鼠标左键。

A. Esc　　　　　　　B. Ctrl　　　　　　　C. 不做操作　　　　　D. Alt

19. 在 Word 2016 中使用标尺不能设置（　　）。

A. 字体　　　　　　　B. 左缩进　　　　　　C. 首行缩进　　　　　D. 右缩进

20. 在 Word 2016 中，新建文档的组合键是（　　）。

A. Ctrl+O　　　　　　B. Ctrl+N　　　　　　C. Ctrl+A　　　　　　D. Ctrl+S

21. 以下视图中，不属于 Word 2016 视图的是（　　）。

A. 普通视图　　　　　B. 阅读视图　　　　　C. 大纲视图　　　　　D. 放映视图

二、填空题

1. Word 2016 文档文件的默认后缀名是（　　　　　）。

2. 在 Word 2016 的编辑状态下，可以进行"拼写和语法"检查的选项在（　　　　　）选项卡中。

3. 在 Word 2016 的编辑状态下，插入页码的命令在（　　　　　）选项卡中。

4. 在 Word 2016 中，可以显示水平标尺的视图模式有（　　　　　）。

5. 在 Word 2016 的编辑状态下，将鼠标光标指向一中文句子并双击左键，该句子被选中，字体栏显示"黑体"，选择"宋体"字体后，再单击，此时该句子的字体应该是（　　　　　）。

三、操作题

1. 制作一份个人简历并进行格式化。

2. 制作一份课程总结报告并进行格式化。

项目四 / 处理 Excel 表格数据

Microsoft Excel 是微软公司的办公软件 Microsoft Office 的组件之一，是微软办公套装软件的一个重要的组成部分，它可以进行各种数据的处理、统计分析和辅助决策操作，广泛应用于管理、统计财经、金融等众多领域。Excel 中有大量的公式与函数供用户选择，使用 Microsoft Excel 可以快速地完成数据计算、数据分析及数据图表的创建，可以实现许多功能，给使用者带来方便。

学习目标

- 掌握 Excel 工作簿的基本操作
- 掌握 Excel 工作表、单元格等元素的基本格式化
- 掌握 Excel 中数据的计算、公式与函数的应用
- 掌握 Excel 中数据的管理与分析
- 掌握 Excel 版面的设置与打印

任务一　创建 Excel 电子表格

任务描述

小羽是某班的班长，现在需要为本班同学创建一个工作簿，以方便后续班级相关数据的收集管理。该工作簿中包含 4 个工作表，一个名为"名单"，一个名为"考勤统计"，一个名为"平时成绩"，一个名为"其他数据统计"。

本任务要求熟悉 Excel 的操作界面，掌握 Excel 工作簿的基本操作，如工作簿的创建、保存、打开、关闭；掌握工作表的基本操作，如工作表的插入、删除、复制、移动等；掌握单元格的基本操作，如单元格的插入、删除等。

知识准备

一、Excel 2016 的启动与退出

1. Excel 2016 的启动

启动 Excel 2016 电子表格软件的常用方法主要有以下三种：

方法一：单击【开始】→【Excel】即可。

方法二：若计算机桌面有 Excel 的快捷图标，则直接双击该图标即可；若计算机桌面无 Excel 的快捷图标，可进入软件的安装目录中，找到对应的图标双击即可。

方法三：双击任意一个已经建立的 Excel 工作簿文件。

2. Excel 2016 的退出

退出 Excel 2016 电子表格软件的常用方法主要有以下三种：

方法一：执行 Excel 2016 窗口中的【文件】→【关闭】命令。

方法二：单击 Excel 2016 窗口右上方的关闭按钮。

方法三：按组合键 Alt + F4。

二、Excel 2016 窗口的组成

Excel 2016 电子表格软件的操作是在窗口中进行的。窗口主要由标题栏、快速访问工具栏、窗口控制按钮、文件按钮、功能区、编辑栏、编辑区、状态栏、行号、列标等组成，如图 4-1 所示。

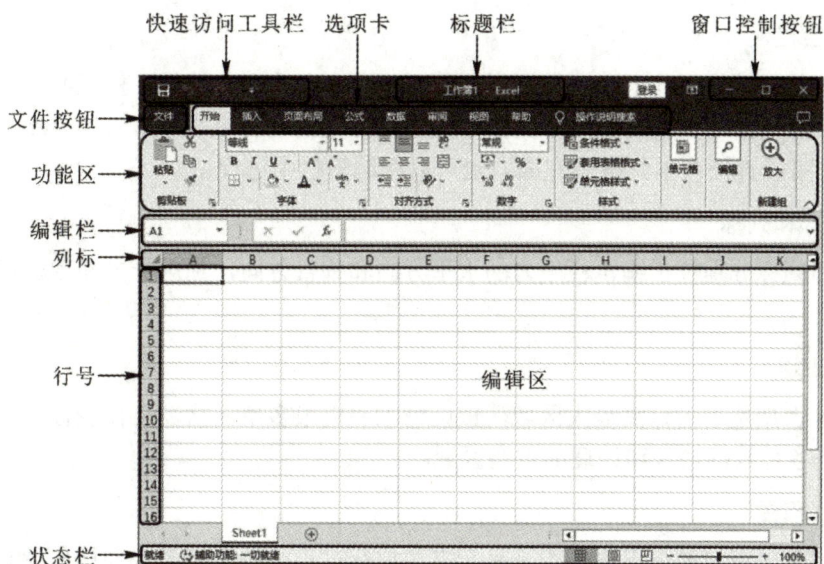

图 4-1　Excel 2016 窗口

1. 快速访问工具栏

快速访问工具栏位于窗口左上角的位置，用于放置命令按钮，使用户快速启动经常使用的命令。默认情况下，快速访问工具栏中只有数量较少的命令，用户可以根据需要添加多个自定义命令，操作步骤与 Word 2016 相同，此处不再赘述。

2. 标题栏

标题栏位于窗口顶部居中的位置，用于显示当前工作簿文件的文件名。

3. 窗口控制按钮

窗口控制按钮位于窗口右上角，包括最小化、向下还原 / 最大化和关闭三个按钮。单

击最小化按钮，可以将当前文档最下化到系统任务栏。在文档处于最大化状态下，可以单击向下还原按钮，将文档窗口缩小。在文档处于非最大化状态时，可以单击最大化按钮，将文档窗口最大化。单击关闭按钮，可以退出当前文档。

4. 文件按钮

文件按钮位于快速访问工具栏下方。单击【文件】按钮后会弹出"保存""另存为""打开""关闭""信息""新建""打印""共享"等常用的选项。

5. 选项卡

选项卡位于文件按钮之后，包括【开始】【插入】【页面布局】【公式】【数据】【审阅】【视图】等选项卡，选项卡之间可以相互切换，以方便用户操作。

6. 功能区

功能区位于各个选项卡下属的区域，对应于各选项卡的功能，由多个组构成。例如，【开始】选项卡的功能区由【剪贴板】组、【字体】组、【对齐方式】组、【样式】组、【编辑】组等构成

7. 编辑栏

编辑栏位于功能区的下方，编辑栏分为两部分，右边有"等号"标识的是用来显示活动单元格中的数据，左边用来显示当前单元格或区域的名称或地址。在 Excel 中输入和编辑数据时，可以直接在单元格中完成，也可以在编辑栏中进行。

8. 行号和列标

行号和列标分别位于编辑栏下方的水平方向和垂直方向，利用行号和列标可以标示单元格的地址。

9. 编辑区

编辑区占据整个窗口的最大区域，该区域主要由很多单元格、工作表标签和标签滚动条组成，是各种数据输入和处理的重要区域。

10. 状态栏

状态栏位于窗口的最下方，用于显示有关执行过程中的选定命令和操作信息。当选定命令后，状态栏将显示该命令的简单描述。

三、工作簿的基本操作

一个工作簿就是一个 Excel 文件。在使用 Excel 2016 制作电子表格时，首先要建立一个工作簿。一个工作簿又包含多个工作表，每个工作表是输入、处理数据的主要区域，是主要的操作对象。一个工作簿文件就像一本"书"，工作表就是书中的每一页，下面我们就来了解关于这本"书"的基本操作。

1. 创建工作簿

创建工作簿是用 Excel 2016 处理、编辑数据的第一步，可以建立一个空白工作簿，也可以利用模板建立具有固定格式的工作簿，还可以根据已有工作簿建立工作簿。创建一个

新的工作簿的操作如下：

单击【文件】→【新建】命令，此时在右侧出现【新建】面板，如果需要创建一个空白工作簿，则单击面板中的【空白工作簿】，或按下组合键 Ctrl + N 亦可创建空白工作簿；若需要创建其他类型的工作簿，则根据需要选择近期使用过或联机搜索相应的模板，待下载完成后即可创建对应的工作簿。

2. 保存工作簿

在使用 Excel 2016 进行数据处理之后，及时保存文件很有必要，以防止因为意外情况丢失数据。保存工作簿的操作分两种情况。

1) 保存新建的工作簿

保存新建的工作簿文件，方法有以下三种：

方法一：单击【文件】→【保存】命令。

方法二：单击【文件】→【另存为】命令。

方法三：按下组合键 Ctrl + S。

执行以上操作后均会弹出【另存为】对话框，首先选择文件存储的位置，再在"文件名"输入框中输入文件名，最后单击【保存】按钮即可。此时，系统默认的文件保存类型是"Excel 工作簿 (*.xlsx)"，其扩展名为".xlsx"。

2) 保存已命名的工作簿

对一个已经执行过保存操作的工作簿进行数据修改后，为了把修改后的内容保存下来，常用方法有以下两种：

方法一：单击【文件】→【保存】命令或按下组合键 Ctrl + S，此时不会弹出任何对话框，修改后的工作簿替换原来的工作簿

方法二：单击【文件】→【另存为】命令，此时弹出【另存为】对话框，用户如果需要将修改后的工作簿保存为一个新的文件，则在对话框中选择保存位置，输入新文件名，单击【保存】按钮即可；如果需要替换原来的工作簿，则选择文件，单击【保存】按钮，此时弹出替换警告框，单击【是】则执行文件替换操作，单击【否】则取消替换操作。

3. 打开工作簿

对已经保存的工作簿文件进行修改编辑时，必须先打开该文件，常用的方法有以下两种：

在 Windows 中直接双击要打开的工作簿文件，该文件会随着 Excel 2016 的打开而自动打开。

方法一：启动 Excel 后，单击【文件】→【打开】命令，此时弹出【打开】对话框，选择要打开的工作簿文件，单击【打开】按钮即可。

方法二：启动 Excel 后，按下组合键 Ctrl+O。

4. 关闭工作簿

对工作簿文件操作完毕之后，应该及时将其关闭以节省计算机内存空间。常用的方法有以下两种：

方法一：单击【文件】→【关闭】命令。如果在关闭之前没有保存修改过的内容，则系统会弹出【是否保存更改】的警告框，用户根据实际情况进行选择。

方法二：按下组合键 Ctrl + F4。

四、工作表的基本操作

工作表是工作簿文件的构成单元，如同一本书的一页。一个工作簿可以有很多个工作表，本节主要介绍工作表相关基础操作。

1. 工作表的选定

当需要对电子表格数据进行相关操作时，首先需要选择工作表，其次才是对工作表进行更具体的操作。

1) 选定单个工作表

选定单个工作表最常用的方法有以下两种：

方法一：用鼠标单击工作簿窗口左下角的工作表标签即可。

方法二：通过组合键 Ctrl + PgUp 或 Ctrl + PgDn 来完成。Ctrl + PgUp 是选定前一个工作表，Ctrl + PgDn 是选定下一个工作表。

2) 选取多个连续的工作表

选取多个连续的工作表的操作如下：

单击第一个工作表标签，然后按住 Shift 键，再单击最后一个工作表标签。

3) 选取多个不连续的工作表

选取多个不连续的工作表的操作如下：

单击第一个工作表标签，然后按下 Ctrl 键，单击其他需要选择的工作表标签。

2. 工作表的插入

默认情况下，一个工作簿有三个工作表，它们的名称分别是 Sheet1、Sheet2、Sheet3。如果需要添加更多的工作表，常用的操作方法有以下三种：

方法一：选定当前工作表以确定插入位置，单击鼠标右键，在弹出的快捷菜单中选择【插入】命令，此时弹出【插入】对话框，在【常用】选项卡中选择【工作表】，再单击【确定】按钮。

方法二：选定当前工作表以确定插入位置，单击【开始】选项卡→【单元格】组→【插入】命令，在弹出的下拉菜单中选择【插入工作表】命令。

方法三：选定当前工作表以确定插入位置，单击工作表名称标签旁的【新工作表】图标 (⊕) 也可插入新的工作表。

3. 工作表的删除

若工作表出现多余，则可以将其删除。删除工作表常用方法有以下两种：

方法一：选定需要删除的工作表，单击【开始】选项卡→【单元格】组→【删除】命令，在弹出的下拉菜单中选择【删除工作表】。

方法二：选定需要删除的工作表，在工作表标签上单击鼠标右键，在弹出的快捷菜单中选择【删除】命令即可。

4. 工作表的移动和复制

移动和复制工作表既可以通过鼠标操作完成，也可以通过菜单实现，相对来说，鼠标操作更简单、快捷。

1) 鼠标操作

选中想要移动的工作表，按住鼠标左键拖动工作表标签到目的位置再放开左键即可。若需要复制工作表，则在拖动的同时按住 Ctrl 键。

2) 菜单操作

通过菜单实现工作表的移动和复制，常用操作方法有以下两种：

方法一：选定要移动或复制的一个或多个工作表，单击【开始】选项卡→【单元格】组→【格式】命令，在弹出的下拉菜单中选择【移动或复制工作表】命令，如图 4-2 所示。

方法二：选定要移动或复制的一个或多个工作表，单击鼠标右键，在弹出的快捷菜单中选择【移动或复制】命令，此时弹出【移动或复制工作表】对话框，如图 4-2 所示。若需要将工作表移动或复制到其他工作簿中，则在"工作簿"下拉列表中选择目标工作簿，在"下列选定工作表之前"列表中选择移动或复制的工作表的目标位置后的工作表标签；若仅移动工作表，则取消【建立副本】选项的选中状态；若复制工作表，则选中【建立副本】选项。最后单击【确定】按钮即可。

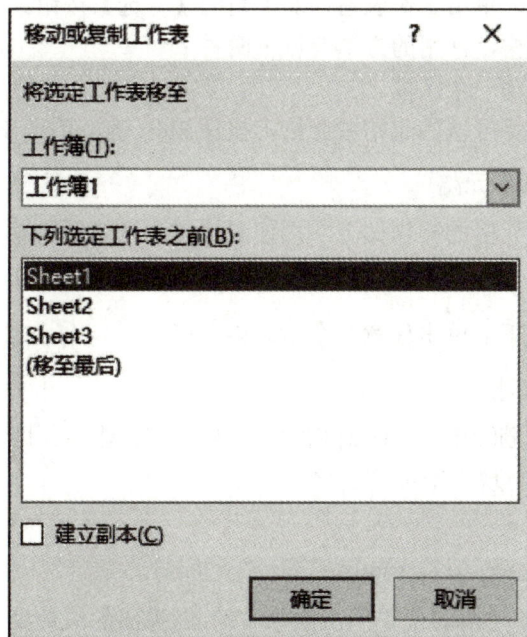

图 4-2 【移动或复制工作表】对话框

5. 工作表的重命名

对每一张工作表，系统都会有一个默认的名称。在实际应用中，当工作表中存放了数据后，应根据其数据的内容和含义取一个有意义的名称，做到"见名知义"，以方便在众多工作表中快速选择需要修改的工作表。

实现对工作表的重命名，常用的方法有以下三种：

方法一：鼠标双击工作表标签。

方法二：选择工作表标签，单击鼠标右键，在弹出的快捷菜单中选择【重命名】命令。

方法三：选择工作表标签，单击【开始】选项卡→【单元格】组→【格式】命令，在弹出的下拉菜单中选择【重命名工作表】。

执行以上任一操作，工作表标签会呈深色显示，直接输入设计好的名称，按回车键即可。

五、单元格的基本操作

Excel 的工作表由很多矩形格子组成，这些格子称为单元格，它是工作表的最小单位，是实际输入数据的区域。在进行数据输入时，首先必须选择单元格。选择单元格包括单个单元格选定、多个连续单元格选定和多个不连续单元格选定等，在选择的多个单元格中只有一个单元格是激活的，称之为活动单元格。

1. 选定单个单元格

选定单个单元格的操作如下：单击目的单元格。

2. 选定多个连续单元格

选择整行 (列) 时，单击行号 (列标)。

选择整个工作表时，单击工作表窗口左上角的【全选】按钮。

选定多个连续单元格，常用的方法有以下两种：

方法一：用鼠标拖动一个区域。

方法二：单击要选择区域的起始单元格，按住 Shift 键，单击该区域结束单元格。

3. 选定多个不连续单元格

选定多个不连续单元格的操作如下：按住 Ctrl 键，选定所需单元格或单元格区域。

4. 取消选定

取消选定的操作如下：单击任意一个单元格即可。

5. 单元格的插入与删除

在工作表中插入或删除单元格时对相邻单元格会产生影响，即相邻单元格的位置会发生变化，在实际引用中体现为地址的变化。

1) 插入单元格

插入单元格常用的方法有以下两种：

方法一：在欲插入单元格的位置单击鼠标右键，在弹出的快捷菜单中选择【插入】命令。

方法二：单击【开始】选项卡→【单元格】组→【插入】命令，在弹出的下拉菜单中选择【插入单元格】命令，此时弹出【插入】对话框，用户根据需要选择相应的选项，再单击【确定】按钮即可；若选择【插入工作表行】或【插入工作表列】命令，则直接插入对应的行或列。

执行以上任一操作均会弹出【插入】对话框，如图 4-3 所示，用户根据需要选择相应的选项，再单击【确定】按钮即可。

2) 删除单元格

删除单元格常用的方法有以下两种：

方法一：鼠标右键单击欲删除的单元格，在弹出的快捷菜单中选择【删除】命令。

方法二：选择要删除单元格的位置，单击【开始】选项卡→【单元格】组→【删除】命令，在弹出的下拉菜单中选择【删除单元格】命令，此时弹出【删除文档】对话框，如图 4-4 所示，用户根据需要选择相应的选项，再单击【确定】按钮即可。若选择【整行】或【整列】命令，则直接删除对应的行或列。

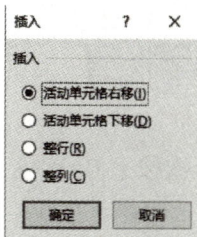

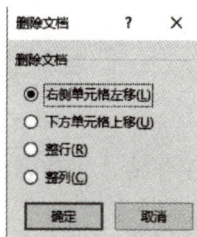

图 4-3　【插入】对话框　　　　　　　　图 4-4　【删除文档】对话框

> ▶ **任务实现**

在学习了 Excel 的基本操作后，对工作簿、工作表、单元格的基本操作有了一定的了解，现在我们为小羽同学创建对应的工作簿及工作表，并对其进行保存。

上机操作步骤如下：

(1) 启动 Excel 2016，创建一个空白工作簿。

(2) 按下 Ctrl + S 组合键，打开【另存为】面板，单击【浏览】命令，在弹出的【另存为】对话框中选择存储位置，并将文件名设置为"班级工作簿"，保存类型为"Excel 工作簿 (*.xlsx)"，参数设置如图 4-5 所示。

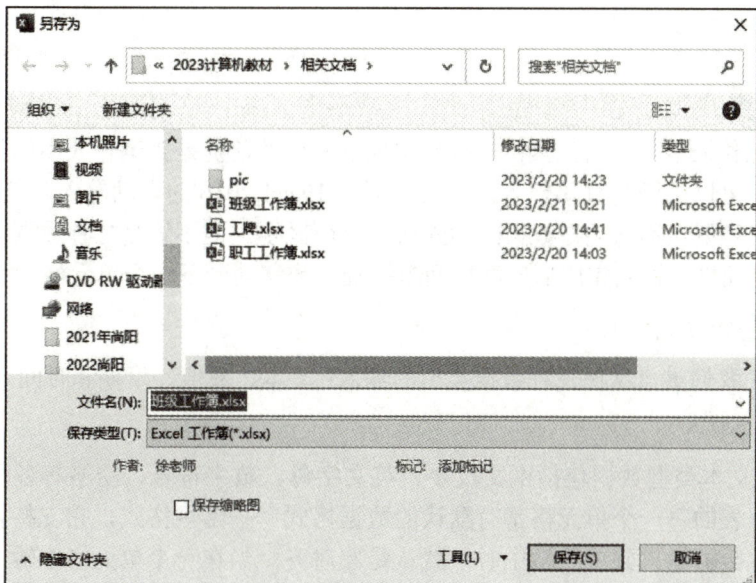

图 4-5　【另存为】对话框

（3）单击【开始】选项卡→【单元格】组→【插入】→【插入工作表】命令，完成一个新工作表的插入。此时工作表名状态如图4-6所示。

| Sheet1 | Sheet2 | Sheet3 | Sheet4 |

图4-6　工作表名状态

（4）在对应的工作表标签上单击鼠标右键，在弹出的快捷菜单中选择【重命名】命令，分别输入"名单""考勤统计""平时成绩""其他数据统计"。此时工作表名状态如图4-7所示。

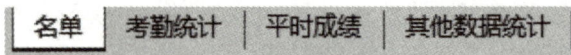

| 名单 | 考勤统计 | 平时成绩 | 其他数据统计 |

图4-7　修改工作表名后状态

（5）完成工作簿、工作表的创建及工作表的重命名，再次按下 Ctrl + S 组合键保存该工作簿。

任务二　编辑 Excel 电子表格

任务描述

小羽现在需要对本班工作簿进行完善，完成相关数据的录入并进行适当的格式化，让工作表更加美观实用。

本任务要求熟悉 Excel 中各种数据的输入方法，掌握 Excel 中单元格、字符、单元格区域的格式化。

知识准备

一、数据的输入

数据是工作表最基本的元素，进行数据处理分析的前提是正确输入不同类型数据。在输入数据时，可以用键盘直接输入，也可以采用 Excel 2016 的自动输入功能。Excel 2016 支持多种数据类型，不同类型数据的输入格式有所区别。但不管是哪种数据类型，输入前都应先选定单元格，输入完成后一般按回车键确认或移动到下一个单元格。

1. 键盘直接输入

在这里，我们重点掌握三种数据类型的输入：文本、数值、日期和时间。

1）文本的输入

Excel 的文本类型数据包括中文汉字、英文字母、数字符号、空格等各种键盘能输入的符号。工作表的每一个单元格都有默认的数据格式——常规格式，它支持各种数据类型的输入。文本数据输入到单元格中时，默认是左对齐。当在一个单元格中输入的文本数据超过了默认的单元格长度时，若右边的单元格中没有数据，则多出的部分延伸到右边的单元格(注意：并没有占据右边单元格的空间)；若右边的单元格中有数据，则超出部分不显示。

不论是上述哪种情况都可以通过调整单元格宽度来解决。

2）数值的输入

把数值数据输入到单元格时，默认是右对齐，并且一般情况下采用整数、小数格式来表示。当数值数据长度超过 12 位时，则自动采用科学计数法表示。如输入"1234567891011"，则显示为"1.235E+12"。因此，对于手机号码、身份证号码等一些由数字组成的数据不要以数值类型输入，而应该以文本数据输入，具体操作方法就是在输入这些数据之前，先在单元格中输入"单引号"，再输入数据，如"'13880999052"。

3）日期和时间的输入

输入日期类型数据时应按年月日的顺序输入，年月日之间用"/"或"-"作为分隔符，如 2018/6/10、2017-7-15 等。如果省略年份，则系统默认为当前年份。

时间类型数据的输入格式为：hh:mm:ss [am/pm]，如 2:15:45 am 表示上午 2 点 15 分 45 秒。一般情况下，系统采用 24 小时制。如果想表示下午 2:15:45，则输入 2:15:45 pm 或 14:15:45。

日期和时间类型数据输入到单元格时，默认也是右对齐。

2. 自动输入功能

1）记忆输入功能

在用户的工作表中输入数据时，有时在同一列会输入相同的内容。这时记忆输入功能就发挥作用了，它能给用户的数据输入带来一定的方便。记忆功能的表现形式为：如果在单元格中输入的起始字符与同列中已有的单元格起始字符相同，则 Excel 2016 会自动填写余下的内容，用户只需按回车键即可。

2）数据的自动填充与序列输入

若输入的数据是有规律可循的，就可使用 Excel 的自动输入功能，它能给数据输入提供方便快捷的操作方法。

自动填充和序列输入只能在一行或一列的连续单元格中实现。自动填充是指根据初始值决定下面的填充数据，将鼠标指针移到初始值所在单元格的右下角（也就是 Excel 中"填充句柄"的位置），这时鼠标指针会变成"实心十字形"，拖动鼠标到想要填充的最后一个单元格，即可完成自动填充。在实际操作中，根据初始单元格中数据内容的不同，其表现形式也有所差异。

（1）使用填充句柄填充单元格数据。

使用填充句柄填充单元格数据只能在连续的单元格中进行，其操作如下：

选定一个单元格或单元格区域，将鼠标移至右下角（即黑色小方块）处，此时鼠标指针变为黑色十字，即为填充句柄，按住鼠标左键拖动填充句柄即可实现数据的填充。

在实际操作中，初始单元格中数据内容不同，则填充的结果亦有所差异。下面我们分别介绍。

初始值为数字，直接完成自动填充相当于复制操作，在拖动鼠标时按住 Ctrl 键不放，数字则会依次增加。

初始值为纯字符，不管按不按住 Ctrl 键都实现复制操作。

初始值为文字和数字的混合体，填充时字符保持不变，数字依次递增，如初始值为X12，自动填充为X13、X14、X15……

(2) 使用对话框填充数据序列。

① 填充已定义序列。

填充已定义序列，操作步骤如下：

在需要填充数据序列的单元格区域的第一个单元格中输入序列的第一个数值或文字；选定需要填充数据序列的单元格区域，然后单击【开始】选项卡→【编辑】组→【填充】命令，在弹出的快捷菜单中选择【序列】命令，此时弹出【序列】对话框，如图 4-8 所示，根据需要进行相关选项的设置。

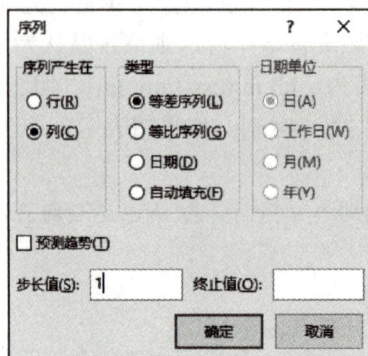

图 4-8 【序列】对话框

② 填充自定义序列。

首先必须定义所需要的序列，操作步骤如下：

单击【文件】→【选项】命令，此时弹出【Excel 选项】对话框，选择【高级】子选项，再单击右侧的【编辑自定义列表】按钮，此时弹出【自定义序列】对话框，如图 4-9 所示。在【输入序列】中输入所需要的序列，如星期一、星期二、星期三、星期四、星期五，每个序列项完成后回车再输入下一序列项，输入完成后单击【添加】按钮，再单击【确定】按钮即可。

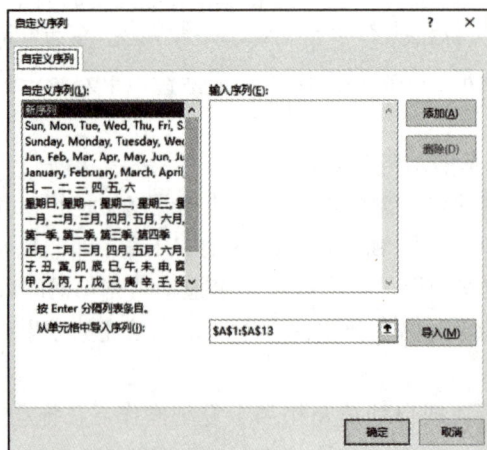

图 4-9 【自定义序列】对话框

填充自定义序列，操作步骤如下：

在需要填充数据序列的单元格区域的第一个单元格中，输入自定义序列的第一个数值或文字，利用填充句柄便可完成自定义序列的填充。

3) 自定义下拉列表输入

在 Excel 中进行数据输入时，有时数据需要从下拉列表中进行选择输入。创建下拉列表数据的操作如下：

选择需要创建下拉列表数据的单元格，单击【数据】选项卡→【数据工具】组→【数据验证】→【数据验证】命令，此时弹出【数据验证】对话框，选择【设置】选项卡，如图 4-10 所示，设置【允许】为"序列"，然后在【来源】中输入或选择下拉列表数据的来源即可。

图 4-10　【数据验证】对话框

二、工作表的格式化

在实际应用中，完成工作表数据的录入后还要对工作表进行格式化，让工作表更美观，更符合工作表数据的所在领域。

1. 行高和列宽的设置

工作表的每一个单元格均有默认的行高和列宽，若不能满足工作表的所有需求，可以根据实际情况对工作表的行高和列宽进行调整。

1) 设置行高

设置行高的操作步骤如下：

选定需设置行高的行，单击【开始】选项卡→【单元格】组→【格式】命令，在弹出的快捷菜单中选择【行高】命令，此时弹出【行高】对话框，在"行高"文本框中输入新的行高数值，单击【确定】按钮即可，如图 4-11 所示。

2) 设置列宽

设置列宽的操作步骤如下：

选定需设置列宽的列，单击【开始】选项卡→【单元格】组→【格式】命令，在弹出的快捷菜单中选择【列宽】命令，此时弹出【列宽】对话框，如图 4-12 所示，在"列宽"文本框中输入要设定的行高数值，单击【确定】按钮。

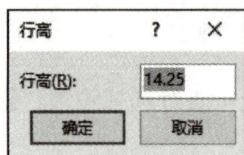

图 4-11　【行高】对话框

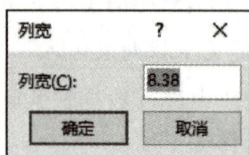

图 4-12　【列宽】对话框

3) 利用鼠标设置行高和列宽

以上对行高和列宽的设置方法是精确设置，若对行高和列宽无具体数值要求，那么可以通过鼠标拖动的方式更改行高和列宽，操作步骤如下：

将鼠标指针移动到需改变行高 (列宽) 的行 (列) 的下 (右) 分隔线，当鼠标指针变成黑色上下箭头时，向下拖动行宽增加，向上拖动行宽减小，向右拖动列宽增加，向左拖动列宽减小，用这种方法拖动鼠标到合适位置即可。

2. 单元格数据格式化

单元格中的数据类型主要有字符型、数字型、日期和时间型，对单元格的格式化主要包括对单元格中数据的格式化，如数据的显示方式、字体、对齐方式等，还包括对单元格的格式化，如单元格边框、底纹等。这部分的设置方法与 Word 类似，唯一不同之处是打开相应对话框的操作不同，此处不再赘述。

1) 字符格式化

字符格式化的操作步骤如下：

选择单元格或单元格区域，单击【开始】选项卡→【单元格】组→【格式】命令，在弹出的下拉菜单中选择【设置单元格格式】命令,选择【字体】选项卡、【对齐】选项卡、【边框】选项卡、【填充】选项卡，分别如图 4-13、图 4-14、图 4-15、图 4-16 所示，根据需要进行设置。设置完成后，单击【确定】按钮即可。

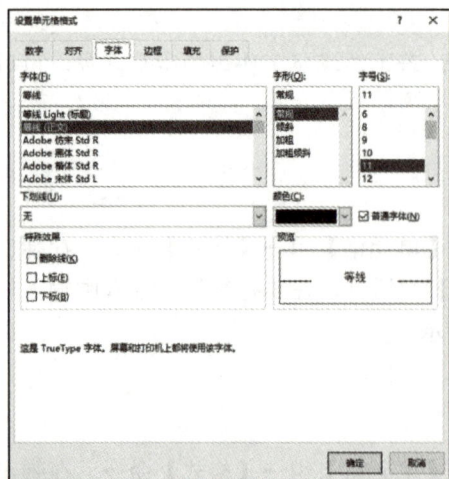

图 4-13　【字体】选项卡

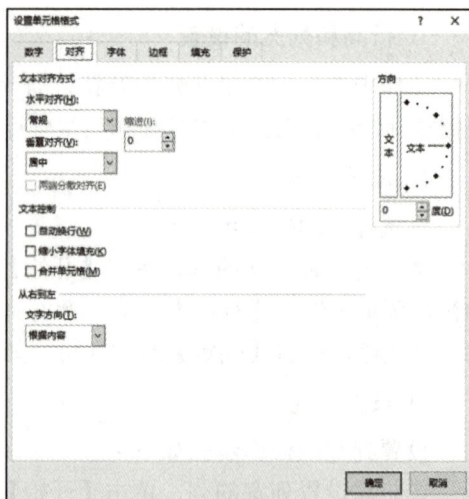

图 4-14　【对齐】选项卡

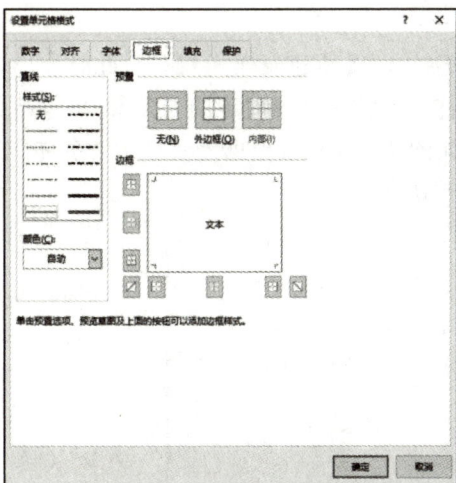

图 4-15　【边框】选项卡

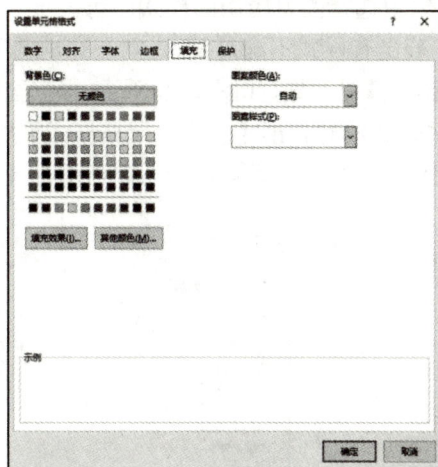

图 4-16　【填充】选项卡

2) 数字格式化

数字格式化实际上就是将一个数字用不同的形式来表示，比如科学记数法、分数等，操作步骤如下：

选择单元格或单元格区域，打开【设置单元格格式】对话框，选择【数字】选项卡，如图 4-17 所示，根据需要选择不同的分类进行对应格式的设置。在"分类"列表框中选择"数值""货币"等数字格式，再在右边的选项框中进行详细的设置，单击【确定】按钮即可。

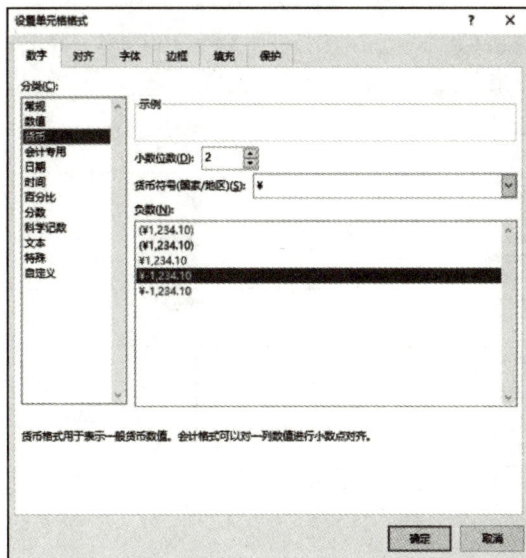

图 4-17　【数字】选项卡

3. 自动套用格式

在 Excel 中除了能根据自己的需要设定格式外，还可以套用 Excel 提供的多种已定义的工作表格式，在套用格式时，可以整个套用，也可以部分套用。套用格式的操作步骤如下：

选定区域，单击【开始】选项卡→【样式】组→【套用表格格式】命令，在弹出的下拉列表中选择需要应用的样式即可。

若已有样式不满足要求,则在弹出的下拉列表中单击【新建表样式】命令,此时弹出【新建表样式】对话框,如图 4-18 所示,根据需要输入样式名称并选择对应的表元素;再单击【格式】按钮,此时弹出【设置单元格格式】对话框,如图 4-19 所示,根据需要进行"字体""边框"和"填充"的设置,最后单击两次【确定】按钮即可。

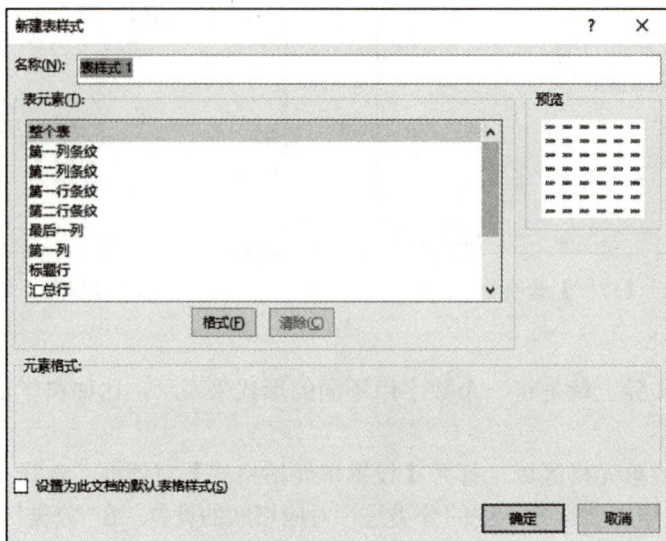

图 4-18 【新建表样式】对话框

图 4-19 【设置单元格格式】对话框

4. 创建和使用样式

在实际应用中，若某种格式应用范围大、应用对象多，就需要使用一种方法来解决格式复用问题。在 Excel 中，可以将复用的格式定义为一种样式，在使用中调用这种样式即可。

1）创建样式

创建样式的操作步骤如下：

选定作为样式的单元，单击【开始】选项卡→【样式】组→【单元格样式】→【新建单元格样式】命令，在弹出的下拉菜单中选择【新建单元格样式】命令，此时弹出【样式】对话框，根据需要输入样式名以及该样式包含哪些相关样式。若需要设置格式，则单击【格式】按钮，此时弹出【设置单元格格式】对话框，根据需要完成各种格式的设置，最后单击【确定】按钮。

2）使用样式

样式包括内置样式和自定义样式，内置样式是 Excel 内部定义的样式，用户可以直接使用；自定义样式是用户自己定义的样式，一旦定义完成便可使用。

使用样式的操作步骤如下：

选定需要应用样式的单元格，单击【开始】选项卡→【样式】组→【单元格样式】命令，在弹出的下拉菜单中单击需要应用的样式即可。

5. 数据对齐方式

根据用户的需要，有时要改变数据在单元格中默认的对齐方式。对齐方式分为水平对齐和垂直对齐两种。水平对齐是指单元格内容相对于单元格左边或右边对齐，垂直对齐是指单元格内容相对于单元格顶部或底部对齐。

实现数据对齐方式的设定方法主要有以下两种：

方法一：选定要重新设置对齐方式的单元格区域，然后根据用户需要单击【开始】→【对齐方式】组中的相应对齐按钮（▦）。

方法二：选定要重新设置对齐方式的单元格区域，单击【开始】→【单元格】组→【格式】命令，在弹出的下拉菜单中选择【设置单元格格式】命令，在弹出的对话框中选择【对齐】选项卡，用户根据需要进行相应设置即可。

6. 合并及居中

合并及居中是指将选定单元格区域合并成一个单元格，并将单元格区域左上角的单元格内容放置在合并后的区域中间，同时合并后的单元格中的数据采用居中的对齐方式。操作步骤如下：

选定单元格区域，单击【开始】→【对齐方式】组→【合并后居中】命令，在弹出的命令列表中选择相应的命令，如图 4-20 所示；或单击鼠标右键，在弹出的快捷菜单中选择【设置单元格格式】命令，此时弹出【单元格格式】对话框，选择【对齐】对话框，选中"合并单元格"复选框，并分别设置"水平对齐"和"垂直对齐"即可。

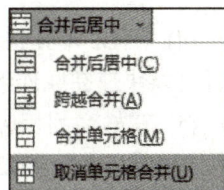

图 4-20 合并后居中列表

▶ **任务实现**

在学习了 Excel 的相关编辑操作，对工作表中数据的不同输入方法、数据及单元格等的基本格式化有了基本了解后，现在我们为小羽同学完善、美化名单工作表，并对其进行保存。

具体要求：

(1) 名单工作表中数据包括序号、学号、姓名、性别 4 列，各列的列标题采用居中对齐，序号列采用左对齐，学号列、姓名列、性别列采用居中对齐，性别列采用下拉列表的形式进行选择。数据的字体等的格式化由用户根据需要进行设置。

(2) 设置序号列、性别列的列宽为 6，姓名列的列宽为 8，学号列的列宽为 12，所有行的行高均为 20。

(3) 套用一种表格样式，若所选样式无边框，可自行添加。

上机操作步骤如下：

(1) 打开上一任务保存的"班级工作簿.xlsx"工作簿文件，选择"名单"工作表。

(2) 在 A1 单元格中输入"序号"，B1 单元格中输入"学号"，C1 单元格中输入"姓名"，D1 单元格中输入"性别"。

(3) 在 A2 单元格中输入数字 1，然后选择 A2 到 A21 连续的单元格区域，单击【开始】→【编辑】组→【填充】→【序列】命令，此时弹出【序列】对话框，设置序列产生在"列"，类型为"等差序列"，步长值为"1"，参数设置如图 4-21 所示。设置完成单击【确定】按钮完成连续的序号输入。

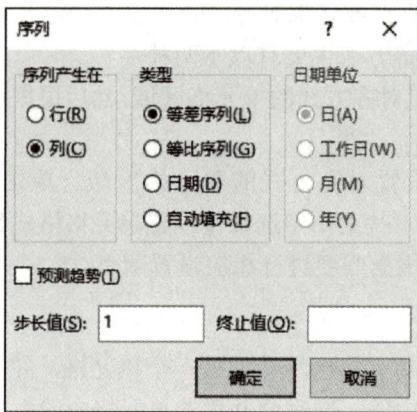

图 4-21 【序列】参数设置

(4) 在 B2 单元格中输入学号数值"20230101"，按下 Ctrl 键的同时向下拖动填充句柄，此时可以快速完成连续学号的输入。

(5) 在姓名列相应位置输入每一位同学的姓名。

(6) 选择 D2 到 D21 的连续单元格区域，单击【数据】→【数据工具】组→【数据验证】→【数据验证】命令，此时弹出【数据验证】对话框，设置验证条件允许为"序列"，来源为"男,女"（注意：此处列表选项之间用英文的逗号分隔开），参数设置如图 4-22 所示，设置完成后单击【确定】按钮。

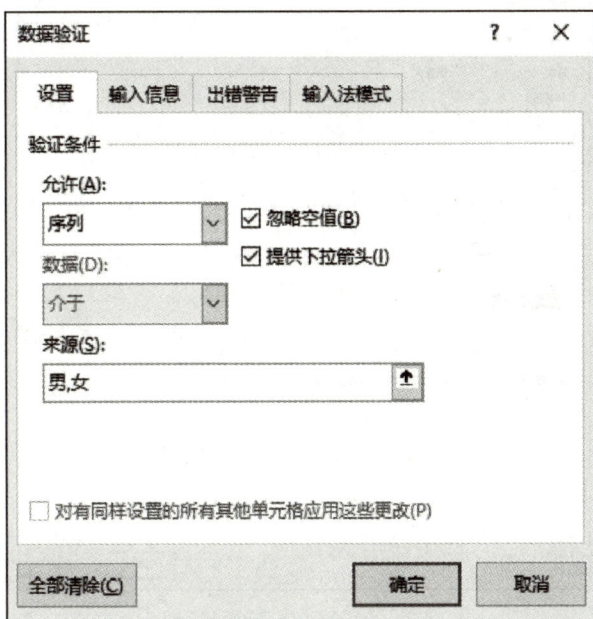

图 4-22 【数据验证】参数设置

(7) 选择 A1 到 A4 的单元格区域，单击【开始】→【字体】组，设置列标题的字体、字号等。单击列标 A 选择 A 列，然后按住 Ctrl 键再单击列标 D 同时选定序号和性别列，最后单击【开始】→【单元格】组→【格式】→【列宽】命令，在弹出的对话框中输入列宽为 "6"，参数设置如图 4-23 所示。采用相同的方法选择其他列并设置对应的列宽。

(8) 选择名单中的 1～21 行，单击【开始】→【单元格】组→【格式】→【行高】命令，在弹出的对话框中输入行高为 "20"，参数设置如图 4-24 所示。

(9) 选择序号列中的数据内容，单击【开始】→【字体】组，完成内容字体、字号等的设置，通过【对齐方式】组中相应的对齐方式按钮完成各列数据的对齐方式的设置。

(10) 选择名单所有区域，单击【开始】→【样式】组→【套用表格格式】命令，选择任意一种表格样式，此时弹出【创建表】对话框。此时表数据的来源已自动生成，选择"表包含标题"复选项，参数设置如图 4-25 所示。完成设置后单击【确定】按钮即可。

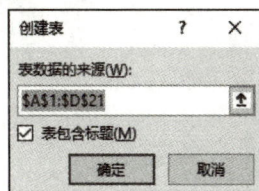

图 4-23 【列宽】参数设置　　　图 4-24 【行高】参数设置　　　图 4-25 【创建表】参数设置

(11) 此时套用的表格样式中有筛选按钮，若想取消该按钮，只需保持数据的选定状态，则单击【表设计】→【表格样式选项】组，取消【筛选按钮】复选项的选中状态即可。

(12) 选择名单所有数据区域，打开【设置单元格格式】对话框，选择【边框】选项卡，首先选择样式，再选择颜色，然后单击需要添加的边框按钮即可 (在边框中可预览到效果)。参数设置如图 4-26 所示。

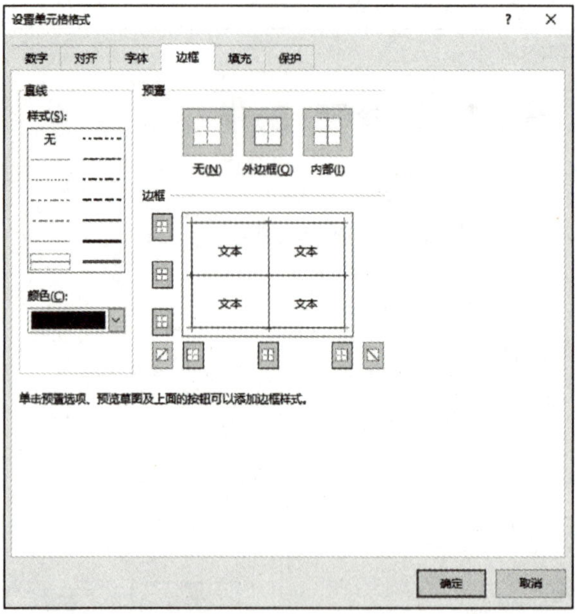

图 4-26 【边框】参数设置

(13) 完成名单工作表数据的格式化，此时参考效果如图 4-27 所示，按下 Ctrl+S 组合键保存该工作簿。

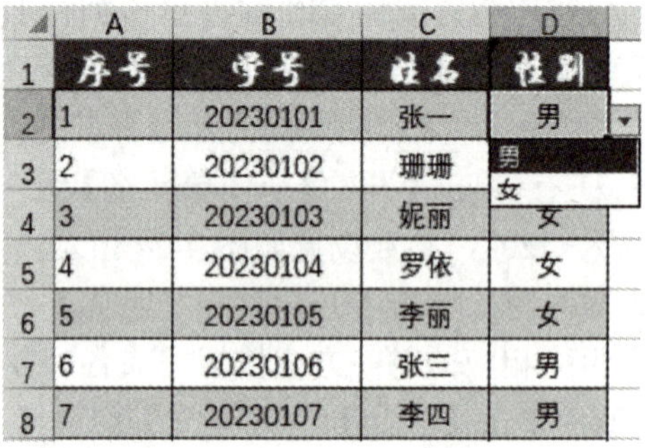

	A	B	C	D
1	序号	学号	姓名	性别
2	1	20230101	张一	男
3	2	20230102	珊珊	男 女
4	3	20230103	妮丽	女
5	4	20230104	罗依	女
6	5	20230105	李丽	女
7	6	20230106	张三	男
8	7	20230107	李四	男

图 4-27 设置完成参考效果

任务三 计算 Excel 数据

任务描述

临近期末了，小羽作为班长，需要完成某课程每一位同学平时成绩的计算，要求按照课程比例要求计算出每一位同学的最终平时成绩 (其中出勤占 30%，平时作业占 50%，课堂表现占 20%)，平时成绩四舍五入取整；同时根据每一位同学成绩情况划分等级 (90 以上为优、80 ～ 89 为良、70 ～ 79 为中、60 ～ 69 为合格、小于 60 为不合格)，再计算每一项的最高分、最低分及平均分。

本任务要求熟悉 Excel 中各种公式与函数的正确应用。

知识准备

一、公式

Excel 具有强大的数据计算功能，主要通过公式与函数来完成相应的数据计算、统计与分析。通过公式与函数，让数据分析和处理变得更加方便简单。公式与函数可独立使用，也可以嵌套使用。

1. 公式的使用

1) 公式简介

公式是指能完成一定功能的表达式，使用公式时必须以等号"="开始，其后可以包括函数、引用、运算符和常量。要完成更复杂的功能，在公式中则可以包含函数。

以公式"=SUM(A1:D1)*4-F2"为例，以等号"="开始，公式中的"SUM(A1:D1)"是函数，"F2"则是对单元格 F2 的引用 (使用其中存储的数据)，"4"则是常量，"*"和"-"则是算术运算符 (另外还有比较运算符、文本运算符和引用运算符)。

举例：若要求用户计算 A1、A2、B1、B2、C1、C2 共 6 个单元格的平均值，将平均值存入 D2 单元格中，则公式应为"=AVERAGE(A1:C2)"或"=SUM(A1:C2)/6"。

2) 单元格地址的引用方式

在进行数据统计、管理时经常会用到一些计算公式或函数，而公式与函数中经常会使用单元格中的数据。Excel 中对单元格数据的使用实际上是引用单元格地址，当单元格中的数据发生改变时，只要单元格本身的地址不变，则不会影响所使用的公式或函数，但公式或函数的计算结果会随之改变。在前面已经讲到，为了快捷方便地输入有规律的数据，我们可以利用 Excel 中的自动填充功能，那么，当我们要输入大量有规律的公式时，能不能也用自动填充功能来实现呢？答案是肯定的。

在公式中引用单元格地址常见的有相对引用、绝对引用和混合引用。

(1) 相对引用。

所谓相对引用就是鼠标拖动公式所在的单元格时，公式中引用的单元格地址相应地发生变化。例如，我们需要统计某位同学的总分，如图 4-28 所示。为了得到张三的总分，我们在 E2 单元格中输入公式"=B2+C2+D2"，回车确认后得到其总分为 218。对于以下其他人员，因为所使用的公式具有相同规律，所以不必再一一输入，只需把鼠标指针移动到 E2 单元格的右下角 (即填充句柄所在的位置)，拖动鼠标至最后一个同学所在的单元格即可。操作完成后的结果如图 4-29 所示。值得注意的是，图 4-30 中 E5 单元格显示在编辑栏中的公式信息已经变为了"B5+C5+D5"，与 E2 单元格的公式已经完全不一样了。

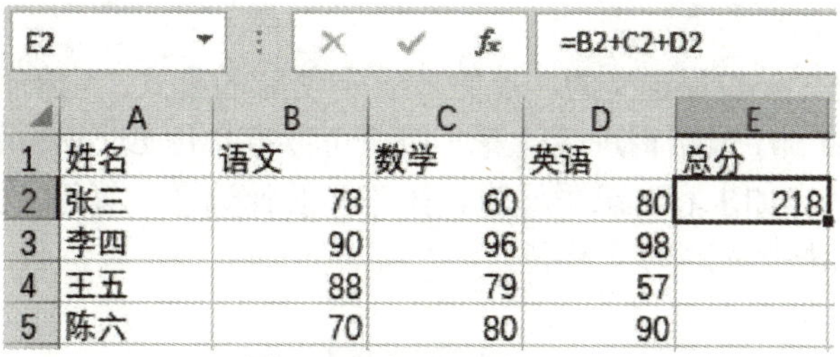

E2	▼	⋮	×	✓	fx	=B2+C2+D2

◢	A	B	C	D	E
1	姓名	语文	数学	英语	总分
2	张三	78	60	80	218
3	李四	90	96	98	
4	王五	88	79	57	
5	陈六	70	80	90	

图 4-28 相对引用 (一)

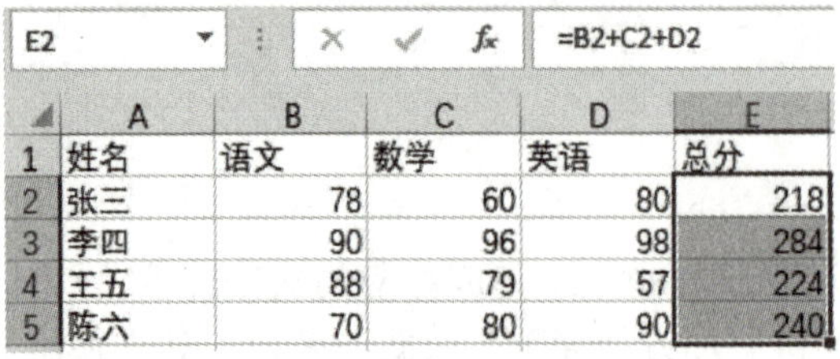

图 4-29　相对引用（二）

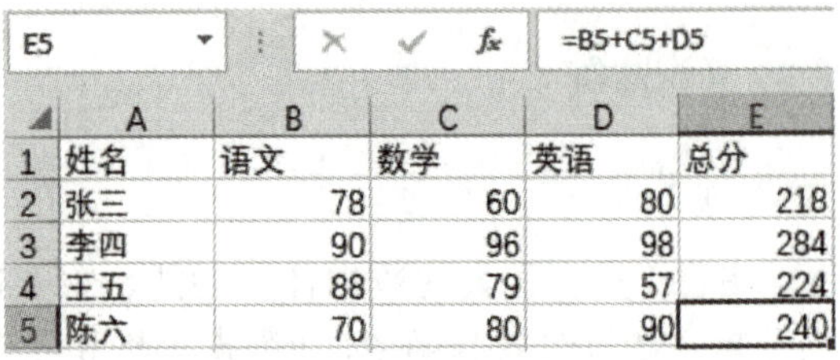

图 4-30　相对引用（三）

(2) 绝对引用。

绝对引用是在引用时保持不变，在不变的行号或列标前加上"$"符号。若使用绝对引用，那么在进行公式填充时，单元格地址不能发生变化。例如，某商品在打折，折扣为30%，现在需要计算现价，如图4-31所示。在 C10 单元格中输入公式"=A10-A10*\$B\$10"后，操作过程与相对引用一样，此时 C11 单元格中的公式变为"=A11-A11*\$B\$10"，C12 单元格中的公式变为"=A12-A12*\$B\$10"，由此可以看出，"\$B\$10"始终未改变，如图4-32所示。此时提出一个问题：如果我们只在行号或列标前加 \$ 符号会出现什么样的情况呢？请同学们思考。

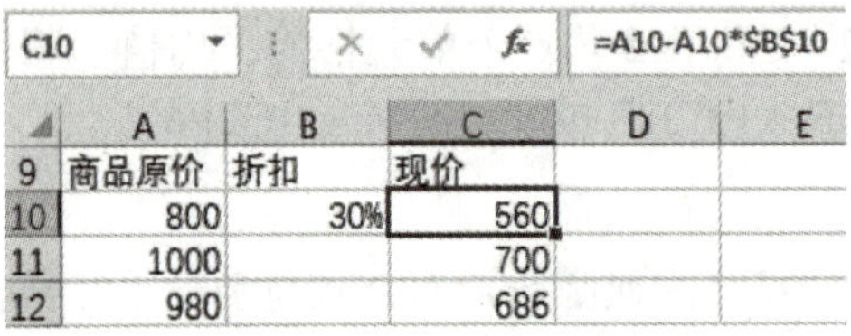

图 4-31　绝对引用（一）

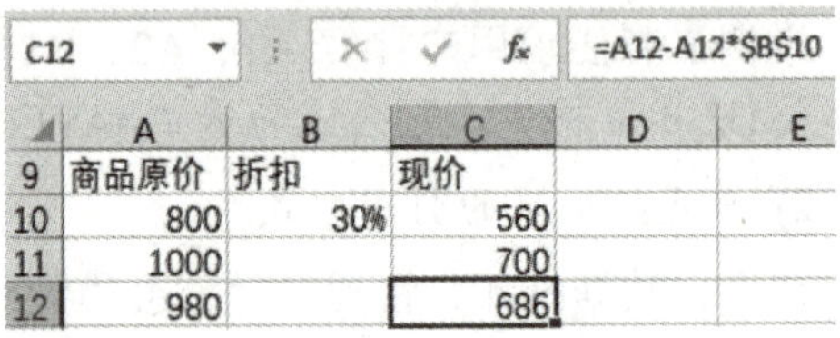

图 4-32　绝对引用（二）

(3) 混合引用。

混合引用是指引用中既有相对引用，又有绝对引用，如"\$B2"，在这个引用中列标 B 前有 \$ 符号，是绝对引用，公式填充时 B 列不变；而 2 前没有 \$ 符号，是相对引用，公式填充时根据情况发生改变。

3) 单元格及单元格区域的表示

在进行单元格中数据的相关操作时，可以操作单个单元格，也可以操作单元格区域。在 Excel 中，单元格及单元格区域在公式中有不同的表示方法。

若单元格地址之间用逗号","隔开，则代表单个单元格，如"A1,C2"表示 A1 和 C2 两个单元格。

若单元格地址之间用冒号"："隔开，则代表两个单元格所在区域，如"A1:C2"表示以 A1 为起点、C2 为终点的整个区域中的所有单元格。

二、函数

Excel 中的函数是一些预定义的、能完成一定功能的公式，它们使用一些称为参数的特定数值，按特定的顺序或结构进行计算。用户可以直接用 Excel 的函数对某个区域内的数值进行一系列运算，如求和、求平均值、排序和统计数量，等等。例如，AVERAGE 函数是对单元格或单元格区域求取平均值。

1. 函数的插入

在 Excel 中，插入函数常用的方法有直接输入法及粘贴函数法。

采用直接输入法插入函数，操作步骤如下：

选择需要输入公式的单元格，在单元格中首先输入等号"="，然后再输入相应的函数及函数参数。如"=MIN(C1:C10)"表示取 C1 至 C10 共 10 个单元格中数值最小的值。完成输入后，按回车键。

采用粘贴函数法插入函数，操作步骤如下：

(1) 选择需要输入公式的单元格，单击编辑栏上的插入函数按钮 (*fx*) 或单击【公式】选项卡→【插入函数】命令，此时弹出【插入函数】对话框，如图 4-33 所示。

(2) 在【选择函数】列表中找到需要的函数，单击【确定】按钮。以 MAX 函数为例，此时弹出【函数参数】对话框，如图 4-34 所示。

(3) 分别在对应的参数中输入或通过输入框右侧的按钮到工作表中选择运算范围或数值，最后单击【确定】按钮即可。

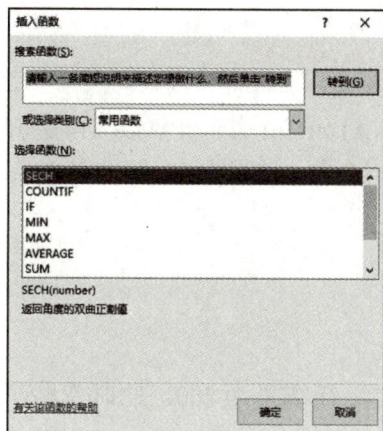

图 4-33 【插入函数】对话框

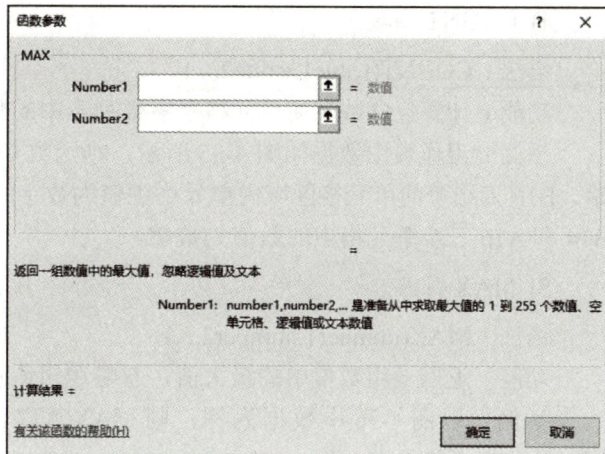

图 4-34 【函数参数】对话框

2. 常用函数简介

Excel 提供了大量的函数，本节主要介绍其中一部分函数的含义和用法。

1) SUM 函数

语法：SUM(number1,number2,...)

功能：计算单元格区域中所有数值的和。

举例：A1 单元格中数值为 1，A2 单元格中数值为 2，A3 单元格中数值为 3，SUM(A1,A3) 表示计算 A1 和 A3 两个单元格中数值的和，结果为 4；SUM(A1:A3) 表示计算 A1 开始、A3 结束的单元格区域中所有单元格中数值的和，结果为 6；SUM(1,2,3) 表示计算 1+2+3 的和；若单元格中数值为文本，则该单元格中文本不参与运算。

2) AVERAGE 函数

语法：AVERAGE(number1,number2,...)

功能：返回参数的算术平均值，参数可以是数值或包含数值的名称、数组或引用。

举例：同样以上例中单元格数值为例，AVERAGE(A1,A3) 表示计算 A1 和 A3 两个单元格中数值的算术平均值，结果为 2；AVERAGE(A1:A3) 表示计算 A1 开始、A3 结束的单元格区域中所有单元格中数值的算术平均值，结果为 2；AVERAGE(1,2,3) 表示计算数值 1、2 和 3 的算术平均值，结果为 2。

AVERAGE 函数和 SUM 函数可嵌套使用。

举例：AVERAGE(SUM(A1:A3)，C4) 表示计算 A1、A2、A3 三个单元格的总和与 C4 单元格的算术平均值，等同于 (A1+A2+A3+C4)2。

3）IF 函数

语法：IF(logical_test,value_if_true,value_if_false)

功能：判断条件是否满足，如果满足返回一个值，如果不满足则返回另一个值。

举例：IF(C1>60,"及格","不及格") 表示如果 C1 单元格中的数值大于 60，则返回及格，否则返回不及格。此公式可用于对学生成绩等级的判定。

4）COUNT 函数

语法：COUNT(value1,value2,...)

功能：计算包含数字的单元格及参数列表中的数字的个数。

举例：工作表中数据如图 4-35 所示，则函数 COUNT(A14:B16) 表示计算以 A14 为开始、B16 为结束的单元格区域内单元格中值为数字的单元格个数，结果为 3，即只有 A14、B14 和 A16 三个单元格中的数值为数字。

5）MAX 函数

语法：MAX(number1,number2,...)

功能：返回一组数值中的最大值，忽略逻辑值及文本。

举例：以图 4-36 中数据为例，则 MAX(A17:A21) 的运行结果为 200，此时忽略了 A21 单元格中的文本。

	A	B
14	1	2
15	a	b
16		3 c

图 4-35　COUNT 函数举例数据

	A
17	70
18	200
19	170
20	190
21	不及格

图 4-36　MAX 函数举例数据

6）MIN 函数

语法：语法：MIN(number1,number2,...)

功能：返回一组数值中的最小值，忽略逻辑值及文本。

举例：以图 4-36 中数据为例，则 MIN(A17:A21) 的运行结果为 70，此时忽略了 A21 单元格中的文本，返回 A17、A18、A19、A20 四个单元格中的最小值。

7）RADIANS 函数

语法：RADIANS(angle)

功能：将角度转为弧度。

举例：RADIANS(90) 结果为 90°的弧度，值约为 1.570796。

8）SIN 函数、COS 函数

语法：SIN(number)、COS(number)

功能：返回给定角度的正弦值或余弦值，其中 number 是以弧度表示的。

举例：SIN(RANDIANS(90)) 表示 90°的正弦值，结果为 1；COS(RANDIANS(180)) 表示 180°的余弦值，结果为 -1。

9）SUMIF 函数

语法：SUMIF(range,criteria,sum_range)

功能：对满足条件的单元格求和。

参数说明：range 表示要进行计算的单元格区域；criteria 表示以数字、表达式或文本形式定义的条件；sum_range 表示用于求和计算的实际单元格，如果省略，将使用区域中的单元格。

举例：以图 4-37 中的数据为例，则 SUMIF(A1:A7," 软件 ",B1:B7) 表示计算 B1 至 B7 单元格区域中对应 A1 至 A7 单元格区域中值为"软件"的单元格的和，返回结果为 289，即 B2+B4+B5+B7。

	A	B
1	计应	50
2	软件	60
3	数媒	70
4	软件	80
5	软件	60
6	计应	55
7	软件	89

图 4-37 SUMIF 函数举例

10）DATE 函数

语法：DATE(year,month,day)

功能：返回在 Microsoft Office Excel 日期时间代码中代表日期的数字。

参数说明：默认情况下，year 使用的是 1900 日期系统，如果 year 值小于 1900，则将 year 值加上 1900，计算结果为相应年份；如果 year 值介于 1900 至 9999 之间 , 则该值即为对应年份。

month 代表月份的数字，其值在 1 至 12 之间，如果所输入的月份大于 12，将从指定年份的 1 月份执行加法运算；若值小于 0，则从指定年份前一年的 12 月开始往下减去相应的月份数。

day 代表一个月中第几天的数字，如果 day 大于该月份的最大天数，将从指定月份的第一天开始往上累加。

举例：DATE(2019,3,6) 的返回结果为 2019/3/6 或 43530；DATE(2101,3,6) 的返回结果为 2101/3/6 或 73480。

11）TIME 函数

语法：TIME(hour,minute,second)

功能：返回特定时间的序列数。

参数说明：hour 代表小时数，介于 0 至 23 之间的数字；minute 表示分钟数，介于 0 至 59 之间的数字；second 表示秒数，介于 0 至 59 之间的数字。

举例：TIME(10,4,40) 的返回结果为 10:04:40 或 0.42。

12）YEAR 函数、MONTH 函数、DAY 函数、HOUR 函数、SECOND 函数、MINUTE 函数

语法：函数名 (serial_number)

功能：分别返回年、月、日、时、分、秒的数值。

举例：YEAR("2019-2-4") 的运行结果为 2019；MONTH("2019-2-4") 的运行结果为 2；DAY("2019-2-4") 的运行结果为 4；HOUR("18:10:20") 的运行结果为 18；MINUTE("18:10:20") 的运行结果为 10；SECOND("18:10:20") 的运行结果为 20。

13) NOW 函数、TODAY 函数

语法：NOW()、TODAY()

功能：返回日期时间格式的当前日期和时间，返回日期格式的当前日期。

举例：NOW() 在当前状态下的运行结果为 2019-3-13 21:42；TODAY() 的运行结果为 2019-3-13 00:00。

14) PRODUCT 函数

语法：PRODUCT(number1,number2,...)

功能：计算所有参数的乘积。

举例：PRODUCT(7,5) 的运行结果为 7*5，即 35。

15) POWER 函数

语法：POWER(number,power)

功能：返回某数的乘幂。

参数说明：number 代表底数，取值为任何实数；power 为幂值。

举例：POWER(8,2) 的运行结果为 64，即 8 的 2 次幂。

16) ABS 函数

语法：ABS(number)

功能：返回给定数值的绝对值。

举例：ABS(-7) 的运行结果为 7，ABS(10) 的返回结果为 10。

17) INT 函数

语法：INT(number)

功能：将数值向下取整为最接近的整数。

举例：INT(5.4) 及 INT (5.9) 的运行结果均为 5。

18) MOD 函数

语法：MOD(number,divisor)

功能：返回两数相除的余数。

参数说明：number 是被除数，divisor 是除数。

举例：MOD(20,7) 的返回结果为 20 除以 7 的余数 6。

19) ROUND 函数

语法：ROUND(number,num_digits)

功能：按指定的位数对数值进行四舍五入。

参数说明:number 是需要四舍五入的数值，num_digits 是执行四舍五入时采用的位数，如果 num_digits 为负数，则取整到小数点的左边；如果为 0，则取整到最接近的整数。

举例：ROUND(40.3627,2) 的返回结果为 40.36；ROUND(147.3627,-2) 是对小数点左侧第 2 位进行四舍五入，返回结果为 100；ROUND(147.3627,0) 返回结果为 147。

20) TEXT 函数

语法：TEXT(value,format_text)

功能：根据指定的数值格式将数字转成文本。

参数说明：value 是数值，是能够返回数值的公式，或者对数值单元格的引用；format_text 是文字形式的数字格式。

举例：TEXT(5,"￥0.00") 的运行结果为￥5.00。

21) LEN 函数

语法：LEN(text)

功能：返回文本字符串中的字符个数。

举例：LEN("ABCD") 的运行结果为 4。

22) LOWER 函数、UPPER 函数

语法：LOWER(text)、UPPER(text)

功能：将一个文本字符串的所有字母转换为小写形式，将一个文本字符串的所有字母转换为大写形式。

举例：LOWER("You are a good boy!") 的运行结果为 you are a good boy!。UPPER("You are a good boy!") 的运行结果为 YOU ARE A GOOD BOY!。

23) AND 函数、OR 函数

语法：函数名 (logical1,logical2,...)

功能：AND 函数用于检查是否所有参数均为 TRUE，如果所有参数均为 TRUE，则返回 TRUE，否则返回 FALSE。OR 函数检查如果任一参数值为 TRUE，即返回 TRUE，只有当所有参数值均为 FALSE 时才返回 FALSE。

举例：AND(TRUE,0,1,0) 的运行结果为 FALSE；OR(TRUE,0,1,0) 的运行结果为 TRUE。

24) TRUE 函数、FALSE 函数

语法：函数名 ()

功能：分别返回逻辑值 TRUE 或 FALSE。

25) NOT 函数

语法：NOT(logical)

功能：对参数的逻辑值求反。

举例：NOT(true) 的运行结果为 FALSE，NOT(false) 的运行结果为 TRUE。

Excel 提供的函数还有很多，本书只是介绍了其中常用的一部分，在实际使用时，软件对函数参数有详细说明，用户根据需要进行设置。

▶ **任务实现**

在学习了 Excel 的公式与函数，熟悉工作表中公式与函数的使用、单元格的引用等知

识后，现在我们要为小羽班级某课程进行平时成绩及相关数据的计算，并对其进行保存。

上机操作步骤如下：

(1) 打开上一任务保存的"班级工作簿.xlsx"工作簿文件，选择"平时成绩"工作表，在该表中准备好相应的数据并进行格式化，参考数据如图 4-38 所示。

序号	学号	姓名	性别	出勤	平时作业	课堂表现	最终平时成绩	等级
1	20230101	张一	男	98	62	100		
2	20230102	珊珊	女	100	92	98		
3	20230103	妮丽	女	100	72	100		
4	20230104	罗依	女	100	91	100		
5	20230105	李丽	女	100	61	100		
6	20230106	张三	男	100	61	97		
7	20230107	李四	男	100	71	98		
8	20230108	王五	男	100	73	100		
9	20230109	建国	男	100	93	97		
10	20230110	王芳	女	100	94	97		
11	20230111	李静	女	100	51	93		
12	20230112	周琪	男	92	0	96		
13	20230113	王天	男	100	70	86		
14	20230114	徐许	男	95	85	99		
15	20230115	燕子	女	92	67	79		
16	20230116	欧阳	男	92	0	0		
17	20230117	子琪	男	100	80	94		
18	20230118	何可	女	95	89	91		
19	20230119	许仙	男	100	77	99		
20	20230120	白素	女	100	95	100		
			最高分:					
			最低分:					
			平均分:					

图 4-38 平时成绩数据

(2) 选择 E22 单元格，单击【公式】选项卡→【函数库】组→【自动求和】→【最大值】命令，此时进行统计的数据以滚动的虚线选择。然后检查数据区域是否正确，若正确则按 Enter 键，完成出勤最高分的计算。最后向右拖动 E22 单元格右下角的填充句柄，完成平时作业、课堂表现最高分的计算。

(3) 选择 E23 单元格，单击【公式】选项卡→【插入函数】命令，此时弹出【插入函数】对话框，在其中选择 MIN 函数，如图 4-39 所示；单击【确定】按钮，此时弹出【函数参数】对话框，在 Number1 输入框中输入"E2:E21"（表示对 E2 到 E21 之间所有连续的单元格进行计算），参设置如图 4-40 所示；设置完成后单击【确定】按钮，完成考勤最低分的计算。然后向右拖动 E23 单元格右下角的填充句柄，完成平时作业、课堂表现最低分的计算。

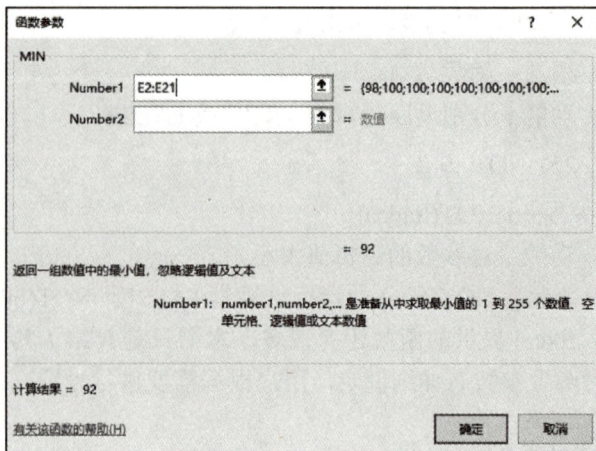

图 4-39 【插入函数】参数设置　　　　　图 4-40 【函数参数】设置

（4）选择 E24 单元格，单击【公式】选项卡→【函数库】组→【自动求和】→【平均值】命令，此时进行统计的数据以滚动的虚线选择，如果发现此时的数据有误，用户可直接用鼠标重新拖选正确的计算数据区域，完成选择后，按 Enter 键完成考勤平均分的计算。然后向右拖动 E24 单元格右下角的填充句柄，完成平时作业、课堂表现平均分的计算。

（5）选择 H2 单元格，在编辑栏中输入公式，公式如图 4-41 所示。其中 PRODUCT 函数用于计算乘积，SUM 函数用于求和，ROUND 用于四舍五入，按 Enter 键提交输入的公式，完成第一位同学最终平时成绩的计算并四舍五入取整。然后向下拖动 H2 单元格右下角的填充句柄，完成其他同学最终平时成绩的计算。

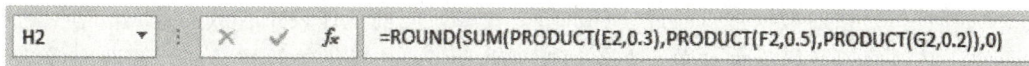

| H2 | ▼ | : | × | ✓ | fx | =ROUND(SUM(PRODUCT(E2,0.3),PRODUCT(F2,0.5),PRODUCT(G2,0.2)),0) |

图 4-41　计算公式

（6）选择 I2 单元格，在编辑栏中输入公式"=IF(H2<60," 不合格 ",IF(H2<80," 中 ",IF(H2<90," 良 "," 优 ")))"，按 Enter 键提交输入的公式，完成第一位同学等级的评定。然后向下拖动 I2 单元格右下角的填充句柄，完成其他同学等级的评定。

（7）完成所有相关数据的计算，计算结果如图 4-42 所示。按 Ctrl + S 组合键保存该工作簿。

	A	B	C	D	E	F	G	H	I
1	序号	学号	姓名	性别	出勤	平时作业	课堂表现	最终平时成绩	等级
2	1	20230101	张一	男	98	62	100	80	良
3	2	20230102	珊珊	女	100	92	98	96	优
4	3	20230103	妮丽	女	100	72	100	86	良
5	4	20230104	罗依	女	100	91	100	96	优
6	5	20230105	李丽	女	100	61	100	81	良
7	6	20230106	张三	男	100	61	97	80	良
8	7	20230107	李四	男	100	71	98	85	良
9	8	20230108	王五	男	100	73	100	87	良
10	9	20230109	建国	男	100	93	97	96	优
11	10	20230110	王芳	女	100	94	97	96	优
12	11	20230111	李静	女	100	51	93	74	中
13	12	20230112	周琪	男	92	0	96	47	不合格
14	13	20230113	王天	男	100	70	86	82	良
15	14	20230114	徐许	男	95	85	99	91	优
16	15	20230115	燕子	女	92	67	79	77	中
17	16	20230116	欧阳	男	92	0	0	28	不合格
18	17	20230117	子琪	男	100	80	94	89	良
19	18	20230118	何可	女	95	89	91	91	优
20	19	20230119	许仙	男	100	77	99	88	良
21	20	20230120	白素	女	100	95	100	98	优
22				最高分:	100	95	100		
23				最低分:	92	0	0		
24				平均分:	98.2	69.2	91.2		

图 4-42　计算结果

任务四　管理 Excel 数据

任务描述

　　小玉是某公司会计，现公司领导需要查看本公司满足以下相关条件的员工信息：一是基本工资低于 4000 元的员工；二是公司具有高级工程师职称的员工。另外，领导还要求小玉将基本工资从高到低进行排序，若有相同的，则按姓名升序进行排列。

本任务要求熟悉 Excel 中数据的各种排序与筛选，从而能正确地从大量繁杂的数据中提取出所需要的、满足条件的信息。

知识准备

单纯的数据信息并不能完全说明问题，无序的数据信息在实际应用中的价值亦并不大，只有从这些数据中分析出数据相关性，总结出相应的规律，才能在实际应用中发挥其应有的作用。所以我们需要对数据进行管理与分析。

数据管理是指对数据进行排序、筛选等。比如，当前工作表中存放的是大量学生的考试成绩，若需要不及格学生名单，怎么办呢？利用 Excel 提供的筛选功能，筛选出成绩小于 60 的学生信息即可，而不必在如此多的数据中一个一个地找。

一、数据记录单

通常情况下，一张工作表中一列称为一个字段，一行称为一条记录，每一列数据的类型是相同的，每一条记录由多个字段构成。记录单就是数据清单，又称为工作表数据库，它是一张二维表。使用记录单，可方便用户进行大量数据的浏览以及数据的核对，在一定程度上减少出错。

要使用记录单强大的数据管理功能，首先必须创建记录单。创建记录单的方法和创建一般表格是一样的，为了防止记录单创建失败，在创建工作表及记录单的过程中应注意以下几点：

(1) 一个工作表中最好只建立一个记录单；

(2) 工作表中最好不要有空行或空列；

(3) 工作表中的第一行必须是字段名，且只能是文本类型，各个字段名必须不同；

(4) 工作表中不能有合并单元格；

(5) 字段名和记录之间不能有空行。

工作表创建好之后就可以对数据创建记录单，在记录单中可进行如新建记录、删除记录、浏览记录等操作。创建记录单的操作步骤如下：

首先，将【记录单】命令添加到快速访问工具栏中，添加方法与 Word 类似，此处不再赘述；其次，选择需要创建记录单的工作表中的任一单元格，单击【快速访问工具栏】中的【记录单】按钮(圖)，此时弹出【记录单】对话框，如图 4-43 所示，用户根据需要进行记录的新建、删除，以及上一条、下一条的浏览等操作。

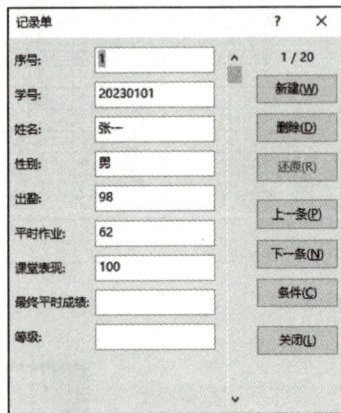

图 4-43 【记录单】对话框

二、数据排序

排序是指将选定的数据按照一定的条件进行重新组合排列，使用户能从中找出相应的规律及满足条件的记录，这是进行数据管理的重要功能之一。Excel 中的排序主要有两种：简单排序和复杂排序，这里分别予以介绍。

1. 简单排序

简单排序是指对工作表中某一字段的数据进行升序或降序排列，常用的方法有以下两种：

方法一：选择需要排序字段中的任意一个单元格，单击【数据】→【排序和筛选】组→【升序】按钮（ ![升序] ）或【降序】按钮（ ![降序] ）。

方法二：选择需要排序字段中的任意一个单元格，单击【开始】→【编辑】组→【排序和筛选】组→【升序】或【降序】命令。

对数值型数据进行排序的依据是数值大小，而对文本型数据进行排序的依据是拼音字母顺序。

2. 复杂排序

当排序数据涉及两列以上时，如需要先按姓名升序排列，在姓名相同时，再按语文成绩的降序排列，则可通过复杂排序来实现。进行复杂排序的常用方法有以下两种：

方法一：选择工作表数据中任意一个单元格，单击【数据】→【排序和筛选】组→【排序】按钮（ ![排序] ），此时弹出【排序】对话框，如图 4-44 所示，用户根据需要在其中设置排序依据。若需要增加排序条件，则单击【添加条件】按钮，并对次要关键字排序依据进行设置即可。

方法二：选择工作表数据中任意一个单元格，单击【开始】选项卡→【编辑】组→【排序和筛选】组→【自定义排序】命令，此时弹出【排序】对话框，其余设置同上。

若需要进行排序相关选项的设置，则单击图 4-44 中的【选项】按钮，此时弹出【排序选项】对话框，如图 4-45 所示，根据需要设置排序是否"区分大小写"、排序方向是"按列排序"还是"按行排序"、排序方法是按"字母排序"还是"笔划排序"。

图 4-44　【排序】对话框　　　　　　　　图 4-45　【排序选项】对话框

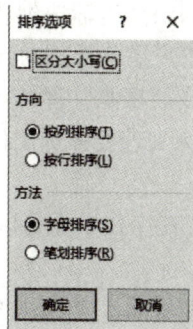

3. 自定义排序

若需要将数据按照某一种序列进行排序，则可自定义排序的次序，操作步骤如下：

按照复杂排序的方法打开【排序】对话框，单击次序下拉列表中的【自定义序列】命令，此时弹出【自定义序列】对话框，根据需要选择排序序列或自定义排序序列。

三、数据筛选

数据筛选是将满足相应条件的记录显示出来，而不满足条件的记录暂时隐藏起来，这样可以减少显示的数据量，有利于用户进行数据浏览、统计及分析。数据筛选分为简单筛选、自定义筛选和高级筛选。

1. 简单筛选

简单筛选是指筛选条件单一的筛选方式，操作步骤如下：

选择工作表中任意一个单元格，单击【数据】→【排序和筛选】组→【筛选】命令，这时字段名旁会出现一个向下的箭头，我们称为筛选箭头。单击相应的筛选箭头，在弹出的下拉列表中将满足条件的值前的复选框选中即可。

2. 自定义筛选

若筛选条件不是固定值，此时用户可自定义筛选条件。文本字段有文本筛选，数值字段有数字筛选，操作步骤如下：

若当前字段中所有取值都是文本，则单击字段名旁的筛选箭头，在弹出的下拉列表中单击【文本筛选】，根据需要选择一个命令，此时弹出【自定义筛选】对话框，根据需要设置筛选条件。

注意：在定义条件时可以使用通配符，其中 * 可代表一个或多个字符，? 代表一个字符。如姓李的同学，则条件为等于“李 *”；如姓李并且名字只有 2 个字的同学，则条件为等于“李？”。

若当前字段中所有取值都是数字，则单击字段名旁的筛选箭头，在弹出的下拉列表中单击【数字筛选】，根据需要选择一个命令，此时弹出【自定义筛选】对话框，根据需要设置筛选条件。

3. 高级筛选

若需要筛选满足多个条件的记录时，使用简单筛选方式则需要进行多次的筛选操作，此时可利用高级筛选创建条件一次完成筛选，同时还可以将筛选的结果复制到指定的区域，以方便用户进行数据对比。

工作表数据如图 4-46 所示。

举例：若要筛选工作表中所有 1 班姓张的同学及 2 班的所有同学的成绩记录，操作步骤如下：

(1) 在空白单元格区域中输入高级筛选的条件，如图 4-47 所示。

	A	B	C	D	E
1	序号	学号	班级	姓名	性别
2	1	20230101	1班	张一	男
3	2	20230102	1班	珊珊	女
4	3	20230103	2班	妮丽	女
5	4	20230104	1班	罗依	女
6	5	20230105	2班	李丽	女
7	6	20230106	1班	张三	男
8	7	20230107	1班	李四	男
9	8	20230108	4班	王五	男
10	9	20230109	1班	建国	男
11	10	20230110	1班	王芳	女
12	11	20230111	2班	李静	女
13	12	20230112	4班	周琪	男
14	13	20230113	1班	王天	男
15	14	20230114	2班	徐许	男
16	15	20230115	1班	燕子	女
17	16	20230116	1班	欧阳	男
18	17	20230117	1班	子琪	男
19	18	20230118	4班	何可	女
20	19	20230119	1班	许仙	男
21	20	20230120	1班	白素	女

图 4-46 高级筛选源数据

班级	姓名
1班	张*
2班	

图 4-47 高级筛选条件

(2) 选择源数据中的任意一个单元格，单击【数据】→【排序和筛选】组→【高级】命令，此时弹出【高级筛选】对话框。其中，"方式"选项用于确定筛选结果的显示方式，用户根据需要进行设置；"列表区域""条件区域"及"复制到"选项中分别输入或选择相应的区域，参数设置如图 4-48 所示，筛选结果如图 4-49 所示。

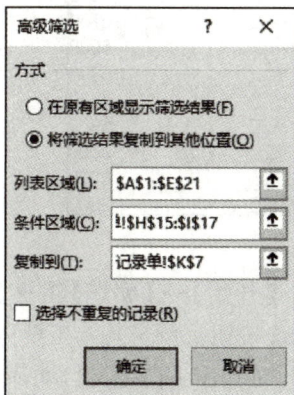

图 4-48　【高级筛选】对话框

序号	学号	班级	姓名	性别
1	20230101	1班	张一	男
3	20230103	2班	妮丽	女
5	20230105	2班	李丽	女
6	20230106	1班	张三	男
11	20230111	2班	李静	女
14	20230114	2班	徐许	男

图 4-49　高级筛选结果

▶ **任务实现**

在学习了 Excel 的排序与筛选，熟悉工作表中数据的升序、降序、自定义排序，数据的自定义筛选和高级筛选等知识后，现在我们要为小玉所在公司领导提取满足要求的数据，并对其进行保存。

上机操作步骤如下：

(1) 打开该公司员工工资信息工作簿。

(2) 选择相关数据，单击【开始】→【编辑】组→【排序和筛选】组→【自定义排序】命令，在弹出的【排序】对话框中，第一行排序依据下拉列表中选择"基本工资"，排序依据为"单元格值"，次序为"降序"；单击【添加条件】按钮添加次要关键字，设置次要关键字为"姓名"，排序依据为"单元格值"，次序为"升序"，参数设置如图 4-50 所示，排序前后数据对比如图 4-51 所示。

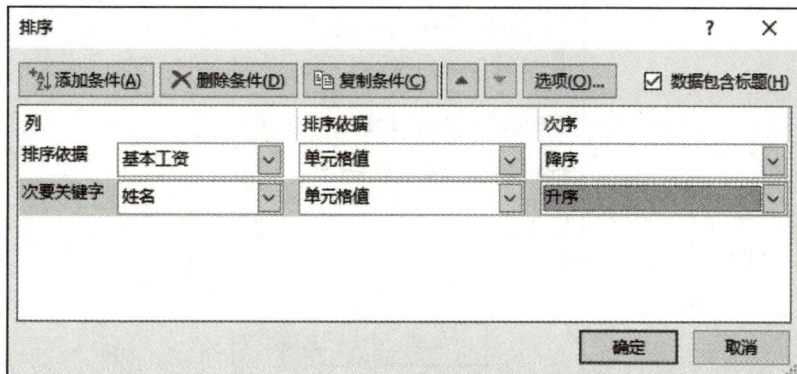

图 4-50　排序参数设置

工号	姓名	级别	基本工资	工号	姓名	级别	基本工资
001	伍芩	高级工程师	8700	006	胡玉	高级工程师	9000
002	王珊	技工	3500	003	奇巽	高级工程师	9000
003	奇巽	高级工程师	9000	001	伍芩	高级工程师	8700
004	晓路	中级	5000	014	李文格	高级工程师	7600
005	张琪玥	中级	5300	008	许庭	中级	6200
006	胡玉	高级工程师	9000	005	张琪玥	中级	5300
007	梁山	技工	2800	012	妙想	中级	5100
008	许庭	中级	6200	004	晓路	中级	5000
009	白玉琴	技工	4500	011	思奇	中级	4800
010	图图	技工	3800	009	白玉琴	技工	4500
011	思奇	中级	4800	010	图图	技工	3800
012	妙想	中级	5100	002	王珊	技工	3500
013	何合	技工	3200	013	何合	技工	3200
014	李文格	高级工程师	7600	007	梁山	技工	2800

图 4-51　排序前后对比

(3) 选择 D1 单元格 (即基本工资列标题所在单元格)，单击【开始】→【编辑】组→【排序和筛选】组→【筛选】命令，此时在数据列标题旁会出现筛选按钮；单击基本工资旁的筛选按钮，在弹出的命令中选择【数字筛选】→【小于】命令，此时弹出【自定义自动筛选】对话框，设置基本工资"小于""4000"，参数设置如图 4-52 所示，筛选结果如图 4-53 所示。

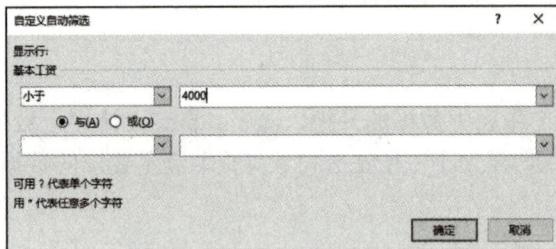

图 4-52　自定义自动筛选参数设置

工号	姓名	级别	基本工资
010	图图	技工	3800
002	王珊	技工	3500
013	何合	技工	3200
007	梁山	技工	2800

图 4-53　筛选结果

(4) 在 F1 单元格中输入"级别"，F2 单元格中输入"高级工程师"，然后选择数据区域中任一单元格，打开【高级筛选】对话框，参数设置如图 4-54 所示，单击【确定】按钮完成高级工程师员工的筛选，筛选前后数据对比如图 4-55 所示。

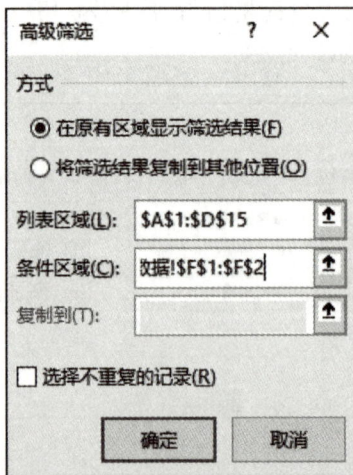

图 4-54　高级筛选参数设置

工号	姓名	级别	基本工资	工号	姓名	级别	基本工资
001	伍苓	高级工程师	8700	001	伍苓	高级工程师	8700
002	王珊	技工	3500	003	奇巽	高级工程师	9000
003	奇巽	高级工程师	9000	006	胡玉	高级工程师	9000
004	晓路	中级	5000	014	李文格	高级工程师	7600
005	张琪玥	中级	5300				
006	胡玉	高级工程师	9000				
007	梁山	技工	2800				
008	许庭	中级	6200				
009	白玉琴	技工	4500				
010	图图	技工	3800				
011	思奇	中级	4800				
012	妙想	中级	5100				
013	何合	技工	3200				
014	李文格	高级工程师	7600				

图 4-55　高级筛选前后数据对比

(5) 完成相关数据的排序与筛选，用户可根据需要将每次排序和筛选的结果单独存放到不同的工作表或单元格区域中，保存该工作簿。

任务五　分析 Excel 数据

任务描述

李老师为某高校教师，期末考试结束后，李老师需要对某班同学的期末成绩进行分析、汇总，以便更加直观地了解该班同学学习与知识的掌握情况。要求对该班同学的成绩创建一个图表，图表横坐标显示学生姓名，纵坐标为学生成绩，纵坐标之间的刻度差为 5 分，图表标题为"X 班 X 课程成绩分布图"并进行格式化；分别对该班的男女同学的学习成绩进行分类汇总，汇总统计该班男女同学的平均分。

本任务要求熟悉 Excel 中根据数据创建图表，进行分类汇总及数据透视表的建立与编辑，以便更加直观地总结出数据内部的趋势与规律，为用户后续的工作与决策提供一定的依据。

知识准备

数据分析是指对大量数据进行分析，挖掘出数据之间更深层的联系，总结数据的内在规律及趋势等，从而发挥数据的作用。

一、图表

面对大量的数据是一件特别枯燥的事，尤其要从这些数据中找出其中的规律、变化趋势更是让人不知所措。若能通过图的形式来展示数据，那么问题就会变得更简单、更直观。这便是 Excel 提供的数据图表化功能。图表与生成图表的工作表数据是相关联的，一旦源数据发生改变，则图表中对应图形也随之变化，可自动更新。

Excel 提供了大量的图表类型，用户可根据需要来选择。构成图表的基本组成元素又称为图表项，通常有图表区、绘图区、分类轴、数值轴、图例、图表标题、数据表、系列线、数据标志等。图表创建完成后，用户还可根据需要对图表进行美化及其他相关编辑。

Excel 的图表形式有两种：一种是将图表直接插入数据所在的工作表中，称为嵌入式图表，另一种是专门为图表建立一个工作表。嵌入式图表与源数据在同一个工作表中，图表工作表则是一种没有单元格、没有数据、没有行列标题，只有图标和图形的独立的工作表。

Excel 提供了 11 种类型的嵌入式图表，有柱形图、折线图、饼图、条形图、面积图、X Y(散点图)、股价图、曲面图、圆环图、气泡图、雷达图，而每一种类型中又包含有不同样式的图表，图表类型很丰富。

1. 图表的创建

1) 图表工作表的建立

图表工作表建立的操作步骤如下：

选择要建立图表的数据区域，按功能键 F11，就会立即得到图表工作表。得到的图表工作表是一个独立的工作表，默认的工作表名为 Chart1、Chart2 等。

2) 使用图表向导建立图表

向导即是提供了方向和引导的一种方式，用户可按照向导提示的每一个步骤进行设置。操作步骤如下：

(1) 选择要建立图表的数据区域，单击【插入】→【图表】组→【创建图表】按钮 (🖼)，此时弹出【插入图表】对话框，如图 4-56 所示。根据需要选择图表类型，最后单击【确定】按钮，此时插入一个相应类型的图表。

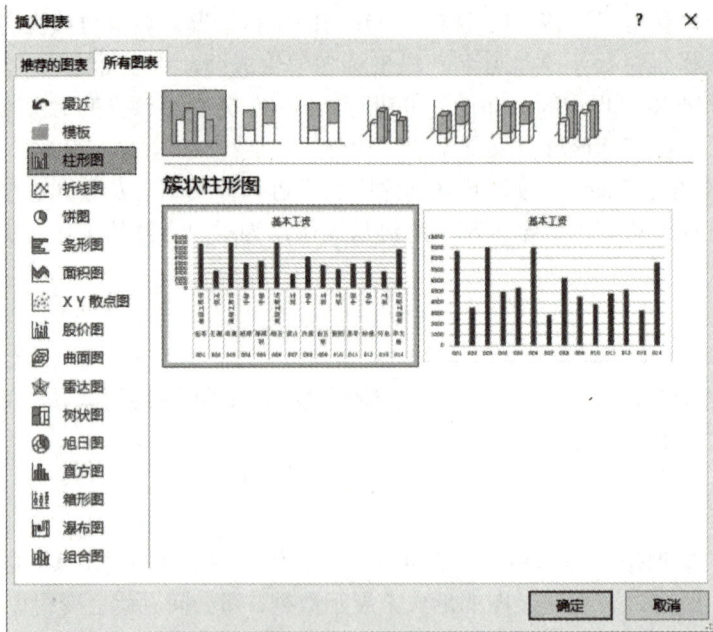

图 4-56 【插入图表】对话框

(2) 选择插入的图表，单击【图表设计】→【选择数据】命令，此时弹出【选择数据源】对话框，如图 4-57 所示。根据需要对图例项及水平 (分类) 轴标签进行添加、编辑及删除操作。

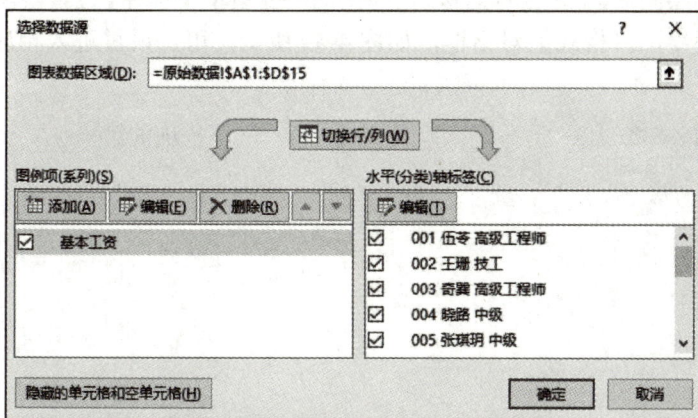

图 4-57 【选择数据源】对话框

若要添加图表标题，则选择对应的图表，单击【图表设计】→【图表布局】组→【添加图表元素】→【图表标题】命令，在弹出的下拉菜单中选择图表标题位置。此时在图表对应位置出现标题文本框，用户只需在标题文本框中单击鼠标左键更改标题文字即可。

(3) 其余图表的组成部分内容的添加方法同图表标题一样，可分别选择【坐标轴标题】【图例】【数据标签】【坐标轴】【网格线】等。

2. 图表的编辑与格式化

1) 图表的编辑

图表建立完成后，用户可以根据需要进行编辑修改。图表编辑主要涉及对数据的增加、删除、修改，图表类型的更改，数据格式化等。无论进行何种操作，首先应选定需要进行编辑的图表，在 Excel 中单击图表即可选定图表。对图表的相关编辑在【图表设计】及【图表工具格式】选项卡中可找到相应的命令，用户只需根据需要进行各个选项的设置。

除了利用选项卡中相应命令的方式以外，图表编辑也可以通过鼠标双击要修改的图表项，打开图表项所对应的格式对话框，然后在对话框中设置该图表项的格式。而对整个图表的编辑，如移动、复制、缩放和删除操作与 Word 中对图形的处理方法是一样的，这里不再赘述。

2) 图表的格式化

为了让图表看起来更直观、更美观，在图表建立完成后，用户可根据需要进行格式化处理。

(1) 图表区格式化。

图表区格式化的操作步骤如下：

选择图表，单击鼠标右键，在弹出的快捷菜单中选择【设置图表区域格式】命令，此时弹出【设置图表区格式】对话框，如图 4-58 所示。在该对话框中可对图表设置图案、字体及相关属性，用户只需进入相应的标签进行设置即可。

(2) 绘图区格式化。

绘图区格式化的操作步骤如下：

选择图表的绘图区，单击鼠标右键，在弹出的快捷菜单中选择【设置绘图区格式】命令，此时弹出【设置绘图区格式】对话框，如图 4-59 所示，用户只需进入相应的标签进行设置即可。

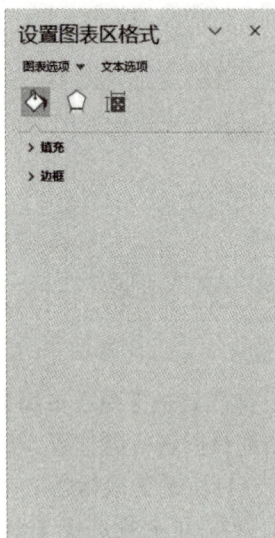

设置图表区格式	设置绘图区格式
图表选项 ▼ 文本选项	绘图区选项 ▼
◇ ⬠ ⬛	◇ ⬠
＞ 填充	＞ 填充
＞ 边框	＞ 边框

图 4-58 【设置图表区格式】对话框   图 4-59 【设置绘图区格式】对话框

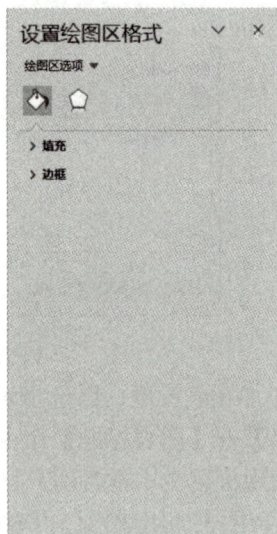

(3) 图例的格式化。

图例格式化的操作步骤如下：

选择图表的图例，单击鼠标右键，在弹出的快捷菜单中选择【设置图例格式】命令，此时弹出【设置图例格式】对话框，如图 4-60 所示，用户只需进入相应的标签进行设置即可。

(4) 坐标轴格式化。

坐标轴格式化的操作步骤如下：

选择图表的坐标轴，单击鼠标右键，在弹出的快捷菜单中选择【设置坐标轴格式】命令，此时弹出【设置坐标轴格式】对话框，如图 4-61 所示，用户只需进入相应的标签进行设置即可。

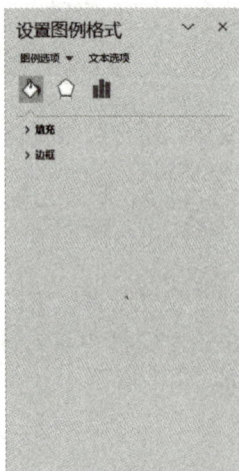

设置图例格式	设置坐标轴格式
图例选项 ▼ 文本选项	坐标轴选项 ▼ 文本选项
◇ ⬠ ⬛	◇ ⬠ ⬛ ⬛
＞ 填充	＞ 填充
＞ 边框	＞ 线条

图 4-60 【设置图例格式】对话框   图 4-61 【设置坐标轴格式】对话框

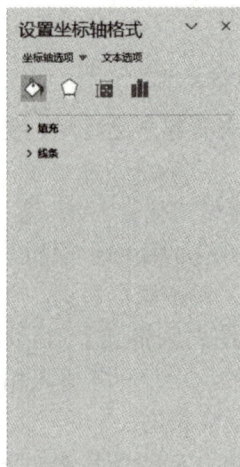

二、分类汇总

分类汇总，首先对数据进行分类，再根据类别进行数据的汇总。汇总操作如求和、求平均值、求最大值、求最小值等。

1. 创建分类汇总

创建分类汇总的操作步骤如下：

单击工作表中任意单元格，按照排序的方法首先对数据进行分类排序，单击【数据】→【分级显示】组→【分类汇总】命令，此时弹出【分类汇总】对话框，如图 4-62 所示；然后根据需要设置"分类字段""汇总方式""选定汇总项"及相关汇总数据选项即可。

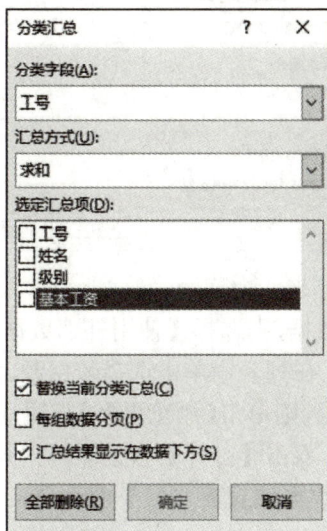

图 4-62　【分类汇总】对话框

2. 汇总数据的显示与隐藏

汇总数据的显示与隐藏有以下两种方法：

方法一：创建完分类汇总后，在行号的左侧会出现数据级别控制按钮及数据显示隐藏按钮，用户可通过单击显示的 1、2、3 按钮来进行不同级别数据的显示，也可通过单击隐藏（➕）、显示（➖）按钮完成数据的显示与隐藏。

方法二：单击需要显示 / 隐藏的数据单元格，单击【数据】选项卡→【分级显示】组→【显示明细数据】/【隐藏明细数据】按钮。

3. 取消分类汇总

要取消分类汇总，操作步骤如下：

单击工作表中任意单元格，再单击【数据】→【分级显示】组→【分类汇总】命令，此时弹出【分类汇总】对话框，单击对话框中的【全部删除】按钮即可。

三、数据透视表

数据透视表是一种交互式的表，之所以称为数据透视表，是因为用户可以根据需要改变版面布局方式，从不同角度进行数据分析，也可以重新进行行号、列标和页字段的排列。

1. 创建数据透视表

创建数据透视表的操作如下：

选择源数据中任意单元格，单击【插入】→【表格】组→【数据透视表】命令，在弹出的下拉菜单中选择【表格和区域】命令，此时弹出【来自表格或区域的数据透视表】对话框，如图 4-63 所示，用户根据需要设置要分析的数据区域及选择放置数据透视表的位置。

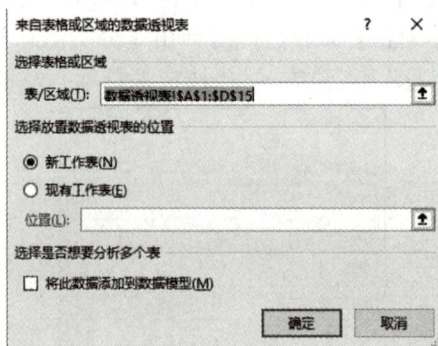

图 4-63 【来自表格或区域的数据透视表】对话框

若需要分析的数据是外部数据，则选择【使用外部数据源】，再单击【选择连接】按钮，此时弹出【现有连接】对话框，在列表中单击选择数据源，再单击【打开】按钮。

若列表中无所需要的数据源，则单击【浏览更多】按钮，此时弹出【选取数据源】对话框，在正确位置找到所需数据源后，双击【打开】按钮即可打开外部数据源。

完成上述操作后会弹出【数据透视表字段】对话框，如图 4-64 所示。根据需要将字段拖动至对应区域即可。

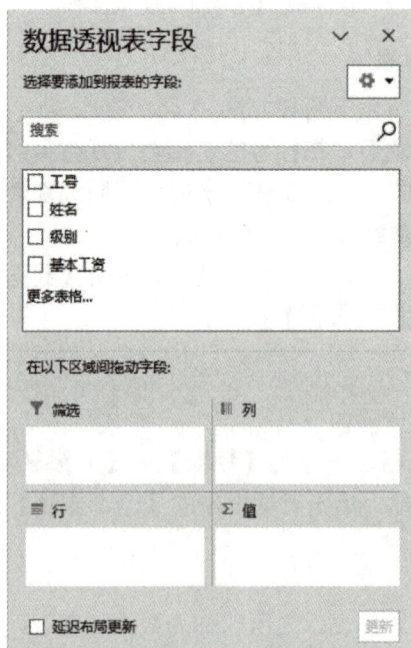

图 4-64 【数据透视表字段】对话框

2. 数据透视表的编辑

完成数据透视表创建后，用户可随时根据需要对透视表的版面布局、数据格式等进行编辑、修改。

1) 修改数据透视表的版面布局

修改数据透视表的版面布局是指字段的增加或删除、顺序和位置的改变，操作步骤如下：

选定数据透视表中的任意单元格，单击【数据透视表工具选项】→【显示】组→【字段列表】命令，此时弹出【数据透视表字段】对话框，用户根据需要进行字段的修改即可。

2) 更改数据格式

数据透视表中的数据是不能删除的，但可以更改其中文字和数字的格式。操作步骤如下：

选择文字或数字所在的单元格区域，单击【开始】→【字体】组→【设置单元格格式】按钮 (↘)，在弹出的【设置单元格格式】对话框中设置文字和数字的格式。

3) 数据的更新

数据透视表中的数据不会随着源数据的变化而自动更新，当源数据发生变化时，需要单击【数据透视表工具选项】→【数据】组→【刷新】命令，更新数据透视表中的数据。

3. 数据透视表的删除

若数据透视表建立在一个新的工作表中，则直接删除该工作表即可；若数据透视表建立在源数据工作表中，则选择数据透视表，单击【开始】→【编辑】组→【清除】→【全部清除】命令即可。

任务实现

在学习了 Excel 图表、分类汇总、数据透视表，熟悉图表、分类汇总等的创建与编辑知识后，现在我们可以对李老师某班同学的成绩进行分析研究了。

上机操作步骤如下：

(1) 打开李老师某班同学的成绩工作簿，找到成绩表工作表，表格数据参考如图 4-65 所示。

	A	B	C	D	E	F	G	H	I
1	学生成绩表								
2	学号	专业	姓名	性别	计算机基础	图像处理	C语言	总分	平均分
3	20170101	计算机软件	张三	男	80	68	92	240	80
4	20170102	计算机软件	李四	男	95	52	68	215	72
5	20170103	计算机软件	王五	男	53	89	70	212	71
6	20170104	计算机软件	李小小	女	92	93	96	281	94
7	20170105	计算机软件	黎明	男	75	96	88	259	86
8	20170106	计算机软件	冯文	女	85	82	93	260	87
9	20170107	计算机软件	邓权	男	58	55	75	188	63
10	20170108	计算机软件	罗皓	女	88	48	56	192	64
11	20170109	计算机软件	徐徐	女	78	62	49	189	63
12	20170110	计算机软件	黄瞳	女	92	87	80	259	86

图 4-65　学生成绩表数据

(2) 选择成绩表中计算机基础列的数据 (即 E3 到 E12)，打开【插入图表】对话框，选择【所有图表】选项卡，选择"折线图"中的一种，参数设置如图 4-66 所示，最后单击【确定】按钮，此时得到的图表如图 4-67 所示。

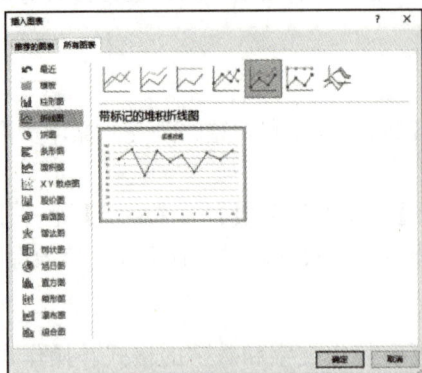

图 4-66　图表类型选择

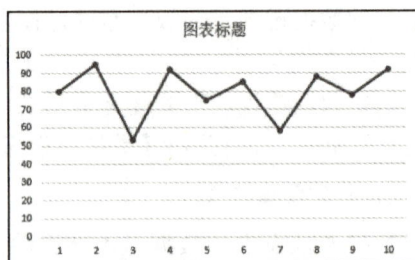

图 4-67　图表效果

(3) 水平轴数据源选择。选定该图表，单击【图表设计】→【数据】组→【选择数据源】命令，此时弹出【选择数据源】对话框，单击"水平 (分类) 轴标签"下的【编辑】按钮，将鼠标移动回数据表中拖选相应的学生姓名，参数设置如图 4-68 所示。

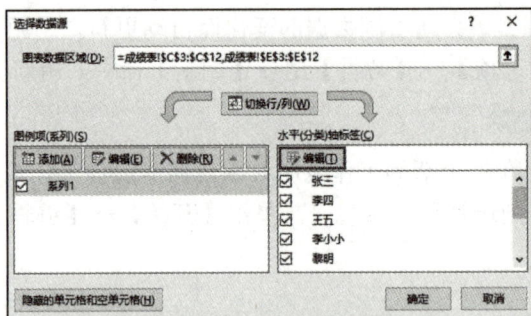

图 4-68　水平轴数据源选择

(4) 坐标轴参数设置。选定垂直坐标轴，单击【格式】→【当前所选内容】组→【设置所选内容格式】命令，此时弹出【设置坐标轴格式】对话框，参数设置如图 4-69 所示。

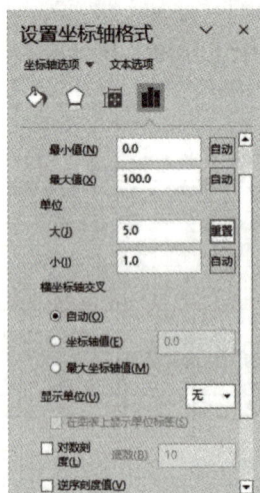

图 4-69　在【设置坐标轴格式】对话框中设置参数

(5) 选择图表标题,输入标题内容"X 班 X 课程成绩分布图",并为其设置相应的字体、字号、字体颜色等。

(6) 用户可根据需要分别对绘图区、坐标轴、折线、数字等内容进行格式化,格式化完成后的参考效果如图 4-70 所示,完成图表的创建及编辑,保存工作簿。

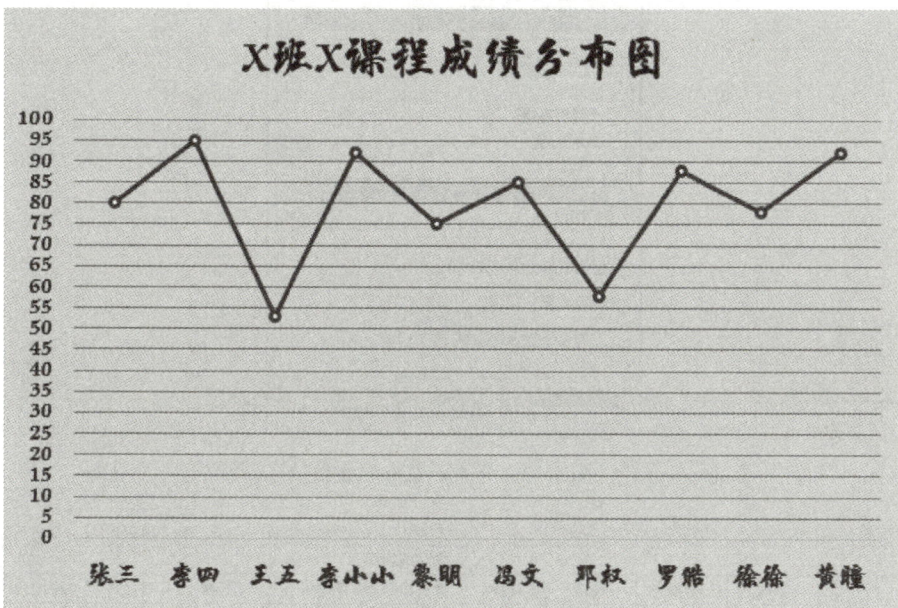

图 4-70　图表效果

(7) 设置排序参数。选择 A2 到 I12 的连续单元格数据,打开【排序】对话框,设置第一行关键字排序依据为"性别",次序为"升序",参数设置如图 4-71 所示。最后单击【确定】按钮完成对数据的排序。

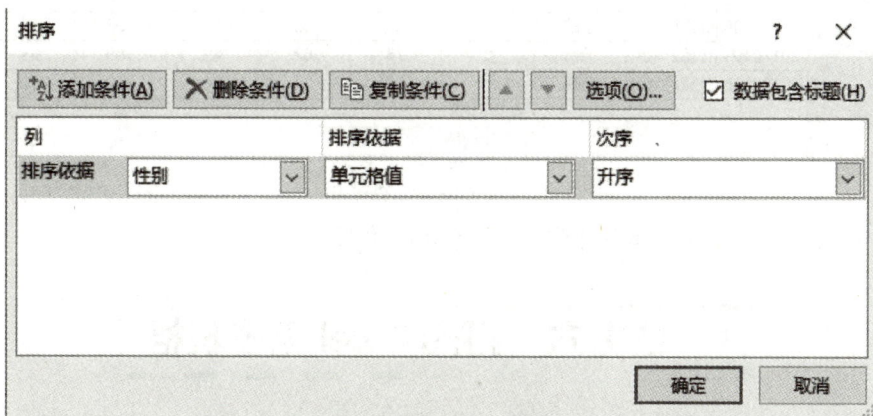

图 4-71　排序参数设置

(8) 分类汇总。打开【分类汇总】对话框,设置分类字段为"性别",汇总方式为"平均值",选定汇总项为"总分",参数设置如图 4-72 所示。最后单击【确定】按钮完成分类汇总,汇总后的效果如图 4-73 所示。

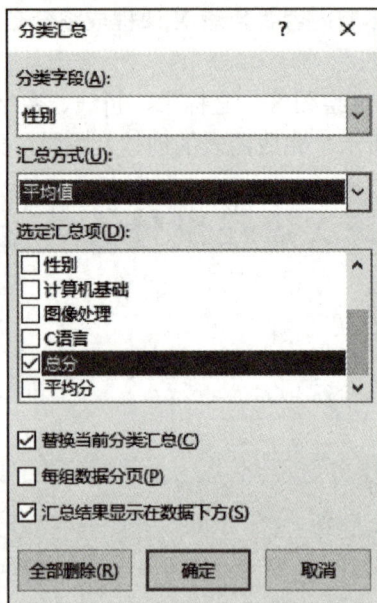

图 4-72　分类汇总参数设置

图 4-73　分类汇总结果

(9) 完成数据图表的创建及分类汇总，保存工作簿。

任务六　打印 Excel 电子表格

📋 **任务描述**

李老师完成对班级同学各课程学习成绩数据的统计与分析后，分析和统计结果需要打印上交部门。

本任务要求熟悉 Excel 版面的设置及相关的打印设置。

知识准备

一、页面设置

页面设置主要涉及页面方向、页面缩放、页边距、页眉/页脚等。工作表编辑完成后或在进行工作表编辑前均可对工作表页面进行设置，以使打印输出的表格更加合理、美观。

页面设置的操作步骤如下：

单击【页面布局】→【页面设置】组→【页面设置】按钮（ ），此时弹出【页面设置】对话框，如图 4-74 所示。对话框中包含四个选项卡，它们的作用分别是：【页面】选项卡，设置打印页的方向、打印纸的类型；【页边距】选项卡，设置表格与打印纸边缘的距离（包括上下左右四个方向）；【页眉/页脚】选项卡，添加每页顶部/底部的页眉和页脚；【工作表】选项卡，设置打印区域、质量等。

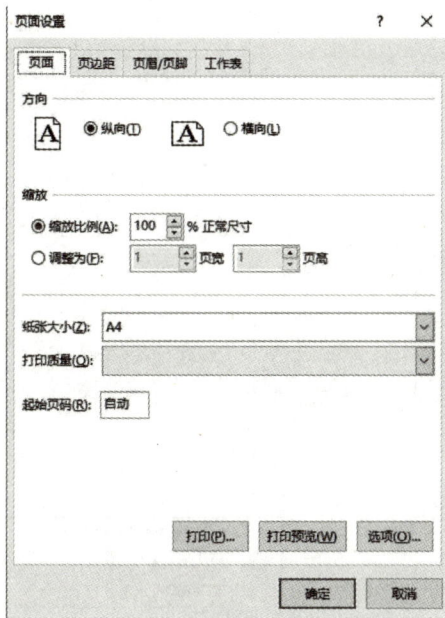

图 4-74 【页面设置】对话框

除了以上方法进行页面设置外，也可直接使用【页面布局】选项卡中的【页面设置】组及【调整为合适大小】【工作表选项】等组中的命令直接完成相关设置，其方法与Word 2016 类似，此处不再赘述。

二、电子表格的打印输出

1. 打印预览

为了防止打印错误，工作表设置完成后，可通过打印预览来查看打印效果及工作表的调整。用户如果不满意，也可返回工作表中进一步修改、设置，直至无误后再进行打印输出。打印预览用于显示文档的打印效果。由于在打印预览下，文档的显示效果与打印结果基本一致，用户可及时改正不足之处，以减少纸张和油墨的浪费。

打印预览的常用操作方法有以下两种：

(1) 单击【文件】→【打印】命令，在弹出的对话框的最右侧显示的即为打印预览效果。

(2) 打开【页面设置】对话框，单击对话框中任一选项卡中的【打印预览】按钮即可浏览打印效果。

2. 打印输出

在打印预览中查看打印结果无误后，可将文档打印输出，操作步骤如下：

单击【文件】→【打印】命令，在弹出的对话框的右侧将显示打印按钮以及打印机相关设置，如图 4-75 所示。根据需要设置打印范围、打印方向、边距设置、缩放比例等，设置完成后单击【打印】按钮即可。

若要进行打印机相关设置，则单击【打印机属性】命令，此时弹出【打印机属性】对话框，如图 4-76 所示。用户可根据需要设置打印质量、纸张类型、纸张大小等。

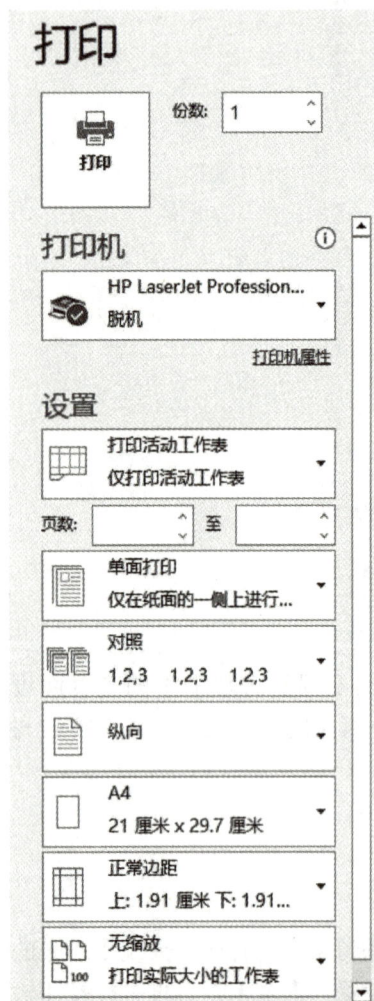

图 4-75　打印设置面板　　　　图 4-76　【打印机属性】对话框

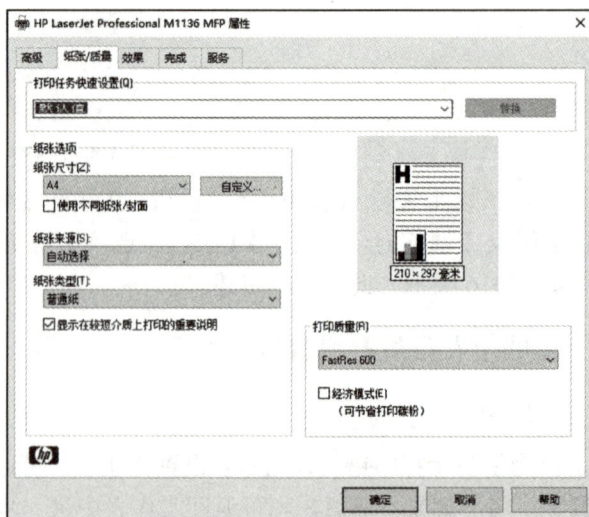

任务实现

在学习了 Excel 版面设置、打印设置等相关知识后，现在我们可以对李老师的同学各课程成绩表进行打印提交了。

具体要求：

(1) 设置页面方向为"纵向"，纸张大小为"A4"。

(2) 设置页边距：上为"3"，下为"4"，左为"4"，右为"2"，页眉为"3"，页脚为"3"，水平居中并且垂直居中。设置页眉为"成绩表"，页脚为"第 1 页"。

(3) 对选定部分进行双面打印。

上机操作步骤如下：

(1) 打开李老师某班同学的成绩工作表，打开【页面设置】对话框，首先选择【页面】选项卡，设置方向为"纵向"，纸张大小为"A4"，参数设置如图 4-77 所示；然后选择【页边距】选项卡，按要求分别设置上、下、左、右、页眉、页脚边距，参数设置如图 4-78 所示；最后选择【页眉/页脚】选项卡，选择页眉为"成绩表"，页脚为"第 1 页"，参数设置如图 4-79 所示。

(2) 选择需要打印的数据。单击【文件】→【打印】命令，在弹出的对话框中设置"打印选定区域"。如果选定区域列数较多或较大，预览时不能将所有数据打印到一页，此时可以设置"将所有列调整为一页"(这部分参数，用户可根据各自数据表的不同情况进行相应的设置)，参数设置如图 4-80 所示。

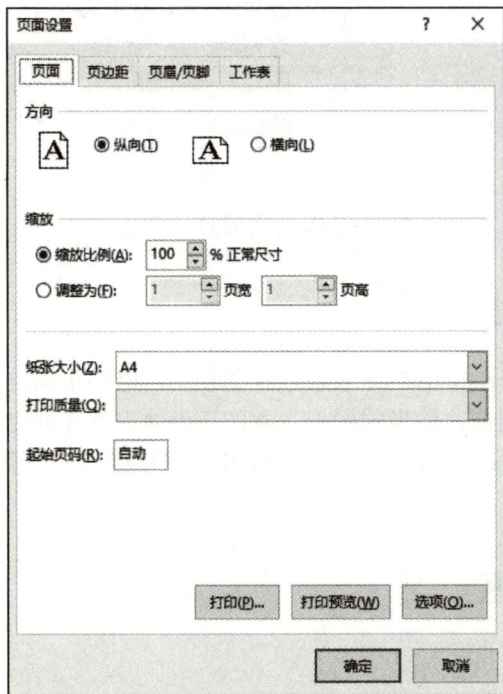

图 4-77　页面参数设置　　　　　　图 4-78　页边距参数设置

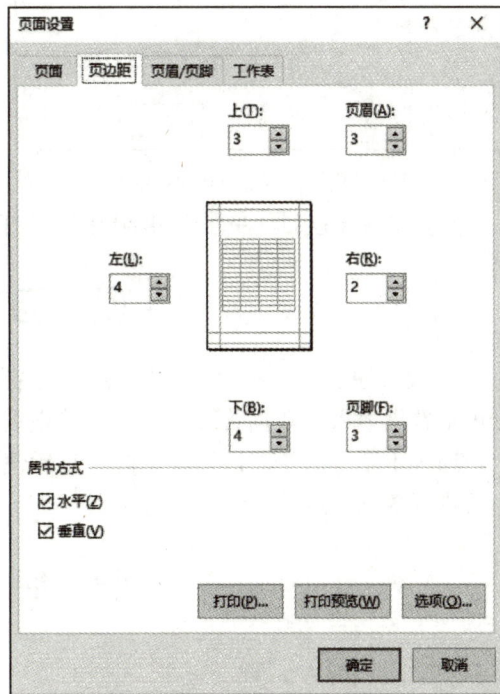

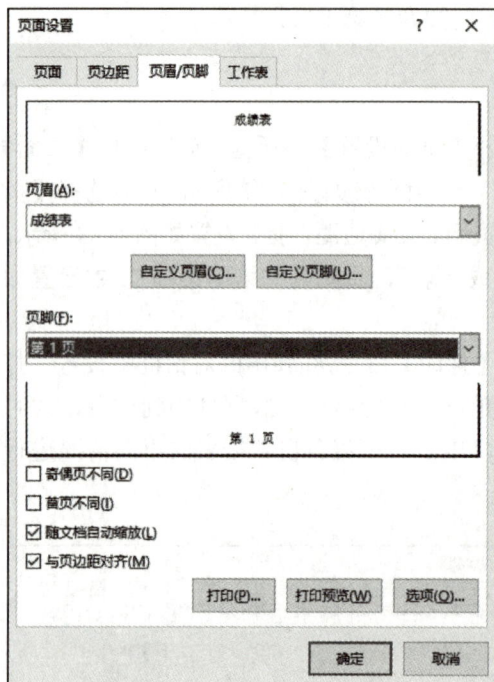

图 4-79　页眉 / 页脚参数设置

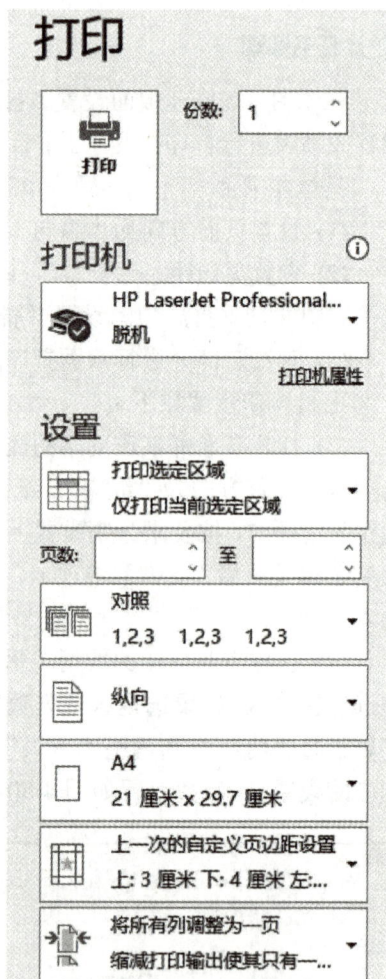

图 4-80　打印参数设置

(3) 完成设置后，单击图 4-80 中的【打印】按钮，即可将相关数据打印输出。

项 目 小 结

本项目通过六个任务介绍与练习，掌握 Excel 2016 电子表格软件的使用，能够正确进行表格数据输入、数据管理及分析，能根据数据创建恰当的图表，并能正确地进行表格输出。通过本项目的学习，让学生能够正确使用 Excel 2016 以及对一些相关的可视化图表等形式进行数据的运算、管理与分析。

课 后 练 习

一、选择题

1. Excel 2016 是处理 (　　) 的软件。

A. 图像效果　　　　　　　　　　　　B. 文字编辑排版

C. 图形设计方案 　　　　　　　　D. 数据制作报表

2. 以下操作中不属于 Excel 2016 的操作是 (　　　)。

A. 自动求和 　　　　　　　　B. 自动填充数据

C. 自动筛选 　　　　　　　　D. 自动排版

3. 以下单元格引用中，属于绝对引用的有 (　　　)。

A. \$A\$2　　　　B. \$A2　　　　C. A2　　　　D. A\$2

4. 在 Excel 中，对工作表的数据进行一次排序，排序关键字是 (　　　)。

A. 任意多　　　　B. 只能一列　　　　C. 只能两列　　　　D. 最多三列

5. Excel 中对于新建的工作簿文件，若还没有进行存盘，会采用 (　　　) 作为临时名字。

A. 文档 1　　　　B. Sheet1　　　　C. File1　　　　D. Book1

6. 要编辑单元格内容时，在该单元格中 (　　　) 鼠标，光标插入点将位于单元格内。

A. 右击　　　　B. 单击　　　　C. 双击　　　　D. 以上都不对

7. Excel 中单元格的地址是由 (　　　) 来表示的。

A. 列标　　　　B. 行号　　　　C. 任意确定　　　　D. 列标和行号

8. Excel 中如果单元格中的数太大不能显示时，一组 (　　　) 符号显示在单元格内。

A. *　　　　B. ?　　　　C. #　　　　D. ERROR!

9. & 表示 (　　　)。

A. 文字运算符　　　　B. 引用运算符　　　　C. 比较运算符　　　　D. 算术运算符

10. 下列关于 Excel 单元格的高度与宽度叙述错误的是 (　　　)。

A. 单元格的宽度可以改变，高度是固定的

B. 可用菜单改变单元格的高度

C. 单元格的默认宽度为虎作伥个字符

D. 可用鼠标改变单元格的宽度

11. 选中工作表中的某一行，然后按【Delete】键后 (　　　)。

A. 该行被清除，同时该行所设置的格式也被清除

B. 该行被清除，但下一行的内容不上移

C. 该行被清除，同时下一行的内容上移

D. 以上都不正确

12. 要想获得 Excel 的联机帮助信息，可以按功能键 (　　　)。

A. F3　　　　B. F2　　　　C. F1　　　　D. F4

13. 复制选定单元格数据时，需要按住 (　　　) 键，并拖动鼠标。

A. Alt　　　　B. Ctrl　　　　C. Shift　　　　D. ESC

14. Excel 工作表的 Sheet1、Sheet2……是 (　　　)。

A. 菜单　　　　B. 工作簿名称　　　　C. 工作表名称　　　　D. 单元格名称

15. 在 Excel 中当鼠标移到自动填充柄上时，鼠标指针变为 (　　　)。

A. 双十字　　　　B. 双箭头　　　　C. 黑十字　　　　D. 黑矩形

16. Excel 菜单命令旁边的 "…" 表示 (　　　)。

A. 执行该命令会打开一个对话框架　　　B. 该菜单下还有子菜单

C. 该命令当前不能使用　　　　D. 按…不执行该命令

17. 在 Excel 中默认的图表类型是（　　）。

A. 条形 　　　　　　B. 饼 　　　　　　C. 柱形 　　　　　　D. 折线

18. 在 Excel 单元格中，默认的数值型数据的对齐方式是（　　）。

A. 居中对齐 　　　　B. 左对齐 　　　　C. 右对齐 　　　　D. 顶端对齐

19. Excel 的文件是（　　）。

A. 文档 　　　　　　B. 工作表 　　　　C. 单元格 　　　　D. 工作簿

20. 在 Excel 工作表中，A1 至 A8 单元格的数值都为 1，A9 单元格的数值为 0，A10 单元格的数据为"Excel"，则函数 AVERAGE(A1:A10) 的结果是（　　）。

A. 0.8 　　　　　　B. 1 　　　　　　　C. 8/9 　　　　　　D. ERROR

二、填空题

1. 一般在 Excel 中紧接着格式工具栏的是（　　　　）。

2. 除直接在单元格中编辑内容外，也可使用（　　　　）编辑。

3. 保存 Excel 工作簿的快捷键是（　　　　）。

4. 在 Excel 中，视图方式有（　　　　）种。

5. 单元格的引用分为相对引用、绝对引用和混合引用，对单元格 A5 的绝对引用是（　　　　）。

6. 保存工作簿文件的操作步骤是：执行【文件】→【保存】命令，如果文件为新文件，屏幕显示（　　　　）对话框，如果该文件已保存过，则系统不出现该对话框。

7. Excel 单元格中，在自动情况下，数值数据靠（　　　　）对齐，日期和时间数据靠（　　　　）对齐，文本数据靠（　　　　）对齐。

8. 在 Excel 单元格中，输入由数字组成的文本数据，数字前应加（　　　　）。

9. 退出 Excel 的快捷键是（　　　　）。

10. Excel 主窗口由（　　　　）、选项卡、功能组、编辑栏、工作簿窗口、标签栏、（　　　　）等组成。

三、操作题

1. 对学生的成绩表进行数据计算并用图表的形式对数据进行分析总结。

2. 对某公司的销售数据表进行计算与分析。

项目五 / 制作 PPT 演示文稿

PowerPoint 是 Microsoft Office 办公软件套装的组件之一，使用该软件可以制作出具有专业水准的演示文稿。演示文稿可以在投影仪或计算机上进行播放，也可以将演示文稿打印成讲义供大家查看，还可以进行打包输出，以方便在未安装 PowerPoint 软件的其他计算机上放映。同时，在演示文稿中可以加入声音、图形、图像、动画等多媒体对象，通过计算机或大屏幕投影，呈现给我们一个声、情、景并茂的视觉、听觉盛宴。

演示文稿是指用 PowerPoint 制作出来的各种演示材料。在实际生活应用中，演示文稿是指人们在进行演讲、产品展示、阐述计划和实施方案等时，向大家展示的一系列材料。而一个完整的演示文稿又是由很多不同的页面构成，这些页面被称为"幻灯片"。

学习目标

- 掌握幻灯片的基本操作
- 掌握演示文稿幻灯片中图片、图表和表格的基本编辑与设置
- 掌握演示文稿幻灯片中多媒体元素的添加与设置
- 掌握演示文稿的布局与美化
- 掌握演示文稿动画的创建与设置
- 掌握演示文稿的放映与打印

任务一　创建和编辑幻灯片

任务描述

徐老师是某班的辅导员老师，现在该班需要召开一次班会。为了便于讲解也让学生看清楚相关的重要内容，在召开班会之前，徐老师需要制作一份主题为班会的演示文稿。

本任务要求熟悉 PowerPoint 的操作界面，掌握 PowerPoint 演示文稿的基本操作，如演示文稿的创建、保存、打开、关闭，掌握幻灯片的基本操作，如幻灯片的插入、删除、复制、移动等。

知识准备

一、PowerPoint 的启动与退出

1. PowerPoint 的启动

启动 PowerPoint 演示文稿软件的常用方法主要有以下三种：

方法一：选择【开始】→【PowerPoint】即可。

方法二：若计算机桌面有 PowerPoint 的快捷图标，则直接双击该图标即可；若计算机桌面无 PowerPoint 的快捷图标，可进入软件的安装目录中，找到对应的图标双击即可。

方法三：双击任意一个已经建立的 PowerPoint 演示文稿文件。

2. PowerPoint 的退出

退出 PowerPoint 演示文稿软件的常用方法主要有以下三种：

方法一：单击【文件】按钮→【关闭】命令。

方法二：单击 PowerPoint 窗口右上方的关闭按钮。

方法三：按下组合键 Alt + F4。

二、PowerPoint 2016 窗口的组成

PowerPoint 2016 演示文稿软件的操作与 Office 其他软件相同，也是在窗口环境下进行的。窗口主要由快速访问工具栏、标题栏、窗口控制按钮、【文件】按钮、选项卡、功能区、幻灯片浏览窗格、幻灯片编辑窗格、备注窗格、状态栏等组成，如图 5-1 所示。

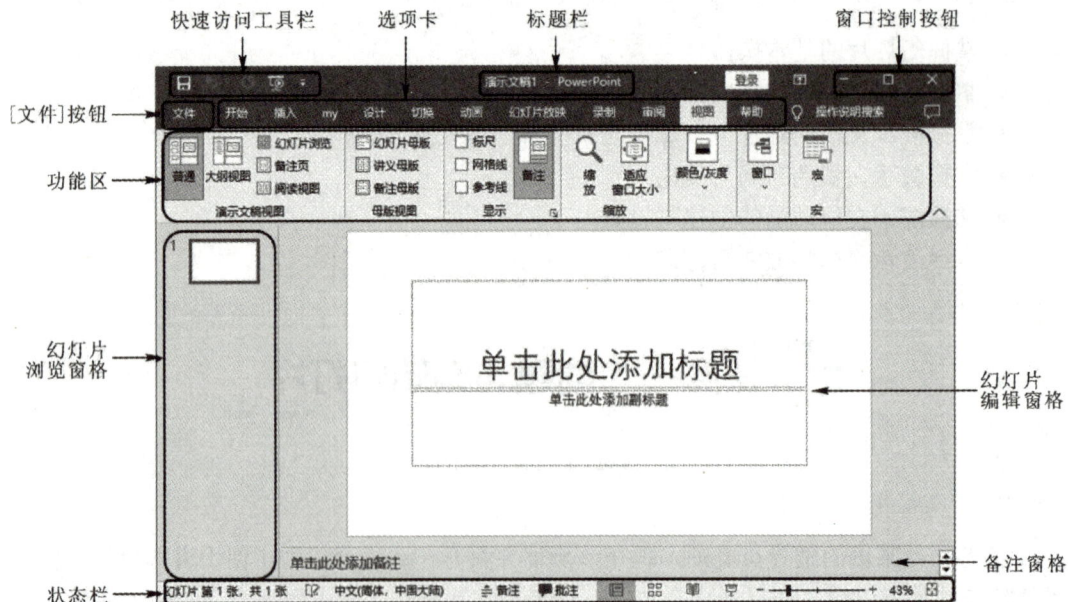

图 5-1　PowerPoint 2016 窗口

1. 快速访问工具栏

快速访问工具栏位于窗口的左上角，用于放置部分常用的命令按钮，用户只需要单击

相应按钮即可实现相应功能。默认情况下，快速访问工具栏中只有很少的几个命令按钮，用户可以根据需要添加其他命令至快速访问工具栏中，操作方法与 Word 2016 相同，此处不再赘述。

2. 标题栏

标题栏位于窗口顶部的中间，用于显示当前正在操作的文件名。

3. 窗口控制按钮

窗口控制按钮位于窗口右上角，包括【最小化】【向下还原】/【最大化】和【关闭】三个按钮。单击【最小化】按钮，可以将当前窗口最小化到系统任务栏；在文稿处于最大化状态下，可以单击【向下还原】按钮，将窗口缩小；在文稿处于非最大化状态时，可以单击【最大化】按钮，将窗口最大化至整个屏幕；单击【关闭】按钮，可以退出当前演示文稿。

4.【文件】按钮

【文件】按钮位于快速访问工具栏下方。单击【文件】按钮后会切换至对应的功能界面，包括【保存】【另存为】【打开】【关闭】【信息】【最近所用文件】【新建】【打印】【保存并发送】【帮助】等常用的选项，使用这些命令可完成相应的功能，如演示文稿的保存、新建、选项设置等。

5. 选项卡

选项卡位于【文件】按钮的右侧，包括【开始】【插入】【设计】【切换】【动画】【幻灯片放映】【审阅】【视图】等，用户通过鼠标单击即可实现选项卡之间的选择、切换。

6. 功能区

功能区位于选项卡的下方，所选择的选项卡不同，则其功能区对应的功能项也不同。功能区是由多个组构成，每个组又是由多个完成不同功能的按钮、下拉菜单等构成。例如，【开始】的功能区由【剪贴板】组、【幻灯片】组、【字体】组、【段落】组、【绘图】组、【编辑】组构成。

7. 幻灯片浏览窗格

幻灯片浏览窗格位于功能区下方的最左侧，窗格中将显示每张幻灯片的缩略图。所显示的幻灯片缩略图的大小可以调整，操作方法是按住 Ctrl 键再滚动鼠标滚轮来完成放大与缩小。在幻灯片选项卡中，单击幻灯片可实现幻灯片的选择，也可通过鼠标或键盘实现幻灯片的插入、排列、删除等。

8. 幻灯片编辑窗格

幻灯片编辑窗格位于幻灯片浏览窗格的右侧，是整个窗口中占据空间最多的区域，主要用于对幻灯片的编辑。

9. 备注窗格

备注窗格位于幻灯片编辑窗格的下方，用于显示幻灯片相关的备注信息，备注信息主要是对幻灯片的内容进行解释、说明等。备注窗格如同普通的幻灯片一样，可直接进行内容的输入及相关编辑。

10. 状态栏

状态栏位于整个窗口的最下方。状态栏左侧显示当前演示文稿幻灯片总数及当前幻灯片所处页数，右边是演示文稿的几种视图按钮，用于在不同的视图之间进行切换，最右侧是幻灯片的显示比例滑块，通过拖动滑块可更改幻灯片的显示比例。

三、PowerPoint 的常用视图

PowerPoint 2016 为用户提供了多种视图方式，分别是"普通视图""大纲视图""幻灯片浏览视图""备注页视图""阅读视图""母版视图""幻灯片放映视图"。

1. 普通视图

PowerPoint 2016 默认的视图方式是普通视图。普通视图包括大纲视图、幻灯片视图及备注视图。大纲视图主要显示幻灯片中文本的大纲级别，方便用户进行文本内容的升级、降级及上移、下移操作。普通视图切换至大纲视图时，大纲窗格及备注窗格所占区域增大，幻灯片窗格所占区域缩小。幻灯片视图主要是用户对幻灯片中的具体内容进行创建、编辑等，幻灯片视图所占区域最大。

2. 大纲视图

大纲视图显示演示文稿的文本内容和组织结构，不显示图形、图像、图表等对象。在大纲视图下能较方便地调整各幻灯片中内容的层次级别和前后次序，还可以调整幻灯片的顺序，也可以将某幻灯片的文本复制或移动到其他幻灯片中。

3. 幻灯片浏览视图

通过幻灯片浏览视图，用户可纵观整个演示文稿中所有幻灯片的效果，能够方便地对幻灯片进行选定、添加、删除和移动操作。在幻灯片浏览视图中，不能对幻灯片内容进行直接编辑，需要双击该幻灯片缩略图切换至幻灯片视图时才能进行内容的操作。

其他视图切换至幻灯片浏览视图的常用方法有以下两种：

方法一：单击 PowerPoint 窗口状态栏右侧的【幻灯片浏览】按钮 (⊞)。

方法二：单击【视图】→【演示文稿视图】组→【幻灯片浏览】命令。

4. 备注页视图

备注页视图主要是用户为幻灯片添加备注信息，此时只显示幻灯片窗格及备注窗格，同时幻灯片窗格缩小，备注窗格占主要区域。

5. 阅读视图

阅读视图是将演示文稿缩放为适应窗口大小的、类似于幻灯片放映的方式来查看。在阅读视图中，只保留幻灯片窗格、标题栏和状态栏，其他选项卡隐藏。阅读视图通常从第一张幻灯片开始阅读，通过鼠标单击可以切换到下一张幻灯片，阅读至最后一张幻灯片后退出阅读视图。放映过程中按 Esc 键可强制退出阅读视图，也可单击状态栏右侧的【阅读视图】按钮，退出阅读视图并切换至其他视图。

其他视图切换至阅读视图的常用方法有以下两种：

方法一：单击 PowerPoint 窗口状态栏右侧的【阅读视图】按钮 (　　)。

方法二：单击【视图】选项卡→【演示文稿视图】组→【阅读视图】命令。

6. 母版视图

母版是一种特殊的幻灯片，每一种版式均有对应的母版。PowerPoint 2016 为用户提供了幻灯片母版、讲义母版及备注母版，用户可根据需要进入不同的母版视图进行母版的格式化。

7. 幻灯片放映视图

在幻灯片放映视图下，幻灯片以全屏的形式进行显示，所有的窗口功能全部隐藏。用户可按顺序逐张幻灯片放映，也可提前设定放映顺序，也可在放映时进行幻灯片的定位；用户可从第一张幻灯片开始放映，也可从当前选定幻灯片开始放映。

幻灯片放映结束后可自动退出幻灯片放映视图，也可在放映中按 Esc 键强制退出幻灯片放映视图。

其他视图切换到幻灯片放映视图的常用方法有以下两种：

方法一：单击状态栏右侧【幻灯片放映视图】按钮 (　　)

方法二：单击【幻灯片放映】→【开始放映幻灯片】组中的相关命令。

四、演示文稿的基本操作

1. 新建演示文稿

使用 PowerPoint 2016 软件，首先需要创建演示文稿，可创建空白演示文稿，也可创建不同模板的演示文稿。

1) 创建空白演示文稿

创建空白演示文稿的操作方法如下：

单击【文件】→【新建】命令，此时出现【新建】对话框，单击【空白演示文稿】即可。

2) 根据模板创建演示文稿

根据模板创建演示文稿的操作方法如下：

单击【文件】按钮→【新建】命令，此时出现【新建】对话框，在搜索联机模板和主题输入框中输入需要主题名，按 Enter 键进行搜索，搜索完成后会出现满足要求的演示文稿模板；然后单击所需的主题，在弹出的对话框中单击【创建】按钮，此时创建对应模板的演示文稿。

若用户已经有下载好的模板，则在该面板搜索框下会有模板或主题的列表，用户只需单击对应的模板或主题，在弹出的对话框中再单击【创建】按钮，此时创建对应模板的演示文稿。

2. 打开演示文稿

打开演示文稿常用的方法有以下三种：

方法一：单击【文件】→【打开】命令或按下组合键 Ctrl + O，此时弹出【打开】面板，单击【浏览】命令，此时弹出【打开】对话框，用户在相应的保存位置找到需要打开的文件，再单击【打开】，或者直接双击要打开的演示文稿。

方法二：双击要打开的演示文稿文件。

方法三：若需要打开的演示文稿文件是最近使用过的文件，则单击【文件】→【打开】命令，在右侧的"最近"中有相应的文件列表，在列表中单击需要打开的演示文稿文件。

3. 保存与关闭演示文稿

1) 保存演示文稿

PowerPoint 2016 演示文稿的默认扩展名为".pptx"。如果当前演示文稿的保存状态不同，在执行对应保存操作的结果也不相同，主要有以下两种情况：

(1) 保存新建的演示文稿。

保存新建的演示文稿文件，常用的方法有以下三种：

方法一：单击【文件】→【保存】命令。

方法二：单击【文件】→【另存为】命令。

方法三：按下组合键 Ctrl + S。

执行以上任一操作后会弹出【另存为】面板，单击【浏览】按钮，此时弹出【另存为】对话框，在【保存位置】列表框中选择适当的路径，在【文件名】文本框中输入文件名后，单击【保存】按钮，完成演示文稿的保存。

(2) 保存已命名的演示文稿。

若当前演示文稿已经保存过，现在对演示文稿进行了修改，此时执行不同的保存命令可实现不同的保存状态，主要有以下两种情况：

(1) 单击【文件】→【保存】命令或按下组合键 Ctrl + S，此时不会弹出任何对话框，当前的演示文稿文件替换原来的演示文稿，保存位置与原来的演示文稿相同。

(2) 单击【文件】→【另存为】命令，此时弹出【另存为】面板，单击【浏览】按钮，此时弹出【另存为】对话框。若用户需要将修改后的演示文稿保存为一个新的文件，则在对话框中选择保存位置，输入文件名，单击【另存为】按钮；若需要替换原来的演示文稿文件，则选择文件，单击【保存】按钮。

2) 关闭演示文稿

演示文稿文件可单独关闭，此时软件并未退出，也可以直接退出软件关闭演示文稿，常用的方法有以下几种：

方法一：单击【快速访问工具栏】最左侧的空白处，在弹出的下拉菜单中单击【关闭】命令，退出软件，关闭演示文稿。

方法二：单击【文件】→【关闭】命令，此时关闭演示文稿，软件未退出。

方法三：单击窗口右侧的窗口控制按钮中的【关闭】按钮，退出软件，关闭演示文稿。

方法四：按下组合键 Alt + F4，退出软件，关闭演示文稿。

4. 演示文稿页面设置

为了在后续进行演示文稿的输出时不至于影响排版效果，所以在开始演示文稿的细节编排之前，首先应当设置演示文稿的幻灯片大小、幻灯片方向等。

演示文稿页面设置操作方法如下：

单击【设计】→【自定义】组→【幻灯片大小】→【自定义幻灯片大小】命令，此时弹出【幻灯片大小】对话框，如图 5-2 所示。用户根据需要设置幻灯片大小、方向，以及备注、讲义和大纲的方向及幻灯片编号起始值。

图 5-2　【幻灯片大小】对话框

五、幻灯片的基本操作

幻灯片是构成演示文稿的基本单元，幻灯片的组织结构安排影响着整个演示文稿的质量，所以对幻灯片的基本操作是完成演示文稿编排的基础。

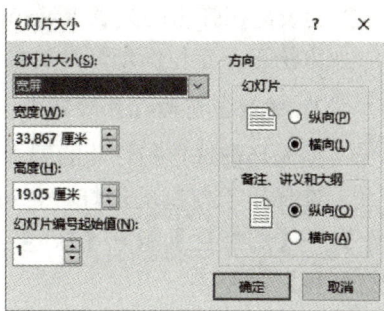

1. 选定幻灯片

在"备注页视图""阅读视图"和"幻灯片放映视图"中不能实现对幻灯片的选定，而在"普通视图""大纲视图""幻灯片视图"及"幻灯片浏览视图"方式下，可以通过鼠标单击某一幻灯片的图标来选定一张幻灯片；若同时按住 Shift 键，则选定连续的多张幻灯片；若按住 Ctrl 键，则选定不连续的多张幻灯片。

2. 复制幻灯片

复制幻灯片常用方法有以下三种：

方法一：选定要复制的幻灯片，单击【开始】→【剪贴板】组→【复制】按钮（图）或按组合键 Ctrl + C 复制幻灯片，将插入点定位到要复制到的目标处，再单击【开始】→【剪贴板】组→【粘贴】命令或按组合键 Ctrl + V 进行粘贴。

方法二：选定要复制的幻灯片，在"幻灯片浏览视图"下，按住鼠标左键拖动幻灯片的同时按下 Ctrl 键可实现幻灯片的复制。

方法三：选定要复制的幻灯片，在"幻灯片视图"下，在选定幻灯片上单击鼠标右键，在弹出的快捷命令列表中选择【复制幻灯片】命令。

3. 删除幻灯片

在"备注页视图""阅读视图"和"幻灯片放映视图"中不能实现幻灯片的删除操作，而在"普通视图""大纲视图""幻灯片视图""幻灯片浏览视图"方式下可以删除幻灯片，常用方法有以下两种：

方法一：选定需要删除的幻灯片，按键盘上的 Del 键。

方法二：选定需要删除的幻灯片，在"幻灯片视图"或"幻灯片浏览视图"下，单击鼠标右键，在弹出的快捷命令列表中选择【删除幻灯片】命令。

4. 插入幻灯片

插入幻灯片是指在当前演示文稿中增加新的幻灯片。PowerPoint 2016 中新幻灯片的来源有空白的幻灯片、选定幻灯片副本及外部演示文稿中的幻灯片。

1）插入新幻灯片

插入新幻灯片的常用方法有以下三种：

方法一：定位新幻灯片的插入位置，单击鼠标右键，选择【新建幻灯片】命令。

方法二：定位新幻灯片的插入位置，单击【开始】→【幻灯片】组→【新建幻灯片】

下拉列表，在弹出的列表中选择一种版式。

方法三：定位新幻灯片的插入位置，按组合键 Ctrl + M。

2）插入当前幻灯片的副本

插入当前选定幻灯片的副本，保留所选幻灯片中的所有格式，操作方法如下：

选择用于复制的幻灯片，可以为单张幻灯片，也可以为多张幻灯片，然后单击【开始】→【幻灯片】组→【新建幻灯片】下拉列表，在弹出的下拉列表中选择【复制所选幻灯片】命令。

3）重用幻灯片

幻灯片的重用是指重复使用演示文稿中的幻灯片，这些幻灯片可重复用在多个演示文稿中。重用幻灯片的操作步骤如下：

（1）定位幻灯片的插入位置，单击【开始】→【幻灯片】组→【新建幻灯片】下拉列表，在弹出的下拉列表中选择【重用幻灯片】命令，此时幻灯片窗格右侧出现【重用幻灯片】面板，如图 5-3 所示。

图 5-3 【重用幻灯片】面板

（2）单击【浏览】按钮，在弹出的【浏览】对话框中选择需要的演示文稿文件，再单击【打开】按钮，此时在【重用幻灯片】面板下方显示该演示文稿的所有幻灯片，单击需要插入的幻灯片。

5. 移动幻灯片

幻灯片的移动是指改变幻灯片所处的位置，移动幻灯片的常用方法有以下两种：

方法一：选定需要移动的幻灯片，单击【开始】→【剪贴板】组→【剪切】命令或按组合键 Ctrl + X，对选定幻灯片进行剪切，再执行【粘贴】命令或按组合键 Ctrl + V 进行粘贴，完成幻灯片的移动。

方法二：选定需要移动的幻灯片，按下鼠标左键拖动选定幻灯片至目标位置。

6. 输入文本

幻灯片中文本内容是必不可少的一个组成部分，但在空白版式中不能直接进行文本的输入。其他版式的幻灯片中默认已经存在一些虚线框，这些虚线框即为文本输入框，只需在框中单击鼠标左键即可进行文本的输入。

在默认文本输入框以外的区域进行文本输入，则必须添加文本框；若当前幻灯片为空白幻灯片，则必须添加文本框才能进行文本的输入。添加文本框的操作方法如下：

单击【插入】→【文本】组→【文本框】→【横排文本框】/【竖排文本框】命令，将鼠标移至幻灯片中，在幻灯片中拖动鼠标绘制出一个矩形区域即可。

7. 调整文本框或虚线框的位置、大小

虚线框和文本框的位置及大小都可以通过拖动鼠标来调整，操作方法如下：

文本框或虚线框移动：单击选择文本框或虚线框，此时在框的四周出现控制点，将鼠标移至文本框的边框上，当鼠标指针变为带有 4 个方向的十字箭头时，按住鼠标左键将文本框拖动至合适位置即可实现文本框或虚线框的移动。

调整文本框或虚线框大小：选择文本框或虚线框，此时在框的四周出现 9 个控制点，其中四个角上的圆形控制点用于改变框的宽度和高度，水平方向上中间的两个正方形控制点用于改变框的高度，垂直方向上中间的两个正方形控制点用于改变框的宽度，绿色圆形控制点用于实现框的旋转。

8. 调整幻灯片的内容层次

通常幻灯片中的内容图文并茂，若文本内容过多而又杂乱，会给幻灯片的阅读带来极大的不便，所以对幻灯片中的文本内容应该进行有层次的组织。在 PowerPoint 2016 中可通过"大纲视图"进行文本层次级别的调整，操作步骤如下：

(1) 打开一个已经制作好的演示文稿文件，进入"大纲视图"；光标定位到需要升级或降级的文本处，单击鼠标右键，在弹出的快捷菜单中选择【升级】/【降级】命令。

(2)【上移】/【下移】命令用于幻灯片中文本内容的上下位置移动。

任务实现

在学习了 PowerPoint 2016 的基本操作，对幻灯片的基本操作有一定的了解后，现在我们为徐老师创建对应的演示文稿，并对其进行保存。

具体要求：

(1) 通过"教育演示文稿"创建该演示文稿，保存为"班会.pptx"。

(2) 幻灯片大小：全屏显示 (16：9)，幻灯片、备注、讲义和大纲方向均为横向。

(3) 根据内容，保留其中一些需要的幻灯片并输入内容。

上机操作步骤如下：

(1) 启动 PowerPoint 2016，在打开的界面中单击【新建】命令，在其右侧"建议的搜索"横向列表中单击"教育"，在打开的教育类主题列表中单击"教育演示文稿"，此时弹出的对话框如图 5-4 所示。单击【创建】按钮，此时会对该演示文稿进行下载，下载完成后，生成对应的演示文稿，参考效果如图 5-5 所示。若用户没找到指定的主题，则可自行选择适当的主题进行创建。

图 5-4　创建教育演示文稿

图 5-5　演示文稿幻灯片浏览效果

（2）幻灯片参数设置。在幻灯片窗格中选择任意一张幻灯片，单击【设计】→【自定义】组→【幻灯片大小】→【自定义幻灯片大小】命令，此时弹出【幻灯片大小】对话框，设置幻灯片大小为"全屏显示(16∶9)"，幻灯片方向为"横向"，备注、讲义和大纲方向为"横向"，参数设置如图 5-6 所示。

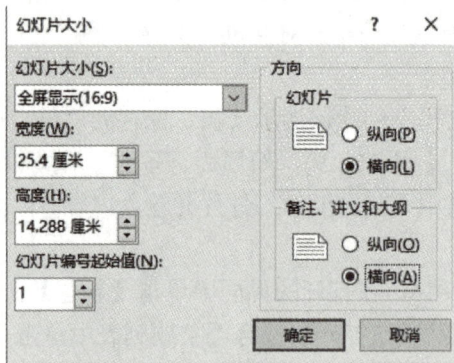

图 5-6　幻灯片大小参数设置

（3）幻灯片参考效果显示。选定不需要的幻灯片，按 Delete 键将其删除，此处保留了 8 张幻灯片，然后在每一张幻灯片中根据需要在文本框中输入内容，参考效果如图 5-7 所示。

图 5-7　幻灯片参考效果

（4）完成演示文稿的创建，按下组合键 Ctrl + S，在弹出的【另存为】面板中单击【浏览】按钮，此时弹出【另存为】对话框，设置需要保存的位置，并设置文件名为"班会"，参数设置如图 5-8 所示。最后单击【保存】按钮完成该演示文稿的保存。

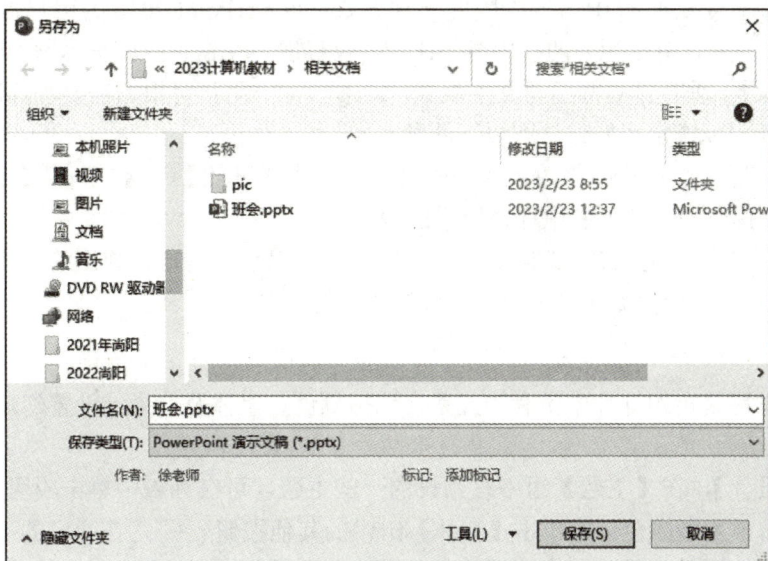

图 5-8　【另存为】对话框参数设置

任务二　布局和美化幻灯片

任务描述

罗老师本学期要承担某门课程的教学工作，第一堂课需要讲的是该课程第一章的内容。在上课之前，罗老师需要为该部分内容的讲解准备演示文稿并进行格式化。

本任务要求熟悉 PowerPoint 2016 中幻灯片版式的基本使用、幻灯片中内容的格式化、幻灯片主题的应用及幻灯片背景的相关设置。

知识准备

一、幻灯片的布局与格式化

1. 文本内容的格式化

对文本的格式化主要涉及文本自身属性的格式化及段落的格式化。幻灯片中文本自身属性的格式化主要包括文本字体、字号、颜色、下划线、字符间距、删除线、阴影等，段落的格式化主要包括项目符号、项目编号、对齐方式、行距等。

文本自身属性的格式化操作主要集中在【开始】→【字体】组中，可单击【字体】按钮打开【字体】对话框，用户根据需要进行相关选项的设置。

段落的格式化操作则集中在【开始】→【段落】组中，也可单击【段落】按钮打开【段落】对话框，其中包括【缩进和间距】及【中文版式】两个选项卡，用户根据需要进行相关选项的设置。

2. 幻灯片的版式

幻灯片版式是幻灯片中内容排版的一种方式。PowerPoint 2016 为用户提供了标题幻灯片、标题和内容、节标题、两栏内容、比较、仅标题、空白、内容与标题、图片与标题、标题和竖排文字、垂直排列标题与文字版式，共计 11 种，用户可根据需要进行选择及修改。

设置幻灯片版式常用的方法有以下两种：

方法一：选定要设置或修改版式的幻灯片，单击【开始】→【幻灯片】组→【版式】下拉列表，在弹出的下拉列表中选择所需的版式。

方法二：选定要设置或修改版式的幻灯片，单击鼠标右键，在弹出的快捷菜单中选择【版式】命令，在级联的版式列表中单击选择所需的版式。

3. 幻灯片主题

幻灯片主题是指幻灯片中所有的元素，包括颜色、字体及效果。设置幻灯片主题的操作方法如下：

单击【设计】，在【主题】组中有预设的一些主题，可在列表中单击应用主题。

若需要修改主题颜色，则单击【变体】组中的其他按钮 (⊡)，在弹出的下拉列表中单击【颜色】，在打开的级联列表中选择软件预设的主题颜色，也可单击其中的【自定义颜色】命令，此时弹出【新建主题颜色】对话框，如图 5-9 所示。用户根据需要设置文字 / 背景颜色、强调文字颜色、超链接及已访问的超链接颜色。

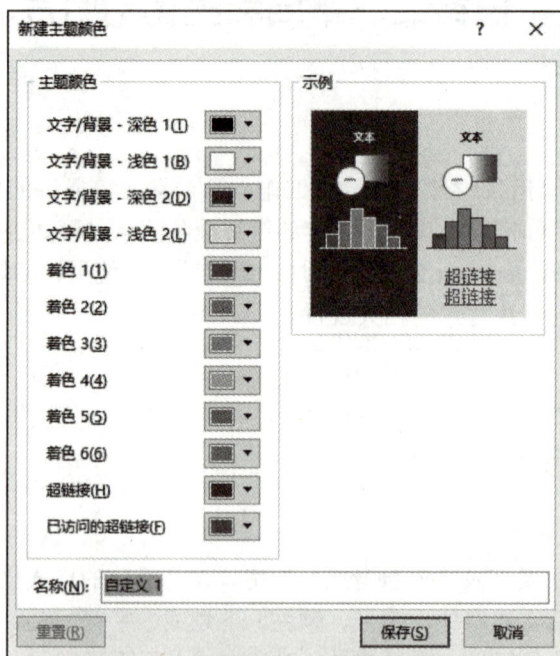

图 5-9 【新建主题颜色】对话框

若需要修改字体，则单击【变体】组中的其他按钮 (⊡)，在弹出的下拉列表中单击【字体】下拉列表，在打开的级联列表中选择软件预设的字体，也可单击其中的【自定义字体】命令，此时弹出【新建主题字体】对话框，如图 5-10 所示。文字包括西文与中文，用户根据需要分别设置标题字体、正文字体并将主题字体进行命名。

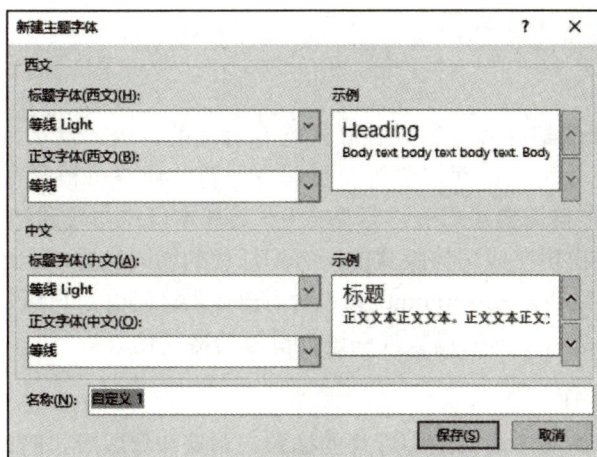

图 5-10 【新建主题字体】对话框

4. 幻灯片的背景样式

在进行幻灯片格式化时，有时需要将幻灯片背景设置为纯色、渐变色、图案、纹理或使用图片作为幻灯片背景，这时可通过设置幻灯片背景样式来实现。

设置或调整幻灯片背景样式的操作方法如下：

选择需要设置或更改背景样式的幻灯片，单击【设计】选项卡→【自定义】组→【设置背景格式】命令，此时弹出【设置背景格式】对话框，如图 5-11 所示。用户根据需要进行相关选项的设置，相关选项的设置方法及含义与 Word 2016 类似，此处不再赘述。

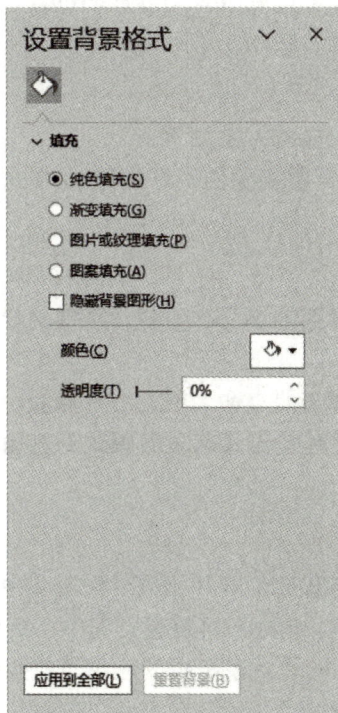

图 5-11 【设置背景格式】对话框

二、母版的基本操作及格式化

1. 母版概述

母版是一种特殊的幻灯片，每一种版式均有对应的母版。默认情况下，母版中主要涉及文本框、页脚占位符、日期占位符及页码占位符，用户可根据需要进行占位符的插入及删除操作，也可根据需要对母版进行格式化，其基本操作与普通幻灯片的格式化相同。

母版中的对象会出现在应用该版式的所有幻灯片的相同位置，因此，使用母版可高效、方便地统一幻灯片的风格。PowerPoint 2016 为用户提供了幻灯片母版、讲义母版及备注母版，用户可根据需要进入不同的母版视图进行母版的格式化。

2. 母版的基本操作

母版的基本操作主要涉及母版幻灯片的插入、删除和母版版式的设置。

1) 幻灯片母版的插入

母版也是由多张幻灯片组成的，当需要插入新的幻灯片母版时，操作方法如下：

单击【视图】→【母版视图】组→【幻灯片母版】命令，进入幻灯片母版视图；然后定位需要插入幻灯片母版的位置，单击【幻灯片母版】→【编辑母版】组→【插入幻灯片母版】命令。

2) 母版版式的插入

母版与普通幻灯片一样，同样有自己的版式，插入自定义版式的幻灯片母版的操作方法如下：

进入幻灯片母版视图，定位新母版版式幻灯片的位置，单击【幻灯片母版】→【编辑母版】组→【插入版式】命令。

3) 删除幻灯片母版

将多余的幻灯片母版删除的操作方法如下：

进入幻灯片母版视图，选择需要删除的幻灯片母版，单击【幻灯片母版】→【编辑母版】组→【删除】命令。

4) 重命名幻灯片母版

为了方便用户进行幻灯片母版的定义与查找，可对幻灯片母版进行重命名，操作方法如下：

进入幻灯片母版视图，选择需要重命名的幻灯片母版，单击【幻灯片母版】→【编辑母版】组→【重命名】命令，此时弹出【重命名版式】对话框，在【版式名称】中输入名称即可。

3. 母版的格式化

母版的格式化操作大部分与普通幻灯片相同，如母版中文本的格式化、段落的格式化等的设置方法与普通幻灯片相同，此处不再赘述。其中，涉及占位符的设置、主题的编辑、背景的设置、页面的设置、动画的设置及模板的应用等的操作稍有差异。

1) 母版版式的编辑

母版版式可进行自定义，涉及占位符的插入、删除等，操作方法如下：

选择需要自定义版式的母版幻灯片，若要插入占位符，则单击【幻灯片母版】→【母版版式】组→【插入占位符】下拉列表，在弹出的下拉列表中单击对应的占位符。PowerPoint 2016 提供的占位符有内容、内容 (竖排)、文本、文字 (竖排)、图片、图表、表格、SmartArt、媒体、联机图像。然后将鼠标移至幻灯片母版中，按住鼠标左键拖动绘制占位符。若要删除占位符，则在幻灯片母版中选择对应占位符，按 Delete 键。标题和页脚占位符也可通过单击【幻灯片母版】→【母版版式】组→【标题】/【页脚】，取消复选框的选择，进行相关操作。

2) 母版主题、背景、页面设置

母版主题、背景、页面设置分别在【幻灯片母版】→【编辑主题】组 /【背景】组 /【大小】组中，其设置方法同普通幻灯片的操作，此处不再赘述。

3) 退出母版视图

对母版的编辑完成后，需要退出母版视图，操作方法如下：

单击【幻灯片母版】→【关闭】组→【关闭母版视图】按钮。

任务实现

在学习了 PowerPoint 2016 布局与美化，对幻灯片的版式、主题、背景、内容等的格式化操作有一定的了解后，现在我们为罗老师创建课程每一章的演示文稿，并对其进行保存。

具体要求：

(1) 幻灯片应用"画廊"主题，变体颜色为"蓝色暖调"，变体字体为"黑体"，为第一张幻灯片添加计算机相关的背景图片。

(2) 设置第一张幻灯片的版式为"标题"，小节内容幻灯片的版式为"节标题"，具体内容幻灯片的版式为"标题和内容"。

(3) 用户可根据需要对幻灯片进行美化。

上机操作步骤如下：

(1) 启动 PowerPoint 2016，创建空白演示文稿，按下组合键 Ctrl + S，将该演示文稿保存为"第一章内容 .pptx"。

(2) 设置标题版式。按 Ctrl + M 组合键，在第一张幻灯片后插入 5 张幻灯片 (幻灯片数量可根据需要进行增减)；然后选择第一张幻灯片，单击【开始】→【幻灯片】组→【版式】→【标题幻灯片】命令 (默认第一张幻灯片的版式即为标题版式，若不是则按这一步骤进行设置)，将第一张幻灯片的版式设置为标题。

(3) 设置节标题。选择第二张幻灯片，单击【开始】→【幻灯片】组→【版式】→【节标题】命令 (默认第二张幻灯片的版式为标题和内容)，将第二张幻灯片的版式设置为节标题。

(4) 设置标题和内容。设置选择第三张幻灯片，按住 Shift 键再单击选择第六张幻灯片，此时选定了第 3 ~ 6 张共 4 张幻灯片，然后单击【开始】→【幻灯片】组→【版式】→【标题和内容】命令 (这几张幻灯片默认的版式即为标题和内容，若不是则按这一步骤进行设置)，将其余幻灯片的版式设置为标题和内容。

(5) 格式化。在每一张幻灯片对应的文本输入框中输入课程内容并进行文字内容的字体、字号、项目符号等的格式化。

(6) 选择一张幻灯片，单击【设计】选项卡→【主题】组，在预设的主题列表中单击"画廊"为幻灯片应用该主题。此时效果如图 5-12 所示。

(7) 设置变体颜色。单击【设计】选项卡→【变体】组中的其他按钮 (▽)，在弹出的下拉列表中单击【颜色】，在打开的级联列表中选择"蓝色暖调"，此时效果如图 5-13 所示。

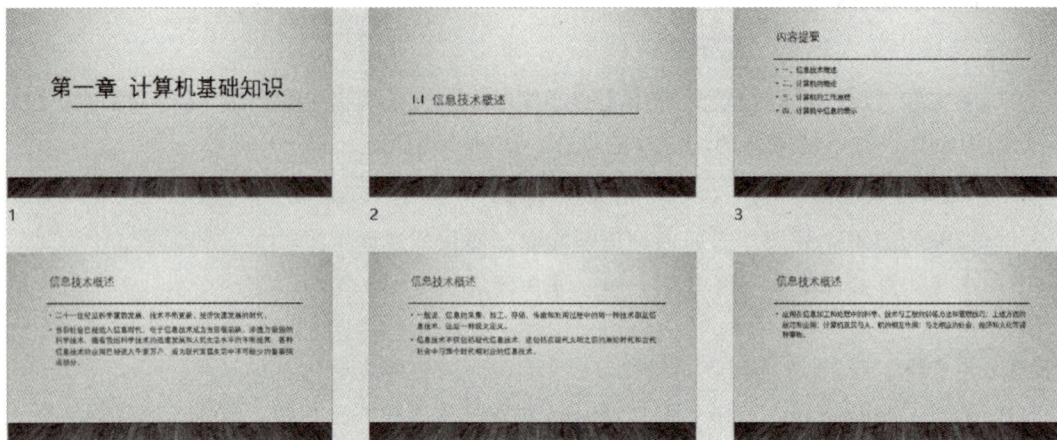

图 5-12　应用主题参考效果

图 5-13　应用变体颜色参考效果

(8) 设置变体字体。单击【设计】选项卡→【变体】组中的其他按钮 (▽)，在弹出的下拉列表中单击【字体】，在打开的级联列表中选择"黑体"完成变体字体的设置。

(9) 设置背景格式。选择第一张幻灯片，单击【设计】选项卡→【自定义】组→【设置背景格式】命令，此时弹出【设置背景格式】对话框，选择填充为"图片或纹理填充"，再单击图片源下的【插入】按钮，此时弹出【插入图片】对话框，在搜索输入框中输入"计算机"，按 Enter 键开始图片的搜索，参数设置如图 5-14 所示。

在搜索结果列表中，单击选择所需的图片，如图 5-15 所示 (此处以其中一张为例做演示)，单击【插入】按钮，此时图片插入到第一张幻灯片对应的位置。

图 5-14　插入图片参数设置

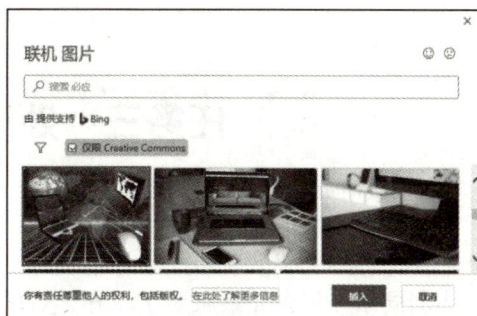

图 5-15　图片搜索结果

回到【设置背景格式】面板，对插入图片的透明度、偏移量等进行相应的设置，参数设置如图 5-16 所示。设置完成后的第一张幻灯片效果如图 5-17 所示。

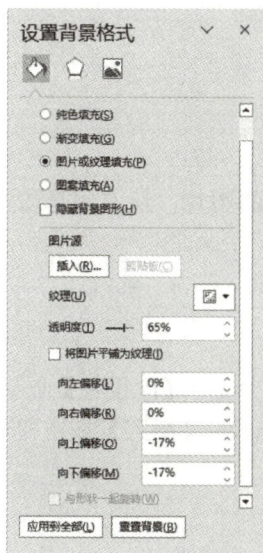

图 5-16　背景格式参数设置

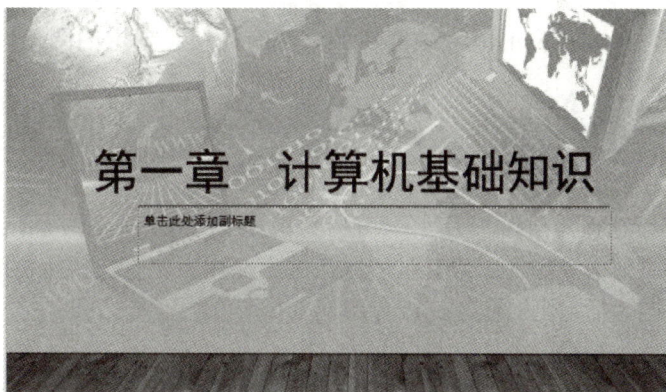

图 5-17　第一张幻灯片效果

(10) 用户可根据需要对其余幻灯片进行相应的格式化，参考效果如图 5-18 所示。

图 5-18　设置完成参考效果

任务三　处理幻灯片中的图片

任务描述

　　小羽同学今年去北京旅游了，开学后班主任老师请小羽同学给大家分享一下其中印象最深的景点。小羽同学为了给同学们一个很好的直观感受，在分享前需要准备一个演示文稿，其中包括与故宫景点的相关图片与介绍。

　　本任务要求熟悉 PowerPoint 2016 中图片、形状、艺术字的插入及格式化，以使用这些工具或命令制作图文并茂的幻灯片。

知识准备

一、图片的基本操作

　　PowerPoint 2016 中图片的来源有当前设备中的图片，有联机的图片，还有屏幕截图的图片。

1. 插入当前设备中的图片

　　在幻灯片中插入当前设备中的图片，操作方法如下：

　　选择需要插入图片的幻灯片，单击【插入】→【图像】组→【图片】→【此设备】命令，此时弹出【插入图片】对话框，用户在相应位置选择所需图片，再单击【插入】按钮即可将图片插入到对应的幻灯片中。

2. 插入联机图片

　　在幻灯片中插入联机图片，操作方法如下：

　　选择需要插入图片的幻灯片，单击【插入】→【图像】组→【图片】→【联机图片】命令，此时弹出【插入图片】对话框，如图 5-19 所示。用户可在"搜索必应"输入框中输入所需搜索的图片，按 Enter 键进行搜索，也可单击【浏览】按钮在 OneDrive- 个人中选择所需图片。

图 5-19 【插入图片】对话框

3. 插入屏幕截图

在幻灯片中插入屏幕截图的操作方法如下：

选择需要插入图片的幻灯片，单击【插入】→【图像】组→【屏幕截图】命令，在弹出的下拉菜单中选择【屏幕剪辑】命令，此时鼠标指针变为黑色十字，按住鼠标左键拖动进行屏幕区域的截图操作。区域绘制完成，松开鼠标左键，则将对应区域的截图插入到幻灯片中。

4. 图片的修饰

在幻灯片中插入图片后，用户可根据需要对图片的大小、排列顺序、图片色彩调整、图片边框等属性进行设置，使图片更生动。

进行图片修饰的常用方法有以下两种：

方法一：选定图片，利用【图片工具格式】选项卡下各个组中的命令和【调整】组中的命令实现图片校正、图片颜色、图片艺术效果等的设置。【图片样式】组中的命令实现图片边框、图片效果(阴影、映像、发光等)、图片版式的设置，【排列】组中的命令实现对图片的对齐、旋转及排列层次进行调整；【大小】组中的命令实现图片宽度、高度的调整及图片的裁剪。

方法二：选定图片，单击鼠标右键，在弹出的快捷菜单中选择【设置图片格式】命令，此时弹出【设置图片格式】对话框，如图 5-20 所示。用户可根据需要选择不同的分类，再对各个分类中的各个选项进行相应的设置。

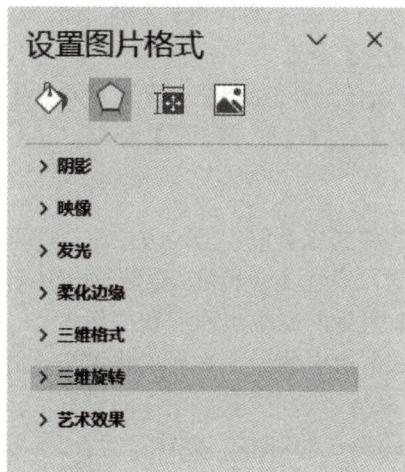

图 5-20 【设置图片格式】对话框

二、形状的基本操作

PowerPoint 2016 为用户提供了一系列的不规则图形，有线条、矩形、基本形状、箭头、公式、流程图、星与旗帜、标注、动作按钮。使用形状可以实现内容之间的分隔，也可通过形状展示内容之间的关系。每个形状可独立使用，也可以与其他形状进行联合、组合、剪除等。

1. 插入形状

在幻灯片中插入形状的操作方法如下：

选择需要插入形状的幻灯片，单击【插入】→【插图】组→【形状】下拉列表，在弹出的下拉列表中单击选择所需要插入的形状。此时鼠标指针变为"十"字，按下鼠标左键拖动即可绘制出相应的形状。

2. 在形状中添加文本

在形状中添加文本的操作方法如下：

选择相应的形状，单击鼠标右键，在弹出的快捷菜单中选择【编辑文字】命令，此时形状中出现光标，用户根据需要进行文本的输入。

3. 更改形状

在实际应用中，插入形状后，有时还需要对形状的大小、角度等进行修改，操作方法如下：

选择相应的形状，更改形状的大小，单击【形状格式】选项卡→【大小】组→【高度】/【宽度】，分别输入精确的高度和宽度值，也可直接拖动形状四周的控制点进行形状大小的更改。

若要旋转形状，则将鼠标移至形状上的绿色控制点，按下鼠标左键旋转。

若要更改形状，则单击【形状格式】选项卡→【插入形状】组→【编辑形状】命令，在弹出的下拉菜单中选择【更改形状】命令，在弹出的形状列表中单击新的形状。

4. 组合形状

插入多个形状后，有时需要将多个形状组合成一个整体，方便进行移动、复制等操作。实现形状组合的操作方法如下：

选择需要组合的多个形状，单击【形状格式】选项卡→【排列】组→【组合】命令，在弹出的下拉菜单中选择【组合】命令。

若要取消形状的组合，则选择组合形状，单击【形状格式】选项卡→【排列】组→【组合】命令，在弹出的下拉菜单中选择【取消组合】命令。

5. 格式化形状

对形状的格式化与图片的格式化类似，常用方法有以下两种：

方法一：选择相应的形状，通过【形状格式】选项卡中各个组中的命令，可实现形状的格式化，通过【插入形状】组中的命令实现形状的插入、形状的编辑，通过【形状样式】组中的命令实现形状填充、形状轮廓、形状效果（阴影、映像、发光、棱台等）的设置，通过【排列】组中的命令实现形状的对齐、旋转、组合及排列层次的改变，通过【大小】组中的命令实现图片宽度、高度的调整。

方法二：选择相应的形状，单击鼠标右键，在弹出的快捷菜单中选择【设置形状格式】命令，此时弹出【设置形状格式】对话框，选择"形状选项"，如图 5-21 所示，用户根据需要对相关选项的相关属性进行设置即可。

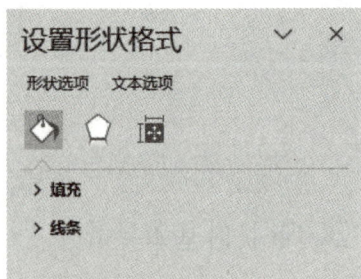

图 5-21 【设置形状格式】对话框

三、艺术字的基本操作

艺术字通常比普通的文本更具有艺术性，更能突出重点，所以在实际应用中可根据需要适当地加入艺术字。

1. 插入艺术字

在幻灯片中插入艺术字的操作方法如下：

选择需要插入艺术字的幻灯片，单击【插入】→【文本】组→【艺术字】命令，此时弹出艺术字样式列表，在列表中选择所需要的艺术字样式，此时在幻灯片中出现指定样式的艺术字编辑框，在编辑框中输入文本。

2. 艺术字的编辑与格式化

1) 艺术字的格式化

对艺术字进行格式化的常用操作方法有以下两种：

方法一：选择需要操作的艺术字，通过【形状格式】选项卡→【艺术字样式】组进行文本填充、文本轮廓及文本效果的设置。

方法二：选择需要操作的艺术字，单击鼠标右键，在弹出的快捷菜单中选择【设置文字效果格式】命令，此时弹出【设置形状格式】对话框，选择"文本选项"，如图 5-22 所示。用户根据需要设置文本填充、文本边框、轮廓样式、阴影、映像、发光和柔化边缘、三维格式、三维旋转等。

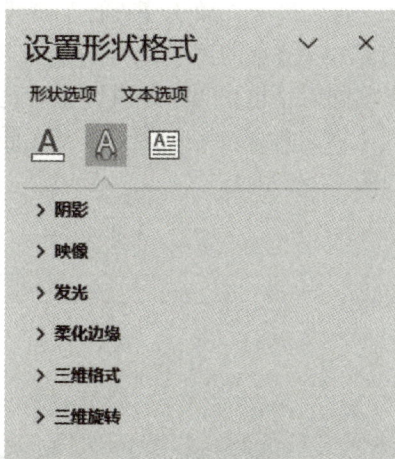

图 5-22 【文本选项】对话框

2) 艺术字的编辑

若需要修改艺术字文本，则只需要单击编辑框便可直接进行编辑。

若需要旋转艺术字，则选择艺术字，按住鼠标左键拖动绿色控制点进行任意角度的旋转。

3. 将普通文本转换为艺术字

将已经输入文本转换为艺术字的操作方法如下：

选择需要转换的文本，单击【插入】→【文本】组→【艺术字】命令，在弹出的艺术字样式列表中选择所需要的艺术字样式。

▶ 任务实现

在学习了 PowerPoint 2016 中图片的处理，对幻灯片中图片、形状、艺术字等的基本操作及编辑美化有一定的了解后，现在我们为小羽同学制作一个图文并茂的演示文稿，并对其进行保存。演示文稿参考效果如图 5-23 所示。

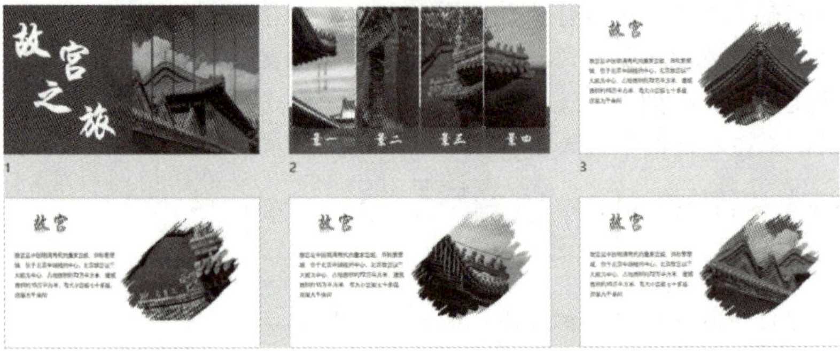

图 5-23　演示文稿参考效果

上机操作步骤如下：

(1) 启动 PowerPoint 2016，创建空白演示文稿，按下组合键 Ctrl + S，将该演示文稿保存为"故宫 .pptx"。

(2) 插入图片。按下组合键 Ctrl + M，插入其余 5 张幻灯片。

(3) 背景图片设置选择第一张幻灯片，单击【设计】→【自定义】组→【设置背景格式】命令，在弹出的【设置背景格式】面板中选择填充为"图片或纹理填充"，再单击图片源下的【插入】按钮，在弹出的对话框中单击从文件【浏览】按钮，此时弹出【插入图片】对话框，在对应位置找到所需的背景图片，最后单击【插入】按钮，完成该幻灯片背景图片的设置。参数及效果如图 5-24 所示。

图 5-24　第一张幻灯片参数设置及效果

(4) 形状参数设置。单击【插入】→【插图】组→【形状】→【矩形】，然后按下鼠标左键拖动，在第一张幻灯片中绘制一个矩形；选定该矩形，单击鼠标右键，选择【设置形状格式】命令，在弹出的【设置形状格式】对话框中，设置填充为"渐变填充"，同时设置渐变角度为"0°"，再设置渐变的颜色、位置等参数，参数设置及效果如图 5-25 所示。

图 5-25 形状参数设置及效果

(5) 设置幻灯片背景。采用相同的方法插入多个"矩形：剪去对角"形状，并在【设置形状格式】对话框中选择【大小与属性】按钮（ ），在对应参数中调整形状的大小与位置；再按住 Shift 键或以拖选的方式选定绘制的所有形状，然后在【设置形状格式】对话框中选择【填充与线条】按钮（ ），选择填充为"幻灯片背景填充"，此时效果如图 5-26 所示。

图 5-26 效果图

(6) 艺术字插入编辑。单击【插入】选项卡→【文本】组→【艺术字】，在弹出的列表中选择任意一种艺术字效果，输入文字"故"；选择该文字，单击【开始】→【字体】

组中设置相应的字体、字号、文字颜色，再单击鼠标右键，选择【设置文字效果格式】命令，在弹出的对话框中选择一种预设的阴影效果，并设置相应的参数。用相同的方法完成其余几个字的设置，并调整文字的位置，阴影参数设置及完成后的效果如图 5-27 所示。

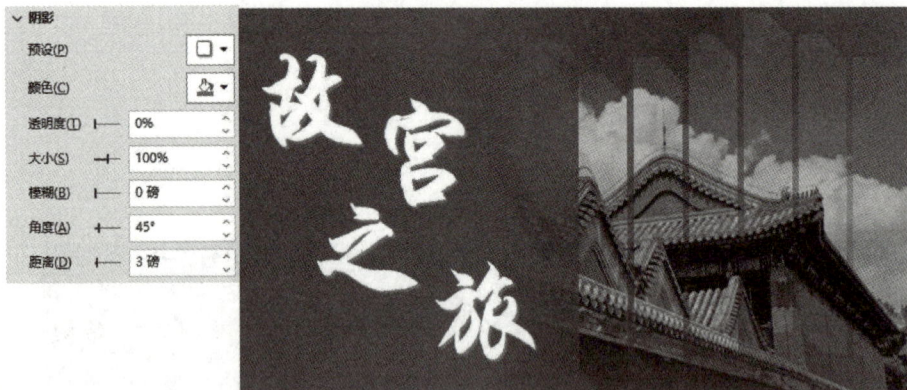

图 5-27 阴影参数设置及完成效果

(7) 其余图片插入。选择第二张幻灯片，首先在幻灯片底部绘制一个矩形并填充蓝色，然后单击【插入】→【图像】组→【图片】→【此设备】命令，在弹出的对话框中选择需要插入其中的 4 张图片，再单击【插入】按钮完成图片的插入。

(8) 图片大小设置保持当前所有图片的选择状态，单击【图片格式】→【大小】组中的【大小】按钮（ ），在弹出的【设置图片格式】对话框的【大小与属性】选项卡中设置对应的大小，将这 4 张图片大小设置为相同。

(9) 图片格式化。移动第一张图片在幻灯片左侧，移动第 4 张图片在幻灯片右侧。拖动鼠标左键框选 4 张图片，然后单击【图片格式】→【排列】组→【对齐】→【顶端对齐】，再单击【横向分布】将 4 张图片对齐并等间距分布。

(10) 选择 4 张图片，单击【图片格式】→【图片样式】中的"映像圆角矩形"样式，再在对应位置插入相应的艺术字，完成第二张幻灯片的设计与制作，效果如图 5-28 所示。

图 5-28 第二张幻灯片效果

(11) 图片处理。选择第三张幻灯片，插入一张故宫的风景图片，再插入一张笔刷图片。单击【图片格式】→【大小】组→【裁剪】工具，将两张图片裁剪成大小一致；选择笔刷图片，单击【图片格式】→【调整】组→【颜色】→【设置透明色】命令，然后将鼠标指针移到笔刷图片中黑色部分单击，将黑色部分设置为透明色，此时透过这部分可看到下面的故宫风景图片；再单击【图片格式】→【调整】组→【颜色】→【重新着色】中的"冲蚀"效果。图片处理前后对比效果如图 5-29 所示。

图 5-29　图片处理前后效果对比

(12) 在第三张幻灯片中输入相应的文字内容并进行格式化，再采用相同的方法完成剩下几张幻灯片效果的制作。

(13) 完成了该演示文稿所有幻灯片的设计与制作后，按下组合键 Ctrl + S 保存该演示文稿。

任务四　使用图表和表格

任务描述

徐老师在期末时需要对其所授课程的期末成绩进行分析，要求这部分数据在演示文稿的幻灯片中显示，同时还要利用图表来展示数据的相关趋势并进行美化。

本任务要求熟悉 PowerPoint 2016 中表格、图表的创建及格式化，并使用这些工具或命令让幻灯片中的数据更加简洁、醒目、出彩。

知识准备

演示文稿报告中存在大量数据时，将数据以表格形式展示更能清晰地展示各条目，若需要对数据进行分析解说，则将数据以图表的形式展示则更直观、更具有说服力。

一、表格的基本操作

1. 插入表格

插入表格的方法有以下两种：

方法一：选择需要插入表格的幻灯片，单击【插入】→【表格】组→【表格】命令，在弹出的下拉菜单中选择【插入表格】命令，此时弹出【插入表格】对话框，根据需要输入行数和列数。

方法二：若插入的表格的行列数较少时，可以通过插入表格按钮以及绘制表格的形式插入表格，其操作方法与 Word 2016 相同，此处不再赘述。

2. 表格的格式化

当表格创建完成后，对表格进行编辑（表格大小、行高、列宽、单元格合并与拆分等）及格式化，只需选择相应需要操作的表格，利用【表格工具表设计】与【表格工具布局】中的各个命令完成。

【表格工具表设计】中的【表格样式选项】组用于设置表格中的一些特殊行列的格式，如标题行、第一列、汇总行、最后一列等，【表格样式】组用于设置表格的底纹、边框及效果，【绘制边框】组用于表格的绘制及擦除。

【表格工具布局】中的【表】组用于表格的选择及表格网格线的查看，【行和列】组用于表格中行和列的插入，【合并】组用于表格中单元格的拆分或合并，【单元格大小】组用于设置单元格的高度、宽度及各行、列的分布，【对齐方式】用于设置表格中内容的对齐方式、文字方向及单元格边距，【表格尺寸】组用于设置表格的高度和宽度，【排列】用于设置表格与其他对象之间的排序次序、对齐方式、组合及旋转。

二、图表的基本操作

1. 插入图表

插入图表的操作方法如下：

选定需要插入图表的幻灯片，单击【插入】→【插图】组→【图表】命令，此时弹出【插入图表】对话框，根据需要选择相应类型的图表，单击【确定】按钮。

此时自动打开 Excel 2016，根据需要对电子表格中的数据进行修改，完成数据修改后，退出 Excel 2016，图表会自动更新。

2. 更改图表数据

由于图表是以默认的行列数据为依据自动创建的，若不能满足实际需要时，可对图表数据进行更改，操作方法如下：

选择图表，单击【图表工具表设计】→【数据】组→【编辑数据】命令或单击鼠标右键，在弹出的快捷菜单中选择【编辑数据】命令，此时会打开 Excel 2016，操作方法与 Excel 2016 相同。

3. 更改图表类型

更改图表类型的操作方法如下：

选择需要修改的图表，单击【图表工具表设计】→【类型】组→【更改图表类型】命令或单击鼠标右键，在弹出的快捷菜单中选择【更改图表类型】命令。此时会弹出【更改图表类型】对话框，用户根据需要选择新的图表类型。

4. 图表的格式化

图表的格式化主要涉及图表标题、图表绘图区、坐标轴、刻度线、图例等，操作方法如下：

选择图表需要进行格式化的部分 (如坐标轴、绘图区、系列等),通过【图表工具表设计】【图表工具格式】两个选项卡进行相应的设置。

任务实现

在学习了 PowerPoint 2016 中表格、图表的基本操作及编辑美化后，现在我们为徐老师制作一份成绩分析的演示文稿，并对其进行保存。参考效果如图 5-30 所示。

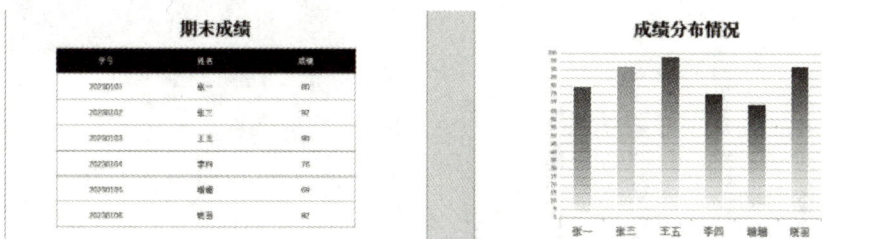

图 5-30 演示文稿参考效果

上机操作步骤如下 :

(1) 启动 PowerPoint 2016，创建空白演示文稿，按下组合键 Ctrl + S 将该演示文稿保存为 "成绩 .pptx"。

(2) 表格参数设置。按下组合键 Ctrl + M 插入幻灯片。选择第一张幻灯片，设置该幻灯片的版式为标题幻灯片版式。单击【插入】→【表格】组→【表格】→【插入表格】命令，此时弹出【插入表格】对话框，设置表格的行数为 7，列数为 3，如图 5-31 所示。

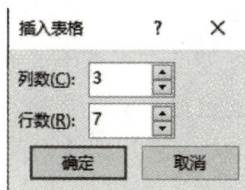

图 5-31 插入表格参数设置

(3) 表格格式化。选择表格，单击【布局】→【单元格大小】组，设置【单元格大小】组中的高度为 "2 厘米"，宽度为 "8 厘米"，设置【对齐方式】组中的对齐为水平居中、垂直居中，选择【表设计】选项卡→【表格样式】组中的 "浅色样式 2"。

(4) 表格内容输入。定位到每个单元格并在每个单元格中输入对应的内容，此时表格效果如图 5-32 所示。

学号	姓名	成绩
20230101	张一	80
20230102	张三	92
20230103	王五	98
20230104	李四	76
20230105	珊珊	69
20230106	晓羽	92

图 5-32 表格效果

(5) 插入图表。选择第二张幻灯片，单击【插入】→【插图】组→【图表】命令，在弹出的【插入图表】对话框中选择"簇状柱形图"，单击【确定】按钮，此时出现一个图表和一个 Excel 数据表，将第一张幻灯片表格中的数据拷贝到 Excel 工作表中并删除多余的列，此时数据表和图表效果如图 5-33 所示。

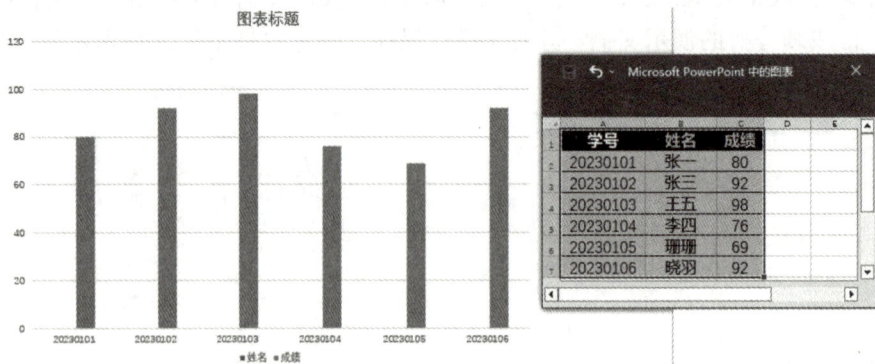

图 5-33　图表和数据效果

(6) 选择数据源参数设置。关闭 Excel 数据表窗口，选择图表，单击【图表设计】→【数据】组→【选择数据】命令，此时弹出【选择数据源】对话框，选择图表数据区域为姓名列和成绩列的数据；单击水平（分类）轴标签下的【编辑】按钮，此时弹出【轴标签】对话框，选择姓名列的数据，单击【确定】按钮回到【选择数据源】对话框，参数设置如图 5-34 所示。最后单击【确定】按钮完成数据的选择。

(7) 坐标轴设置。将图表中不需要的元素选中后进行删除，选择横坐标的姓名文本，进行字体、字号、文字颜色等属性的设置；单击纵坐标轴，单击鼠标右键，在弹出的快捷菜单中选择【设置坐标轴格式】命令，在弹出的【设置坐标轴格式】对话框中设置坐标轴边界及单位，参数设置如图 5-35 所示。

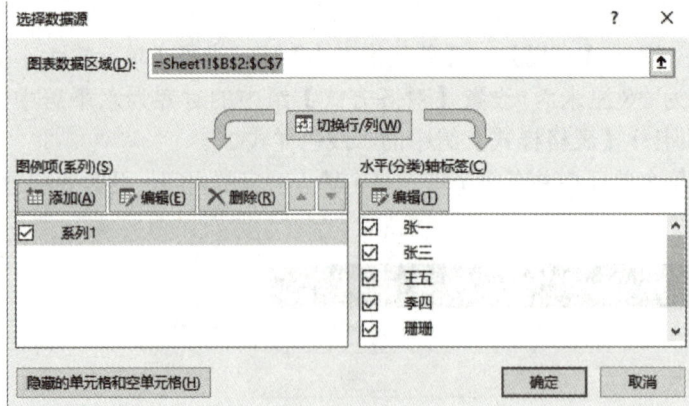

图 5-34　选择数据源参数设置

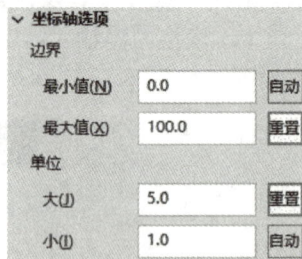

图 5-35　坐标轴参数设置

(8) 图标格式化。选择数据点形状，单击鼠标右键，在弹出的快捷菜单中选择【设置数据点格式】命令，在弹出的对话框中设置填充为渐变填充，为每一个数据点形状填充不同的颜色到透明色（将色标颜色透明度设置为 100% 即为透明色）的线性渐变。图表完成格式化后的效果如图 5-36 所示。

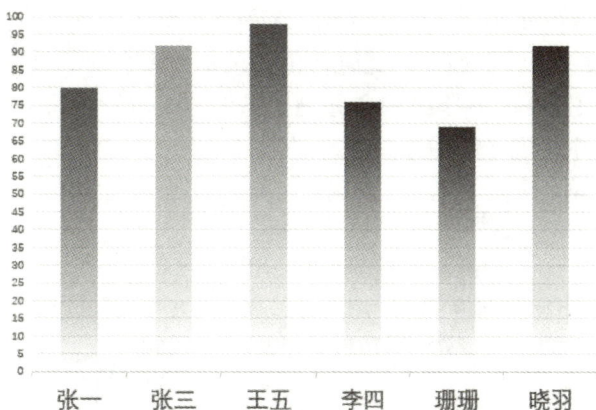

图 5-36　图表效果

(9) 完成演示文稿的制作，按下组合键 Ctrl + S 保存该演示文稿。

任务五　添加多媒体文件

任务描述

　　小羽同学为了更好地给大家分享故宫，希望为演示文稿添加一个背景音乐，并在最后播放一个关于故宫的视频。要求背景音乐从演示文稿开始放映时便自动开始播放，并一直播放到结束；同时要求音频图标在演示文稿放映时自动隐藏，视频根据需要适当地裁剪并全屏播放。

　　本任务要求熟悉 PowerPoint 2016 中音频、视频的插入及格式化，并通过使用这些工具或命令让幻灯片具有更多的多媒体元素，让演示文稿不那么枯燥。

知识准备

　　在幻灯片中加入音频、视频等多媒体对象，可以让幻灯片更加生动、直观、有意境。音频、视频可以来源于软件预设的剪辑库，也可以来源于外部的文件。

一、音　频

1. 音频的插入

1) 插入外部音频

若插入的音频来自外部音频文件，操作方法如下：

选定需要插入音频的幻灯片，单击【插入】→【媒体】组→【音频】命令，在弹出的下拉菜单中选择【PC 上的音频】命令，弹出【插入音频】对话框，根据需要选择所需要的音频文件，单击【插入】按钮，此时在幻灯片中出现音频图标 (🔊)。

2) 插入录制音频

若插入的音频需要进行录制，操作方法如下：

选择需要插入音频的幻灯片，单击【插入】→【媒体】组→【音频】命令，在弹出的下拉菜单中选择【录制音频】命令，此时弹出【录制声音】对话框，如图 5-37 所示。通过单击对应的【录音】【停止录音】【播放录音】按钮完成对音频的录制，最后单击【确定】按钮，此时在幻灯片中出现音频图标。

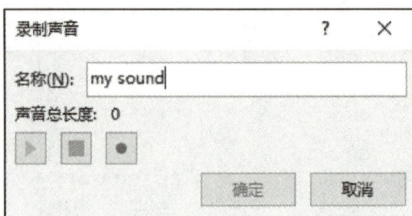

图 5-37 【录制声音】对话框

2. 音频的格式化

幻灯片中音频的格式化主要包括音频图标的格式化和音频播放的控制两个部分，操作方法如下：

选择音频图标，出现【音频格式】和【播放】两个音频工具选项卡，其中，【音频格式】选项卡主要实现音频图标的格式化，包括图标色彩的调整、样式的选择、大小的设定等；【播放】选项卡主要实现音频的编辑、音频的播放选项及音频样式的设定。

二、视 频

1. 视频的插入

1) 插入当前设备中的视频

若插入的视频来自当前设备，操作方法如下：

选定需要插入视频的幻灯片，单击【插入】→【媒体】组→【视频】命令，在弹出的下拉菜单中选择【此设备】命令，此时弹出【插入视频文件】对话框，根据需要选择所需要的视频文件，最后单击【插入】按钮。此时在幻灯片中出现视频播放界面和控制条。

2) 插入联机视频

若插入的视频来自网络，操作方法如下：

选定需要插入视频的幻灯片，单击【插入】→【媒体】组→【视频】命令，在弹出的下拉菜单中选择【联机视频】命令，在弹出的对话框中输入联机视频的地址，单击【插入】按钮。此时在幻灯片中出现视频播放界面和控制条。

2. 视频的格式化

幻灯片中视频的格式化主要包括视频界面的格式化和视频播放的控制两个部分，视频格式化操作方法如下：

选择视频界面，出现【视频格式】和【播放】两个视频工具选项卡。其中，【视频格式】选项卡主要实现视频播放界面的格式化，包括界面的调整，视频样式的选择，排列、大小的设定等；【播放】选项卡主要实现视频的编辑、视频的播放选项及字幕选项的设定。

任务实现

在学习了 PowerPoint 2016 中音频、视频的基本操作及编辑美化后，现在我们为小羽的故宫演示文稿添加音频和视频，并对其进行保存。

上机操作步骤如下：

(1) 打开"故宫 .pptx"演示文稿。

(2) 插入音频。选择第一张幻灯片，插入 PC 中的一个音频文件。此时在幻灯片中出现音频图标。

(3) 音频参数设置。选择音频图标，单击【播放】→【音频选项】组，设置开始为"自动"，选中"跨幻灯片播放""循环播放，直到停止"和"放映时隐藏"几个复选项，完成对音频播放的相关参数设置，如图 5-38 所示。

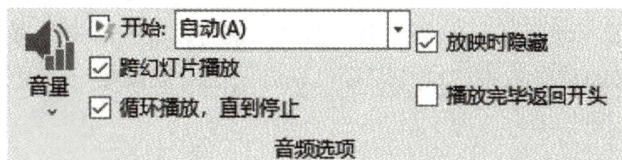

图 5-38　音频选项参数设置

(4) 插入视频。选择最后一张幻灯片，插入此设备中的关于故宫的视频文件。选择视频播放界面，单击【视频格式】→【调整】组→【海报框架】命令，在弹出的下拉列表中选择【文件中的图像】命令，在弹出的对话框中单击从文件【浏览】，在弹出的对话框中找到故宫的红墙图片，单击【插入】。此时视频播放界面的海报修改为了该图片。

(5) 视频参数设置。选择视频播放界面，单击【播放】→【视频选项】组，设置开始为"单击时"，选中"全屏播放"复选项，完成对视频播放的相关参数设置，如图 5-39 所示。

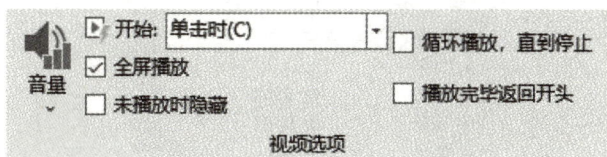

图 5-39　视频选项参数设置

(6) 完成多媒体元素的添加及设置，保存该演示文稿。

任务六　设置动画效果

任务描述

小羽同学为了更好地给大家分享故宫，希望为演示文稿中的文本、图片、形状等添加适当的动画，以便吸引其他同学感兴趣。

本任务要求熟悉 PowerPoint 2016 中幻灯片中对象的动画、幻灯片切换动画的创建及相关设置，并通过使用这些工具或命令让幻灯片"动"起来。

知识准备

PowerPoint 2016 中演示文稿由多张幻灯片组成，而每张幻灯片中包括图、文，默认情况下，这些元素都是静止的。为了让演示文稿更加动态、生动、丰富多彩，PowerPoint 2016 为各元素提供了动画效果，有幻灯片中对象的动画和幻灯片切换动画。

默认情况下，PowerPoint 2016 演示文稿的播放只能顺序进行。为了给演示文稿的所有幻灯片相互之间建立联系，可根据用户需要在所有幻灯片之间进行切换，通过超链接来实现。

一、幻灯片动画的设置

PowerPoint 2016 为幻灯片中所有组成元素提供了四类动画，分别是"进入"动画、"强调"动画、"退出"动画和"动作路径"动画。"进入"动画是指对象从外部进入到幻灯片中的动画效果；"强调"动画是指为了突出、强调对象而设置的动画效果；"退出"动画是指对象离开播放画面时的动画效果；"动作路径"动画是指对象按照设定路径播放的动画效果。

1. 添加动画

1) 添加进入动画

为对象设置进入动画的操作方法如下：

选择对象，单击【动画】→【高级动画】组→【添加动画】按钮下拉列表，在弹出的下拉列表的【进入】类中选择一种动画效果。

若列表中的进入动画不能满足要求，可选择【更多进入效果】命令，此时弹出【添加进入效果】对话框，如图 5-40 所示，根据需要进行不同类型进入动画的选择。

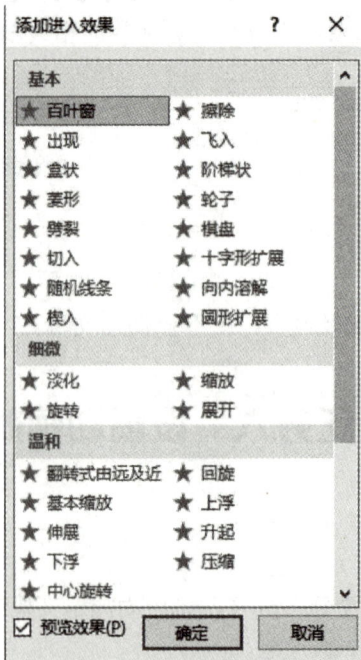

图 5-40 【添加进入效果】对话框

2) 添加强调动画

为对象添加强调动画的操作方法如下：

选择对象；单击【动画】→【高级动画】组→【添加动画】按钮下拉列表，在弹出的下拉列表的【强调】类中选择一种动画效果。

若列表中的动画不满足要求，可选择【更多强调效果】命令，此时弹出【添加强调效果】对话框，如图 5-41 所示，根据需要进行不同类型强调动画的选择。

图 5-41　【添加强调效果】对话框

3) 添加退出动画

为对象设置退出动画的操作方法如下：

选择对象，【动画】→【高级动画】组→【添加动画】按钮下拉列表，在弹出的下拉列表的【退出】类中选择一种动画效果。

若列表中的动画不满足要求，可选择【更多退出效果】命令，此时弹出【添加退出效果】对话框，如图 5-42 所示，根据需要进行不同类型退出动画的选择。

4) 添加动作路径动画

为对象设置动作路径动画的操作方法如下：

选择对象，单击【动画】选项卡→【高级动画】组→【添加动画】按钮下拉列表，在弹出的下拉列表的【动作路径】类中选择一种动画路径。

若列表中的动画路径不满足要求，可选择【其他动作路径】命令，此时弹出【添加动作路径】对话框，如图 5-43 所示，根据需要进行不同类型路径的选择。

图 5-42 【添加退出效果】对话框   图 5-43 【添加动作路径】对话框

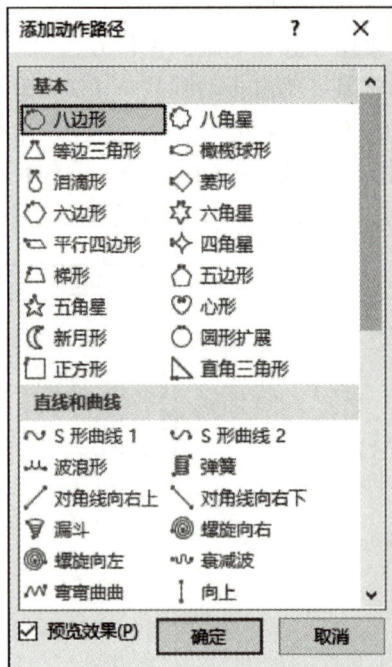

2. 动画相关设置

1) 设置动画效果选项

动画效果选项主要涉及动画的方向和形式，不同动画的效果选项不同。设置动画效果选项的操作方法如下：

选择设置了动画的对象，单击【动画】→【动画】组→【效果选项】下拉列表，在弹出的下拉列表中选择相应的效果。

2) 动画计时

动画计时主要涉及动画何时开始播放、持续时间是多长、有没有延迟播放时间。动画的持续时间是指动画从开始播放到结束播放所需要的时间；延迟播放时间是指播放操作开始后延迟多长时间动画才开始播放。

动画的开始方式有三种：单击时、与上一动画同时、上一动画之后。单击时是指单击鼠标时开始播放动画；与上一动画同时是指前一动画与当前动画同时播放；上一动画之后是指前一动画播放完后开始播放当前动画。

持续时间和延迟时间可直接输入，也可通过【调整】按钮进行调整。设置动画计时的操作方法如下：

选择设置了动画的对象，单击【动画】→【计时】组，选择相应命令完成动画计时的设置。

3) 设置动画音效

动画音效是指在播放动画的同时播放的声音效果。设置动画音效的操作方法如下：

选择设置了动画的对象，单击【动画】→【动画】组→【显示其他效果选项】按钮（ ），在弹出的对话框中选择【效果】选项卡，在"声音"下拉列表中选择需要的音效，如图 5-44 所示。

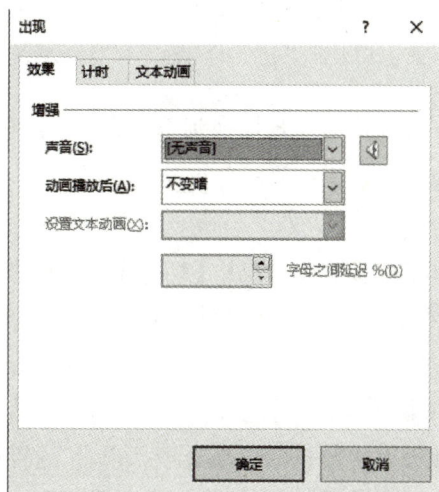

图 5-44　【效果】选项卡

4) 调整动画的播放顺序

默认情况下，动画的播放顺序是按照设置的顺序进行播放的，实际应用中可根据需要进行调整，操作方法如下：

单击【动画】→【高级动画】组→【动画窗格】命令,此时在窗口右侧显示【动画窗格】对话框；选择需要调整顺序的动画，最后单击底部的【重新排序】按钮，或者直接按住鼠标左键拖动也可改变动画的播放顺序。

5) 自定义动作路径

对于动作路径，可以使用软件预设的路径，也可以自己绘制路径，操作方法如下：

选择需要设置动作路径的对象，单击【动画】→【动画】组，单击【动画样式】列表右下角的【其他】按钮,在弹出的下拉列表中【动作路径】类中选择【自定义路径】(），回到幻灯片中，按下鼠标左键绘制一条动作路径，绘制完成后放开鼠标左键。

自定义动作路径绘制完成后，会出现红色箭头和绿色箭头。其中，绿色箭头代表起点，红色箭头代表终点。

若要交换起点和终点，则选择路径，单击鼠标右键，在弹出的快捷菜单中选择【反转路径方向】命令。

若要编辑路径的顶点，则选择路径，单击鼠标右键，在弹出的快捷菜单中选择【编辑顶点】命令，然后将鼠标指针移动到对应的顶点上便可对顶点进行移动、删除等操作，也可在顶点上单击鼠标右键，在弹出的快捷菜单中选择所需要的操作 (如顶点的删除、添加、关闭、平滑等)。

6) 动画的删除

删除设定的动画效果，只需打开【动画窗格】,选择需要删除的动画，按 Delete 键即可。

7) 动画效果的预览

动画设置完成后，可以预览动画效果，通过单击【动画】→【预览】组→【预览】命令或单击【动画窗格】中的【播放】按钮来实现。

二、幻灯片切换动画

幻灯片切换动画是指在幻灯片从一张切换到下一张时所产生的动画效果。

1. 设置幻灯片切换动画

添加切换动画的操作方法如下：

选择对应的幻灯片 (单张或多张)，单击【切换】→【切换到此幻灯片】组的列表中选择所需要的切换动画，如果希望切换效果应用于全部幻灯片，则单击【计时】组中的【应用到全部】命令。

2. 幻灯片切换动画相关设置

幻灯片切换动画的属性设置主要包括效果选项、声音、持续时间、换片方式，操作方法如下：

【切换】选项卡→【计时】组用于设置切换音效、切换动画持续时间及幻灯片换片方式。其中换片方式有单击鼠标时换片及通过时间控制幻灯片自动换片，在实际应用中，可两种方式同时设置。

【切换到此幻灯片】组→【效果选项】下拉列表，用于切换动画的相关效果选项设置，如动画方向、动画形态等。

▶ **任务实现**

在学习了 PowerPoint 2016 幻灯片中对象的动画、幻灯片切换动画的添加及相关设置后，现在我们为小羽的故宫演示文稿添加动画效果，并对其进行保存。

上机操作步骤如下：

(1) 打开"故宫 .pptx"演示文稿。

(2) 幻灯片切换动画设置。选择第一张幻灯片，单击【切换】→【切换到此幻灯片】组中的"上拉帷幕"切换动画，完成第一张幻灯片切换动画的设置。

(3) 相同的方法选择其余的幻灯片，并为其添加满足要求的切换动画。

(4) 动画效果设置。选择第一张幻灯片中的矩形形状，单击【动画】→【动画】组中的进入动画："擦除"，效果选项设置为"自左侧"；设置【计时】组中的开始为"与上一动画同时" (表示该动画与上一动画同时播放)。

(5) 选择第一张幻灯片中所有的"矩形：剪去对角"形状，单击【动画】→【动画】组中的进入动画："浮入"，效果选项设置为"上浮"；单击【计时】组中的开始为"上一动画之后" (表示该动画在上一动画播放完成后进行播放)。

(6) 选择第一张幻灯片中的"故宫之旅"几个艺术字，单击【动画】→【动画】组中的进入动画："缩放"，效果选项设置如图 5-45 所示；设置【计时】组中的开始为"上一动画之后"。

(7) 设置完成后，第一张幻灯片中对象的动画窗格效果如图 5-46 所示。采用相同的方法为其余幻灯片中的对象设置动画。完成所有设置后，保存该演示文稿。

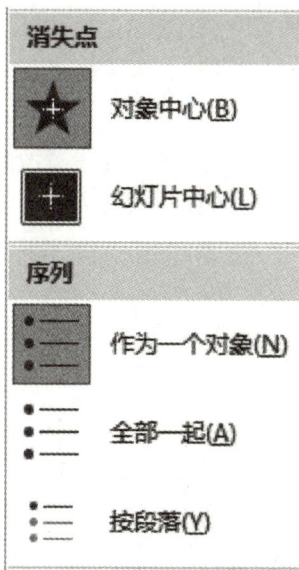

图 5-45　效果选项参数设置

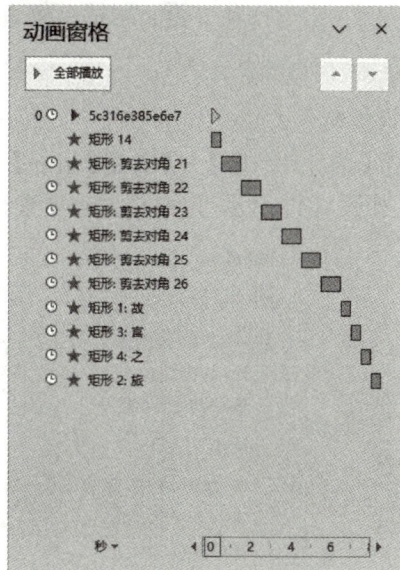

图 5-46　动画窗格效果

任务七　放映和打印演示文稿

任务描述

徐老师在放映第一章的演示文稿时，根据课程需要，只放映从第 1 张到第 5 张的幻灯片，而且放映时不加旁白，不加动画，同时将本章演示文稿打印成讲义分发给每一个同学，每一页 2 张幻灯片。

本任务要求熟悉 PowerPoint 2016 中演示文稿的放映及打印设置，从而使用这些工具或命令进行演示文稿的放映和打印。

知识准备

演示文稿制作完成后，用户可根据演示文稿的放映场合不同选择不同的放映方式。演示文稿幻灯片的放映顺序也可根据用户需要进行自定义。若演示文稿需要印刷输出，则可以打印演示文稿。

一、放映方式的设置

PowerPoint 2016 提供了三种演示文稿的放映方式：演讲者放映（全屏幕）、观众自行浏览（窗口）、在展台浏览（全屏幕）。演讲者放映（全屏幕）可运行全屏显示的演示文稿，这是最常用的方式，在该方式下，演讲者有完全的控制权。观众自行浏览（窗口）可运行小规模的演示，在该方式下，演示文稿出现在小型窗口中，它允许观众利用窗口命令控制放映进程。在展台浏览（全屏幕）可自动运行演示文稿，通常用于展览会场或会议中，在该方式下，其他菜单和命令都不可用，并在每次放映完毕后要重新启动，按【Esc】键可以中止放映。采用这种方式的演示文稿应事先进行排练计时。

1. 放映方式的选择

设置放映方式的操作方法如下：

单击【幻灯片放映】→【设置】组→【设置幻灯片放映】命令，此时弹出【设置放映方式】对话框，如图 5-47 所示，用户根据需要进行放映方式、放映幻灯片范围、换片方式等的设置。

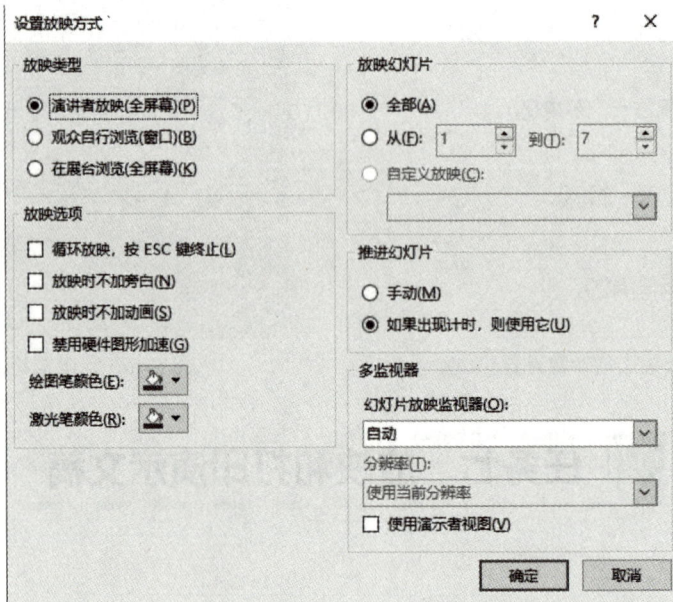

图 5-47 【设置放映方式】对话框

2. 自定义放映方式

由于场合和对象的不同，可能只需要选择性播放演示文稿的部分幻灯片，我们可通过自定义幻灯片放映来实现。自定义幻灯片放映不会改变原演示文稿。

自定义幻灯片放映的操作步骤如下：

(1) 打开需要自定义幻灯片放映的演示文稿，单击【幻灯片放映】→【开始放映幻灯片】组→【自定义幻灯片放映】→【自定义放映】命令，此时弹出【自定义放映】对话框，如图 5-48 所示。

图 5-48 【自定义放映】对话框

(2) 单击【新建】按钮，弹出【定义自定义放映】对话框，选择【在演示文稿中的幻灯片】列表中的幻灯片，通过【添加】按钮添加到【在自定义放映中的幻灯片】列表中；选择在自定义放映中的幻灯片列表中的幻灯片，通过【调整顺序】按钮调整幻灯片的播放顺序，然后单击【确定】按钮。

(3) 回到【自定义放映】对话框，根据需要单击【关闭】或【放映】按钮。

二、排练计时

在设置幻灯片的动画效果及设置幻灯片切换动画时，都涉及时间的设定。我们可以通过【排练计时】命令，使演示文稿按设置好的时间和速度进行放映。

设置排练计时的操作步骤如下：

(1) 打开需要设定排练计时的演示文稿，单击【幻灯片放映】→【设置】组→【排练计时】命令，此时幻灯片开始放映，并弹出【录制】对话框，如图 5-49 所示。

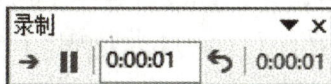

图 5-49　【录制】对话框

(2) 准备播放下一张幻灯片时，单击【下一项】按钮。

(3) 放映结束时，弹出对话框，单击【是】接受这项时间，单击【否】取消该预演结果。

三、幻灯片的放映

1. 幻灯片放映

放映幻灯片，常用方法有以下三种：

方法一：单击【幻灯片放映】视图按钮（🖵）。

方法二：单击【幻灯片放映】→【开始放映幻灯片】组→【从头开始】/【从当前幻灯片开始】命令。

方法三：按功能键 F5 或组合键 Shift + F5，前者表示从第一张幻灯片开始放映，后者表示从当前选择的幻灯片开始放映。

在放映过程中，若要跳到某一幻灯片放映，可单击鼠标右键，在弹出的快捷菜单中选择【定位至幻灯片】命令。

2. 幻灯片放映中画笔的使用

在幻灯片放映时，用户可借助画笔勾画一些内容，操作方法如下：

在空白处单击鼠标右键，在弹出的快捷菜单中选择【指针选项】命令，再在级联菜单中选择【笔】/【荧光笔】命令，也可在【墨迹颜色】的级联菜单中为画笔选一种颜色，然后按住鼠标左键就可以在放映的幻灯片上勾画了。这种方式不会改变幻灯片。

3. 结束放映

按 Esc 键或单击鼠标右键，在弹出的快捷菜单中选择【结束放映】命令，即退出幻灯片放映。

四、演示文稿的输出

1. 演示文稿的打印

演示文稿打印设置的操作方法如下：

单击【文件】→【打印】命令，在右侧进行相关属性的设置，设置完毕后，单击【打印】按钮即可。

2. 演示文稿的打包

演示文稿制作完成后，可以将演示文稿进行打包，这样可以在没有安装 PowerPoint 2016 软件的计算机中正常播放演示文稿。

1) 将演示文稿保存为 ppsx 格式

将演示文稿保存为直接放映格式的操作方法如下：

打开演示文稿，单击【文件】→【导出】命令→【更改文件类型】命令，在右侧的文件类型列表中双击【PowerPoint 放映 (*.ppsx)】，此时弹出【另存为】对话框，对其进行保存。

2) 演示文稿打包

演示文稿可以打包到 CD 光盘，也可以打包到磁盘的文件夹。

将演示文稿打包的操作步骤如下：

(1) 打开演示文稿，单击【文件】→【导出】命令→【将演示文稿打包成 CD】命令，再单击【打包成 CD】按钮，此时弹出【打包成 CD】对话框，如图 5-50 所示。

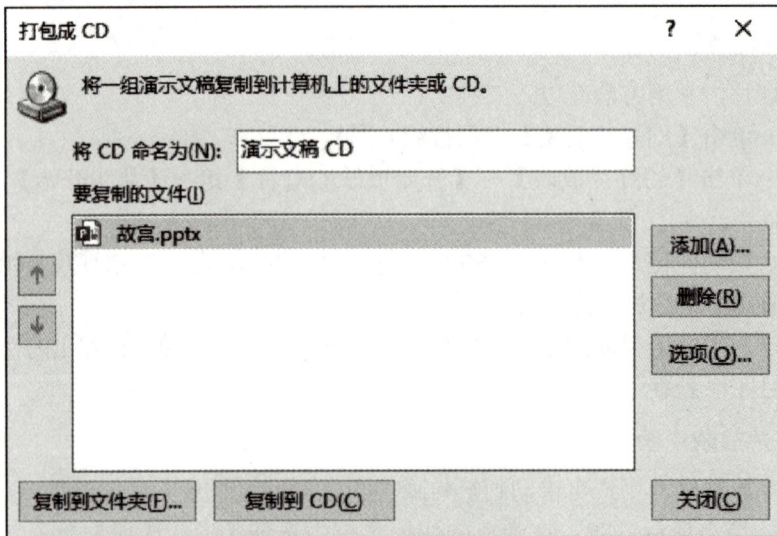

图 5-50 【打包成 CD】对话框

(2) 单击【添加】按钮可以添加演示文稿文件，实现本演示文稿与其他演示文稿一起打包。

(3) 单击【复制到文件夹】按钮，此时弹出【复制到文件夹】对话框，根据需要输入"文件夹名称"和"位置"，最后单击【确定】按钮即可将打包后的文件夹存放到指定位置，如图 5-51 所示。

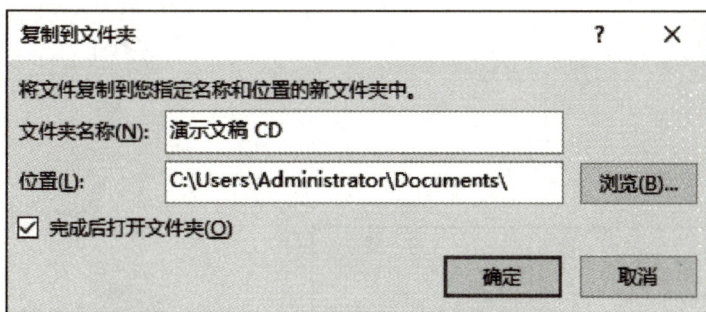

图 5-51　【复制到文件夹】对话框

若计算机已经安装光盘记录设备，则单击【复制到 CD】按钮。

(4) 单击【选项】可进行演示文稿打包相关选项设置，此时弹出【选项】对话框，如图 5-52 所示。

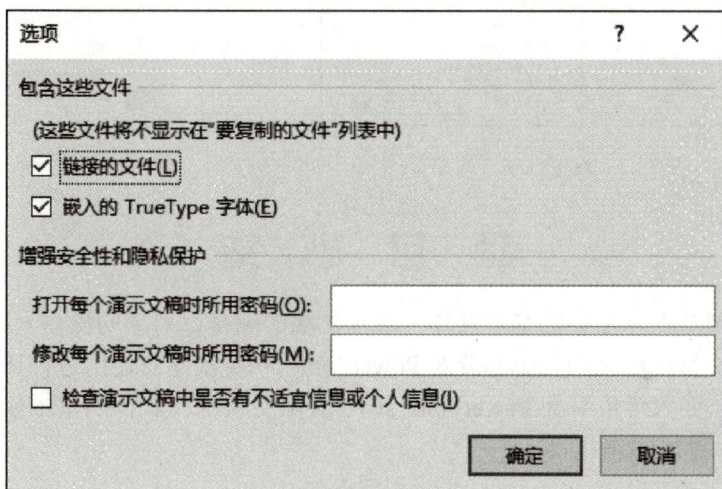

图 5-52　【选项】对话框

▶ 任务实现

在学习了 PowerPoint 2016 中幻灯片的放映和打印相关设置后，现在我们为徐老师进行放映和打印的设置以满足要求，并对其进行保存。

上机操作步骤如下：

(1) 打开"第一章内容 .pptx"演示文稿。

(2) 幻灯片放映设置。单击【幻灯片放映】→【设置】组→【设置幻灯片放映】命令，此时弹出【设置放映方式】对话框，选择放映类型为"演讲者放映 (全屏幕)"，选择"放映时不加旁白"和"放映时不加动画"两个复选项，放映幻灯片中设置"从 (F):1 到 5"，参数设置如图 5-53 所示，完成后单击【确定】按钮完成放映设置。

(3) 幻灯片打印。单击【文件】→【打印】命令，设置打印为"讲义 (每页 2 张幻灯片)""双面打印"，并设置"彩色"打印，参数设置如图 5-54 所示，设置完成后单击【打印】按钮即可进行演示文稿的打印。

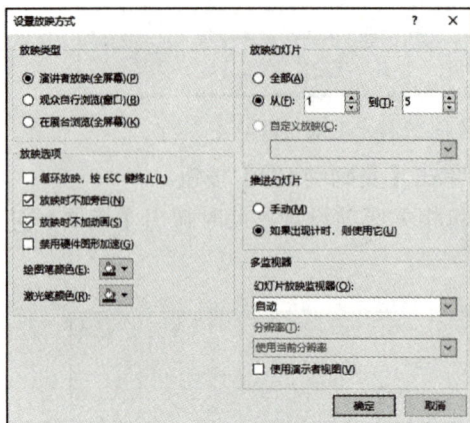

图 5-53　设置放映方式参数　　　　　　　　图 5-54　打印参数设置

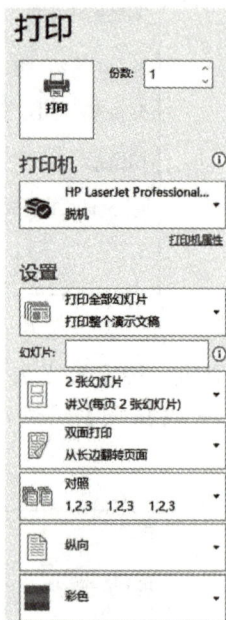

项 目 小 结

　　本项目主要从演示文稿的基本操作、演示文稿的编排、对象的操作、动画与超链接、演示文稿的放映和打印输出几个部分对 PowerPoint 2016 软件的使用进行详细讲解。通过本项目的学习，要求学生掌握 PowerPoint 2016 演示文稿制作软件的基本使用，能够进行演示文稿创建、编辑与美化。

课 后 练 习

一、选择题

1. PowerPoint 2016 演示文稿的扩展名是 (　　　)。

A. doc　　　　　　　　　B. ps　　　　　　　　　C. pptx　　　　　　　　　D. xls

2. 在 PowerPoint 2016 中，(　　　) 是不能控制幻灯片外观一致的方法。

A. 背景　　　　　　B. 幻灯片视图　　　C. 母版　　　　　　D. 模板

3. 在 PowerPoint 2016 中，空白幻灯片中不可以直接插入 (　　　)。

A. 文字　　　　　　B. 艺术字　　　　　C. 表格　　　　　　D. 文本框

4. 在 PowerPoint 2016 中，【开始】的 (　　　) 命令可以用来改变某一幻灯片的布局。

A. 幻灯片版式　　　B. 字体　　　　　　C. 幻灯片配色方案　D. 背景

5. 在 PowerPoint 2016 的幻灯片浏览视图下，不能完成的操作是 (　　　)。

A. 删除个别幻灯片　　　　　　　　B. 复制个别幻灯片

C. 调整个别幻灯片的位置　　　　　D. 编辑个别幻灯片内容

6. 在 PowerPoint 2016 中，当前演示文稿中要新增一张幻灯片，采用 ( ) 方式。

A. 选择【插入】→【新幻灯片】命令

B. 选择【插入】→【幻灯片 (从文件)】命令

C. 选择【文件】→【新建】命令

D. 选择【编辑】→【复制】和【编辑】→【粘贴"命令

7. 在 PowerPoint 2016 中，要使每张幻灯片的标题具有相同的字体格式，有相同的图标，应通过 ( ) 快速地实现。

A. 选择【视图】→【母版】→【幻灯片母版】命令

B. 选择【格式】→【背景】命令

C. 选择【格式】→【字体】命令

D. 选择【格式】→【应用设计模板】命令

8. 在 PowerPoint 2016 中，关于幻灯片页面版式的叙述不正确的是 ( )。

A. 幻灯片上的对象大小可以改变

B. 同一演示文稿中允许使用多种母版格式

C. 同一演示文稿中不同幻灯片的配色方案可以不同

D. 幻灯片应用模板一旦选定，就不可以改变

9. 在 PowerPoint 2016 中，可使用 ( ) 工具，将设置好的动画效果复制到其他对象上。

A. 复制   B. 粘贴   C. 格式刷   D. 模板

10. 在 PowerPoint 2016 幻灯片浏览视图中，选择不连续的幻灯片，需要按住 ( ) 键再单击鼠标左键选择。

A. Ctrl   B. Shift   C. Alt   D. Tab

11. 在 PowerPoint 2016 中，对幻灯片内容进行编辑，常用的是 ( )。

A. 普通视图   B. 放映视图   C. 浏览视图   D. 母版视图

12. 在 PowerPoint 2016 中，设置幻灯片切换效果需要选择 ( ) 选项卡。

A. 动画   B. 切换   C. 开始   D. 插入

13. 以下关于在 PowerPoint 2016 中插入音频的说法，错误的是 ( )。

A. 可以插入 PC 上的音频   B. 可以插入录制的音频

C. 音频可以循环播放   D. 音频不能跨幻灯片播放

14. 在 PowerPoint 2016 中，从头开始放映幻灯片的快捷键是 ( )。

A. F1   B. F2   C. F4   D. F5

15. 以下动画类型，不是 PowerPoint 2016 中提供的是 ( )。

A. 进入动画   B. 退出动画   C. 强调动画   D. 放映动画

16. 在 PowerPoint 2016 中，可以作为幻灯片背景是 ( )。

A. 图片   B. 图案   C. 纹理   D. 以上三种都可以

17. 在 PowerPoint 2016 中，不可以为 ( ) 添加动画。

A. 背景   B. 文本框   C. 图形   D. 图片

18. 在 PowerPoint 2016 中，插入表格需要选择 ( ) 选项卡。

A. 格式   B. 插入   C. 动画   D. 开始

19. 在 PowerPoint 2016 中，以下说法错误的是 ( )。

A. 可以插入音频　　　B. 可以插入视图

C. 可以插入 GIF 动画　D. 不可以插入 Flash 动画

20. 在 PowerPoint 2016 中，选择椭圆形状绘制正圆时，需要按住 (　　　) 键。

A. Ctrl　　　　　　　　B. Shift　　　　　　　C. Alt　　　　　　　　D. Ctrl+Alt

二、填空题

1. 要停止正在放映的幻灯片，按 (　　　　　) 键即可。

2. 在 PowerPoint 2016 中，若想选择演示文稿中指定的幻灯片进行播放，可以选择
(　　　) →【自定义放映】命令。

3. PowerPoint 2016 中的母版视图包括 (　　　　)(　　　　) 和 (　　　　)。

4. PowerPoint 2016 中对文本要增加段前、段后间距的设置，应选择【开始】下的
(　　　) 功能组命令。

5. PowerPoint 2016 中，主要使用的是 (　　　　) 视图进行幻灯片编辑。

三、操作题

1. 制作一份宣传自己家乡的演示文稿并进行美化，根据需要添加动画、音频、视频等。

2. 制作一份个人简介的演示文稿并进行美化，再进行排练计时并应用。

项目六 / 使用计算机网络

当今社会，网络已成为人们获取信息的重要工具。随着信息化的不断深入，计算机网络已经融入人们生活的方方面面，认识网络、学会正确使用网络，已经成为当代大学生必备的技能之一。本项目通过 3 个任务介绍计算机网络的基础知识、Internet 的基础知识，以及在 Internet 中进行信息浏览、电子邮件收发等。

学习目标

- 了解计算机网络的基础知识
- 了解 Internet 的基础知识
- 学会使用 Internet

任务一　认识计算机网络

任务描述

小明在学习过程中，经常需要与计算机网络接触，利用计算机网络共享资源和查找资料，但他对计算机网络还没有形成一个系统的概念，需要学习计算机网络的相关知识，以更好地利用网络为自己的生活、学习提供方便。

本任务要求了解计算机网络的基础知识、局域网的基本组成，正确认识和使用 Internet。

知识准备

一、计算机网络简介

1. 计算机网络的概念

计算机网络是指利用通信技术将分布在不同地域的单一计算机相互连接在一起，按照网络协议进行数据通信，从而实现数据共享的计算机系统集合。计算机网络是通信技术和计算机技术结合的产物，有以下几个特点：

(1) 各计算机之间是相互独立的。网络中的各计算机可以处在不同的地理位置，它们之间的工作是相互独立的，没有主从关系，既可以联网工作也可以单机工作。

(2) 以通信线路和通信设备相连。各计算机之间采用传输介质和网络设备实现互联。

传输介质包括有线和无线传输介质，例如双绞线、同轴电缆、光纤、无线电波等。网络设备包括调制解调器、交换机、路由器等。

(3) 采用统一的网络协议。网络中的各计算机遵循统一的规则，即网络协议。

2. 计算机网络的分类

计算机网络的分类标准很多，常用的分类标准是按照计算机网络的覆盖范围进行分类。按计算机网络覆盖范围分类，可以将计算机网络分为局域网 (LAN)、城域网 (MAN)、广域网 (WAN) 三种。

1) 局域网

局域网是指在较小的范围内 (一般不超过 10 km)，由有限的通信设备互联起来的计算机网络。局域网的规模相对较小，一般在公司、机关、学校、工厂等范围内，将本单位的计算机及终端设备连接起来，以实现信息发布、自动化办公等功能。由于局域网的覆盖范围小，数据传输距离短，所以传输速度都比较高，一般在 10 Mb/s ～ 10 Gb/s，且误码率低。

2) 城域网

城域网所覆盖的范围在局域网和广域网之间，一般在几十千米内，能很好地解决一个城市中的各个局域网之间的数据传输问题。将一个城市中的企业、机关、公司、学校等的局域网进行互联，使它们之间实现数据的高速传输。

3) 广域网

广域网实现了远距离计算机之间的相互连接，其覆盖范围可以包括一个地区、国家，甚至横跨几大洲。广域网使用的通信线路大多是公用通信网络。由于广域网覆盖的范围很大，联网的计算机众多，因此广域网上的信息流量非常大，共享的信息资源极为丰富。但是，广域网的数据传输速率比较低，一般在数兆以内。随着技术的发展，广域网的数据传输速率也在不断提高。

二、计算机网络的拓扑结构

计算机网络的拓扑结构是指构成网络的各节点间的排列方式。简单地说，就是网络中的各节点是按什么形式连接的，通常指各硬件设备的连接方式。常见的网络拓扑结构包括总线、环形、树状、星形、网状，如图 6-1 所示。

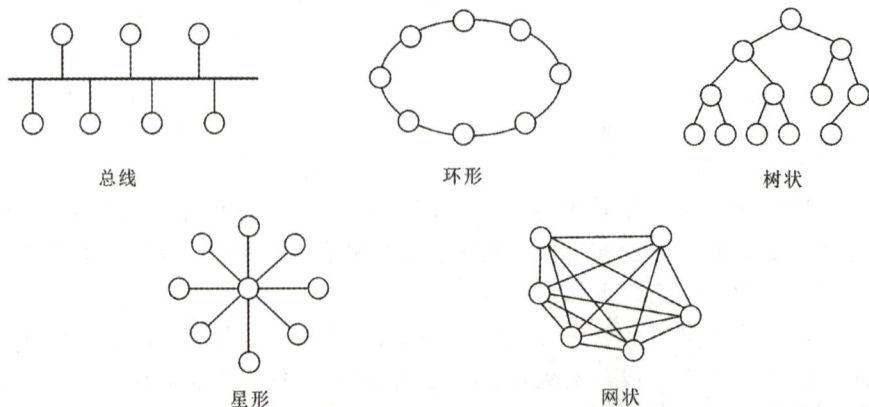

总线

环形

树状

星形

网状

图 6-1　网络拓扑结构

1. 总线拓扑结构

总线拓扑结构是指网络中所有的节点都连接到一条公共的传输介质上，所有的节点都通过这条公共链路来发送和接收数据。使用总线拓扑结构需要确保端用户使用媒体发送数据时不能出现冲突。总线拓扑结构的数据传输是广播式传输结构，数据发送给网络上的所有的计算机，只有计算机地址与信号中的目的地址相匹配的计算机才能接收到。总线拓扑结构通常采取分布式访问控制策略来协调网络上计算机数据的发送。

2. 环形拓扑结构

环形拓扑结构中的各节点通过点对点通信线路首尾连接构成闭合环路。环形网络常使用令牌来决定哪个节点可以访问通信系统。在环形网络中，信息流只能是单方向的，每个收到信息包的站点都向它的下游站点转发该信息包，直至目的节点。信息包在环网中"环游"一圈，最后由发送站进行回收。环形网络中只有得到令牌的站才可以发送信息。

3. 星形拓扑结构

星形拓扑结构中的各节点通过点到点的方式连接到一个中央节点上，由中央节点向目的节点传送信息。中央节点执行集中式通信控制策略，因此中央节点相当复杂，负担比各节点重得多。中央节点一般是集线器或交换机。在星形网络中任何两个节点要进行通信都必须经过中央节点控制。星形结构是比较常见的网络设计方式，例如，一个教室的网络通常使用星形拓扑结构。

4. 树状拓扑结构

树状拓扑结构实际上是星形拓扑结构的扩展。在树状拓扑结构中，节点之间具有层次，整个网络中有一个顶层节点，其余节点按上、下层次进行连接。树状拓扑结构的数据传输主要在上、下层之间进行，同层节点传输数据需要经过上层节点转发。

5. 网状拓扑结构

网状拓扑结构中的各节点之间没有固定的连接形式，各节点通过传输线互联起来，并且每一个节点至少与其他两个节点相连。如果网状拓扑结构中的任意两个节点都相连，则构成全互联型。网状拓扑结构具有较高的可靠性，但由于结构复杂，实现起来费用较高，不易管理和维护，常用于广域网。

三、局域网

1. 局域网简介

局域网 (Local Area Network，LAN) 是在一个局部地区形成的一个区域网络，一般是方圆几千米范围以内。局域网可以是办公室与办公室之间的连接，也可以是一栋建筑与相邻建筑的连接。局域网是一种私有网络，一般在一个单位的内部。局域网与局域网可以连接构成一个较大范围的局域网。例如一个教室内部的计算机构成一个小的局域网，一层楼的教室之间构成一个较大的局域网，不同楼层的局域网相连构成一栋楼的局域网，楼栋之间的网络相连可以构成整个学校的局域网。局域网可以实现文件管理、应用软件共享、打印机共享、扫描仪共享、工作组内的日程安排、电子邮件和传真通信服务等功能。学校局域网示意如图 6-2 所示。

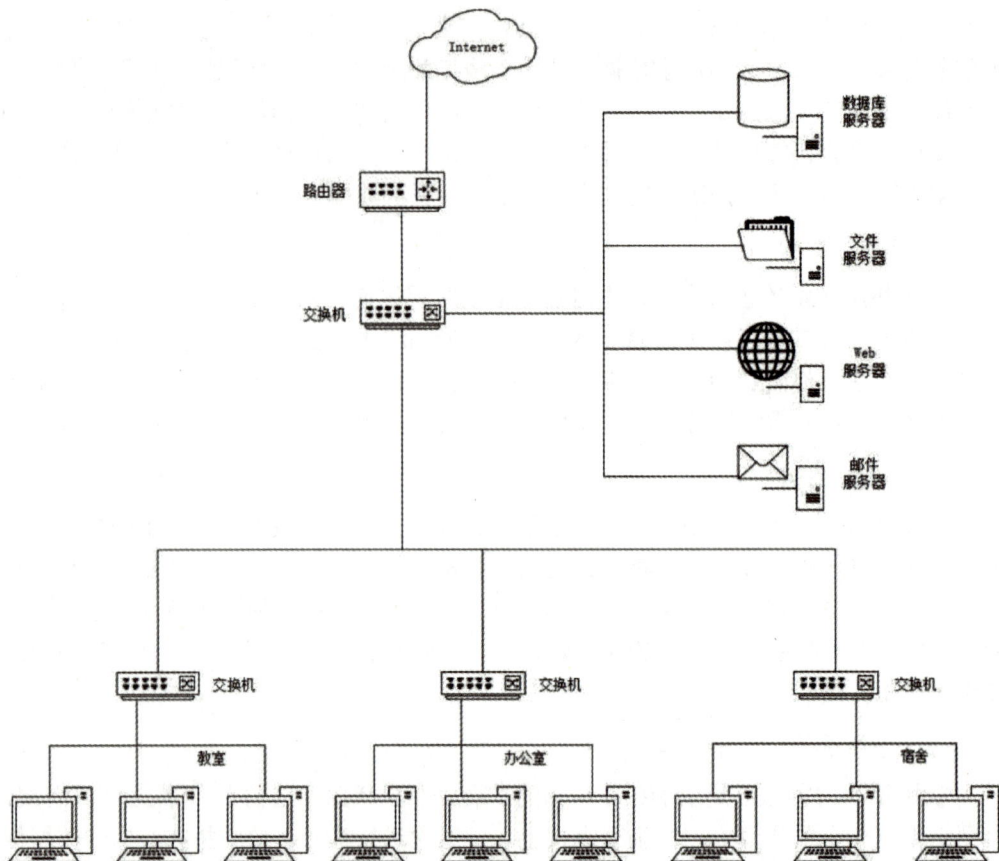

图 6-2　学校局域网示意图

2. 局域网的特点

局域网有如下的一些特点：

(1) 覆盖范围有限。局域网覆盖范围有限，被限制在一个较小的物理范围内，一般是从几米到几千米，并且在同一个单位内部。两台计算机通过一个双绞线互联就组成了最简单的局域网。

(2) 传输速率高。相对于城域网和广域网，局域网的覆盖范围有限，传输速率一般较高，可以达到 10 Mb/s ～ 10 Gb/s。

(3) 误码率低。由于传输距离比较近，传输速率比较高，传输误码率比较低，且时间延迟较小，数据传输可靠性高。

(4) 网络结构比较简单。相对于城域网和广域网，局域网通常使用的拓扑结构为总线、环形、树状或几种拓扑结构的集合，结构相对简单。

(5) 易于管理。由于局域网的覆盖范围比较小，一般在一个机构的内部，且结构相对简单，所以比较容易进行内部的统筹和管理，管理相对更容易一些。

3. 局域网的构成

局域网主要由网络硬件系统和网络软件系统两大部分构成。

1) 网络硬件系统

网络硬件系统是指构成局域网中的各个硬件部分，主要包括网络服务器、计算机系统、工作站 (终端)、网络互联设备和网络传输介质等。

(1) 网络传输介质。网络传输介质是连接网络中各节点的物理通路。常用的网络传输介质包括双绞线、同轴电缆、光缆、无线传输介质等。

双绞线是局域网中常用的传输介质，由一对相互绝缘的金属导线绞合而成。双绞线一般由 2 根、4 根或 8 根绝缘导线组成，两根为一对构成一条通信链路。双绞线中各线对以均匀对称方式螺旋扭绞在一起，可有效减少线对之间的电磁干扰，如图 6-3 所示。

图 6-3　双绞线

同轴电缆相对双绞线可连接的地理范围更宽，抗干扰能力更强。同轴电缆由内导体、外屏蔽层、绝缘层及外部保护层组成，如图 6-4 所示。

光缆由多条光纤构成，每条光纤由玻璃拉成如头发般的细丝，外面再包裹多层保护材料构成。光纤通过内部的全反射来传输经过编码的光信号。光缆与双绞线、同轴电缆相比，有着明显的区别：一是使用的材质不同，双绞线和同轴电缆采用金属材质 (一般为铜材质) 为导体，而光纤采用玻璃质纤维为传导体；二是传输信号不同，双绞线和同轴电缆传输的是电信号，而光纤传输的是光信号；三是应用范围不同，光纤具有更强的抗干扰能力，传输距离更长，一般用于基础数据信息的传输 (如电话)。光缆如图 6-5 所示。

图 6-4　同轴电缆

图 6-5　光缆

无线传输介质是指使用特定频率的电磁波作为传输的介质，可以摆脱有线介质的束缚，在自由空间利用电磁波发送和接收信号进行通信，从而构建无线网络。常用的无线传输介质包括无线电、微波、红外线等。

(2) 网络互联设备。网络互联设备与传输介质不同，传输介质是对数据进行传输的物理线路，而网络互联设备是用于不同网络间数据转换的。网络中的数据是以"包"的形式进行传递的，不同网络的数据包的格式不尽相同，如果直接进行传送，由于数据包格式不同会导致传递数据失败。网络互联设备充当了不同网络间数据包的"翻译"角色。常见的网络互联设备包括网卡、交换机、路由器等。

网卡用于计算机与传输介质之间的数据传输。网卡的全称是网络接口卡，是计算机连接到网络的必备设备，其功能是进行帧的发送与接收、帧的封装与拆封、介质访问控制、数据的编码与解码、数据缓存等。网卡分为有线网卡和无线网卡。现在的计算机主板上一般都集成了网卡，同时也提供了网卡的扩展插槽。普通的网卡如图 6-6 所示。

图 6-6　普通网卡

交换机是一种用作电 (光) 信号转发的网络设备，它可以为接入交换机的任意两个网络节点提供独享的电信号通路。最常见的交换机是以太网交换机，还有电话语音交换机、光纤交换机等。以太网交换机如图 6-7 所示。

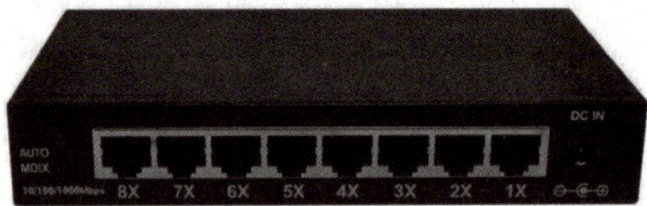

图 6-7　以太网交换机

路由器是 Internet 中连接两个或多个网络的硬件设备，在网络中起网关的作用，它会根据信道的情况自动选择和设定路由。路由器的主要工作就是为经过路由器的每个数据帧寻找一条最佳传输路径，并将该数据有效地传送到目的站点。路由器通过路径表来实现最佳路径选择。路径表中保存着子网的标志信息、网上路由器的个数和下一个路由器的名字等内容。路径表可以是由系统管理员固定设置好的，称为静态路由表，也可以是路由器根据网络系统的运行情况而自动调整的路径表，称为动态路由表。路由器分为有线路由器和无线路由器，现在很多路由器将有线和无线的功能集为一体，如图 6-8 所示。

图6-8 路由器

（3）计算机系统。计算机系统是局域网中用户的工作场所，通常是一台微型计算机。计算机通过网卡，经传输介质与网络服务器相连，用户通过计算机向局域网请求服务和访问共享资源。

（4）网络服务器。网络服务器是局域网中的核心部件，其效率直接影响整个网络的效率，一般采用高档计算机或专用服务器。网络服务器有4个主要的作用：一是运行网络操作系统，控制和协调网络中各计算机之间的工作，最大限度地满足用户的要求，并作出响应和处理；二是存储和管理网络中的共享资源；三是为各工作站的应用程序服务；四是对网络活动进行监督及控制，对网络进行实时管理，分配系统资源，了解和调整系统运行状态，关闭／启动某些资源等。

2）网络软件系统

要在网络中实现资源的共享和一些需要的功能，除硬件系统外，还必须有软件系统的支持。网络软件系统一般包括网络操作系统、网络通信协议和网络应用软件。

网络操作系统主要用于管理网络硬件和软件资源，具有处理机管理、存储管理、设备管理、文件管理以及网络管理等功能。常见的网络操作系统包括UNIX、NetWare、Windows NT、Linux等。

网络通信协议规定了计算机在网络中互相通信的规则。连入网络的计算机必须遵循一致的规则，才能实现信息的交换。Internet采用的协议一般是TCP/IP。

网络应用软件是在网络环境下，为用户提供某一个应用领域的服务而开发的软件，如即时聊天工具、网络视频会议、远程医疗等。

▶ 任务实现

在学习了计算机网络和局域网的基本知识后，对计算机网络的概念、功能和分类有了一定的了解，对网络拓扑结构和局域网的构成有了一定的认识，现在可以将自己的计算机连入到校园局域网。

上机操作步骤如下：

1. 交换机连接局域网

（1）使用网线（双绞线）将交换机与局域网接口相连。

（2）使用网线（双绞线）将计算机与交换机相连。

（3）在任务栏网络状态图标上点击鼠标右键，在弹出的快捷菜单中选择【打开网络和Internet设置】命令，打开网络设置窗口，如图6-9所示。

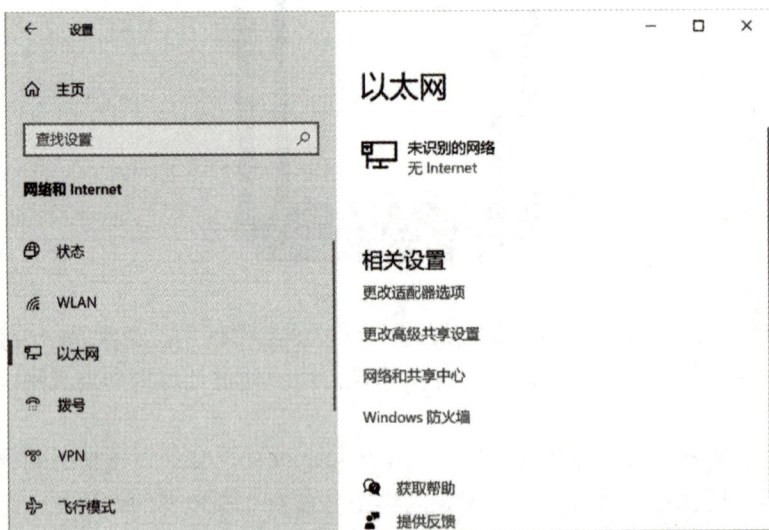

图 6-9　网络设置窗口

(4) 在网络设置窗口中，单击左边窗口的【以太网】命令，然后单击右边窗口中的【更改适配器选项】命令，打开【网络连接】窗口，如图 6-10 所示。

图 6-10　【网络连接】窗口

(5) 在【以太网】图标上单击鼠标右键，在弹出的快捷菜单中选择【属性】命令，在弹出的对话框中选择"Internet 协议版本 4(TCP/IPv4)"（根据实际情况，也可以选择"Internet 协议版本 6(TCP/IPv6)"）项目，单击【属性】按钮，打开 Internet 协议【属性】对话框；在该对话框中输入指定的 IP 地址、子网掩码、默认网关和 DNS 服务器信息（可向网络管理员索取），也可以选择"自动获取 IP 地址"和"自动获得 DNS 服务器地址"两个单选项，如图 6-11 所示。

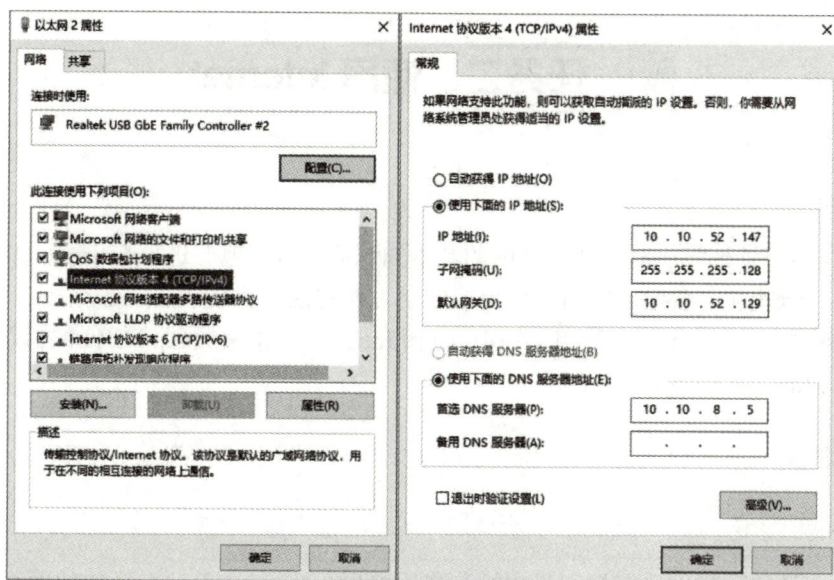

图 6-11 TCP/IP 设置

(6) 依次单击【确定】按钮和【关闭】按钮。

2. 无线路由器连接局域网

在任务栏中,在网络状态图标上单击鼠标右键,选择【打开网络和 Internet 设置】命令,在打开的网络设置窗口中,选择左边窗口中的【WLAN】命令,在右边窗口中打开【WLAN】开关按钮,单击【显示可用网络】命令,在弹出的可用网络列表中,选择要连接的网络;然后单击【连接】按钮,输入网络安全密钥(即密码),单击【下一步】按钮,检查并连接到网络,如图 6-12 所示。为方便以后计算机自动连接到网络,可以在连接前,选中【自动连接】复选框。

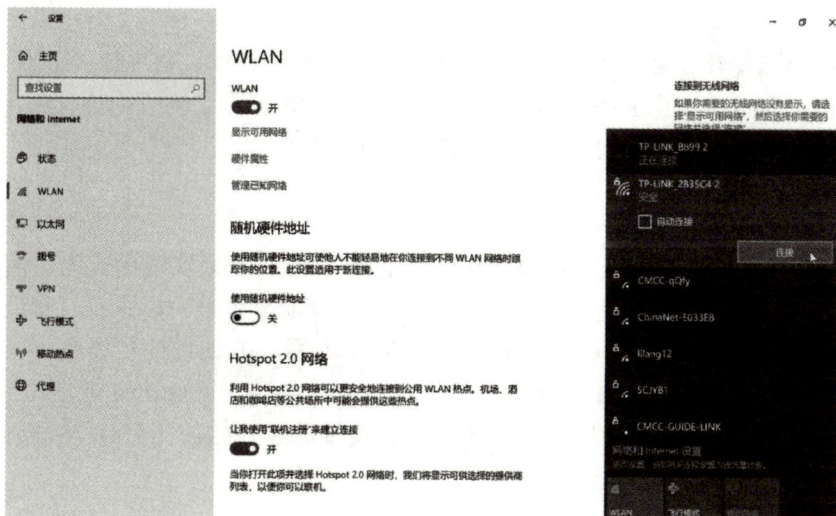

图 6-12 连接到 WLAN 网络

任务二　使用 Internet

任务描述

小明在学习了计算机网络和局域网的基本知识后，迫切地想进入 Internet 的神奇世界，通过 Internet 查找和下载学习资料，为自己的学习和生活提供便利。

本任务要求学习 Internet 的相关知识，包括 Internet 的相关概念、TCP/IP 协议、IP 地址、域名系统和 Internet 服务等。

知识准备

一、Internet 简介

Internet 又称互联网，根据音译也被称作因特网。Internet 是一个开放的网络，由全球的不同网络连接构成。连接到 Internet 上的计算机都必须遵循标准的网络通信协议，一般是 TCP/IP 协议。Internet 是由美国军方的高级研究计划局的阿帕网 (ARPAnet) 发展而来的，现在已经发展成为全球最大的国际互联网，涵盖全球 160 多个国家的数百万个网点，提供数据、电话、广播、出版、软件分发、商业交易、视频会议及视频节目点播等服务。

二、TCP/IP

Internet 是一个开放的网络，允许全球各地的网络接入成为它的通信子网，而连入各个通信子网的计算机以及计算机所使用的操作系统都可以是不相同的。为了保证这样一个复杂而庞大的系统能够顺利、正常地运转，要求所有连入 Internet 的计算机都使用相同的通信协议，这个协议就是 TCP/IP(Transmission Control Protocol/Internet Protocol，传输控制协议 / 网际协议)。

TCP/IP 是指能够在多个不同网络间实现信息传输的协议簇。TCP/IP 不仅仅是 TCP 和 IP 两个协议，而是一个由 FTP、SMTP、TCP、UDP、IP 等协议构成的协议簇，只是因为在 TCP/IP 中 TCP 和 IP 最具代表性，所以被称为 TCP/IP。

三、IP 地址

在 Internet 上主机与主机之间的相互通信是利用 TCP/IP 来实现的。为了实现不同主机之间的相互通信，必须为采用 TCP/IP 通信的主机分配一个唯一标识符，即地址。TCP/IP 主机使用的地址是 IP 地址。根据 IP 协议的版本不同，IP 地址的种类也不同，目前主要有两种版本的 IP 协议：IPv4 和 IPv6，因此，IP 地址也可以分为 IPv4 地址和 IPv6 地址。随着接入 Internet 的计算机数量不断增加，某些领域已经开始使用 IPv6 地址。此处仍以 IPv4 地址为例讲解，IPv6 地址的理解类似。

1. IP 地址的构成

IP 地址采用 32 位地址编码，即每一个 IP 地址可以用 32 位二进制数表示。例如

11000000 10101000 00000100 01100100 就表示一个 IP 地址。由于 32 位二进制数不便于书写与记忆，因此人们设计出了两种方式来表示 IP 地址，以方便书写与记忆，即点分二进制方式与点分十进制方式。

1) 点分二进制

点分二进制的表示方法是将 32 位二进制数分为 4 段，每段 8 位，段与段之间用"."隔开，例如 11000000 . 10101000 . 00000001 . 00000010。

2) 点分十进制

计算机内部一般采用二进制表示，但人们日常中习惯于使用十进制，于是又设计出了"点分十进制"方式。

点分十进制表示是将"点分二进制"的每段 8 位二进制数转换为十进制数，中间仍然用"."隔开，例如 192.168.1.2。

点分二进制和点分十进制的对照关系如图 6-13 所示。

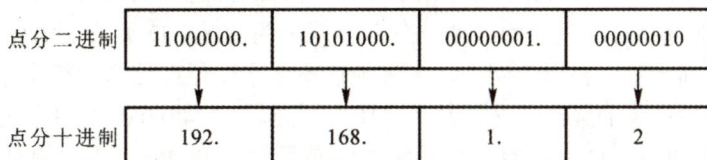

点分二进制	11000000.	10101000.	00000001.	00000010
点分十进制	192.	168.	1.	2

图 6-13　点分二进制与点分十进制对照关系

2. IP 地址的分类

一个 IP 地址由地址类别、网络号与主机号三部分组成。地址类别用来标识网络类型，网络号用来标识一个逻辑网络，主机号用来标识网络中的一台主机。按照网络规模大小以及使用目的不同，将 IP 地址分为 5 种类型：A 类、B 类、C 类、D 类和 E 类，如图 6-14 所示。

	字节1	字节2	字节3	字节4
A类	0　网络号	主机号		
	0~127			
B类	10　网络号		主机号	
	128~191			
C类	110　网络号			主机号
	192~223			
D类	1110　多播地址			
	224~239			
E类	1111　预留			
	240~255			

图 6-14　IP 地址分类

A 类 IP 地址的第一个字节表示网络号，剩下的三个字节表示主机号，且最高位为"0"。A 类 IP 地址中网络标识长度为 8 位，主机标识的长度为 24 位，可表示的网络地址数量为

126($2^7 - 2$) 个，每个网络可以容纳主机数达 1600 多万台 ($2^{24} - 2$)。A 类 IP 地址常用于大规模网络，可表示网络数量较少，但每个网络中可以容纳的主机数最多。其中，网络地址全"0"的 IP 地址是保留地址，意为"本网络"，而网络号为 127(即 01111111) 保留作为本机软件回路测试之用。IP 地址中的主机地址全"0"表示"本主机"所连接到的单个网络地址，主机地址全 1 表示"所有"，即该网络上所有主机，用于广播用途。

B 类 IP 地址的前两个字节表示网络号码，剩下的两个字节表示主机号，且最高位为"10"。B 类 IP 地址中网络标识长度为 16 位，主机标识的长度为 16 位，可表示的网络地址数量为 16 000 多个，每个网络可以容纳主机数达 6 万多台 ($2^{16} - 2$)。B 类 IP 地址常用于中等规模网络。

C 类 IP 地址的前三个字节表示网络号码，剩下的一个字节表示主机号，且最高位为"110"。C 类 IP 地址中网络标识长度为 24 位，主机标识的长度为 8 位，可表示的网络地址数量为 209 万多个，每个网络可以容纳主机数为 254 台 ($2^8 - 2$)。C 类 IP 地址表示的网络数量最多，每个网络中可容纳的主机数最少，是日常构建局域网经常使用的地址。

D 类 IP 地址以"1110"开始，是一个专门保留的地址。D 类 IP 地址在历史上被叫作多播地址，即组播地址。在以太网中，多播地址命名了一组在这个网络中应用接收到一个分组的站点。多播地址的最高位必须是"1110"，范围从 224.0.0.0 到 239.255.255.255。

E 类 IP 地址以"1111"开始，第一字节的范围是 240~255，为将来使用保留。其中 240.0.0.0~255.255.255.254 作为保留地址，255.255.255.255 作为广播地址。

除以上几类 IP 地址外，还有一些特殊用途的 IP 地址。

网络号和主机号全"0"的地址 (0.0.0.0)。严格来说，这个地址已经不是一个真正意义上的 IP 地址了，它表示的是这样一个集合：所有不清楚的主机和目的网络。

网络地址。网络地址指的是主机地址全为"0"的 IP 地址。例如，对于一个 C 类 IP 地址 192.168.1.3，它的网络地址是 192.168.1.0，也是说 192.168.1.3 属于 192.168.1.0 这个网络。

广播地址。广播地址指的是主机地址全为"1"的 IP 地址。例如，对于一个 C 类 IP 地址 192.168.1.3，其广播地址就是 192.168.1.255，它表示把消息发送到同一网络上的所有主机。

有限广播地址。有限广播地址指的是 IP 地址的 32 位全为"1"(即 255.255.255.255) 的地址，用于在本网内部进行广播，因此叫作有限广播地址。有限广播地址可以用于向所有主机进行广播而不用管它的网络地址。

回送地址。TCP/IP 规定 IP 地址 127.0.0.1 是回送地址，指本地主机 (Localhost)。凡是发给 127.0.0.1 地址的数据包就会直接送到回送接口，发给回送地址的数据包不会出现在网络上，只会通过软件层被发回给本主机。

四、域名系统

IP 地址解决了计算机上网的标识问题，每一台连入互联网的计算机都有一个唯一的 IP 地址，但 IP 地址难以记忆，在实际使用时不方便。域名系统 (DNS) 很好地解决了 IP 地址难以记忆的问题，它将 IP 地址映射为一个便于记忆的名称即域名，用户在访问网站时，既可以通过该网站的服务器 IP 地址进行访问，也可以通过对应的域名进行访问。例如，在浏览器中输入 IP 地址 39.156.66.14 或域名 www.baidu.com，都能访问到百度首页。

域名由若干子域名构成，子域名之间采用小圆点分隔，其基本格式如下：

······ . 三级子域名 . 二级子域名 . 顶级子域名

例如，清华大学官网的域名为：www.tsinghua.edu.cn。

每一级的域名都由英文字母和数字组成，每一级域名之间用 "." 隔开。域名不区分大小写。每级域名的长度不超过 63 个字符，一个完整的域名不能超过 255 个字符。子域级数一般不限制。

常用的通用顶级域名如表 6-1 所示。

表 6-1 通用顶级域名

域名后缀	含 义	域名后缀	含 义
.com	商业机构	.org	非营利组织
.edu	教育机构	.info	网络信息服务组织
.gov	政府部门	.net	网络组织
.int	国际组织	.mil	军事部门

常见的国家及地区顶级域名如表 6-2 所示。

表 6-2 国家及地区顶级域名

域名后缀	含 义	域名后缀	含 义
.cn	中国	.uk	英国
.mo	中国澳门	.kr	韩国
.hk	中国香港	.au	澳大利亚
.de	德国	.ca	加拿大
.fr	法国	.us	美国

五、Internet 服务

Internet 在拥有丰富资源的同时，也提供了各种各样的服务，包括 WWW 服务、FTP 服务、E-mail 服务、Telnet 服务等。

1. WWW 服务

WWW(World Wide Web) 即万维网，它并不是一个独立于 Internet 的另一个网络，而是一个基于超文本 (Hypertext) 方式的信息查询工具。它的最大特点是拥有非常友善的图形界面、非常简单的操作方法以及图文并茂的显示方式。

超文本技术是指将许多信息资源连接成一个信息网，由节点和超级链接 (Hyperlink) 组成，方便用户在 Internet 上搜索和浏览信息的超媒体信息查询服务系统。超媒体 (Hypermedia) 是一个与超文本类似的概念，在超媒体中，超级链接的两端可以是文本节点，也可以是图像、语音等各种媒体数据。WWW 通过超文本传输协议 (HTTP) 向用户提供多媒体信息，所提供的基本单位是网页，每一网页中包含有文字、图像、动画、声音等多种信息，用户只需要向网页发出检索需求，就能自动返回检索信息。用户可以用 WWW 在 Internet 上浏览、传递和编辑超文本格式的文件，WWW 已成为 Internet 上最为流行和最受欢迎的信息检索工具。

2. FTP 服务

FTP(File Transfer Protocol) 即文件传输服务，由 TCP/IP 的文件传输协议支持，是一种实时的联机服务。FTP 允许 Internet 上的用户将一台主机上的文件传送到另一台主机上，但用户必须先登录到 FTP 服务器上，才能对文件进行上传和下载。使用 FTP 几乎可以传送任何类型的文件，如文本文件、二进制文件、图像文件、声音文件、数据压缩文件等。

3. E-mail 服务

E-mail 服务即电子邮件服务，它是 Internet 提供的一种通过计算机网络与其他用户进行联系的，快速、简便、高效、廉价的现代化通信手段。电子邮件系统采用"存储转发"方式为用户传递电子邮件。当用户希望通过 Internet 给某人发送信件时，先要与为自己提供电子邮件服务的计算机联机，然后将要发送的信件与收信人的电子邮件地址输入到自己的电子邮箱，电子邮件系统会自动将用户的信件通过网络一站一站地送到目的地。当信件送到目的地计算机后，目的地计算机的电子邮件系统就将它存放在收件人的电子邮箱中，等候用户自行读取。用户可随时通过计算机联机的方式打开自己的电子邮箱来查阅收到的邮件。

4. Telnet 服务

Telnet 服务即远程登录服务，通过远程登录服务，用户可以通过自己的计算机进入到 Internet 上的任何一台计算机系统中，远距离操纵别的计算机以实现自己的需要。要在远程计算机上登录，首先要成为该系统的合法用户，并拥有要使用的那台计算机的相应用户名及口令。一旦登录成功，用户便可以实时访问远程计算机对外开放的全部资源了。

▶ 任务实现

在对 Internet 的基本知识有了一定了解后，现在可以利用 Internet 查看网站信息，进行资源下载和远程登录等操作了。

上机操作步骤如下：

1. 浏览网页

(1) 打开浏览器窗口，在地址栏中输入网页地址（如 https://www.tsinghua.edu.cn/)，回车，在浏览器窗口中即可查看网页信息。

(2) 在浏览器窗口，滚动鼠标滚轮，可以快速浏览网页内容，点击网页中的链接，可以进行页面的跳转。

(3) 经常使用的网页，可以在浏览器中为其设置书签，方便以后快速找到。

浏览器的更多功能，读者可以在使用的过程中逐渐熟悉和运用。

2. FTP 下载资源

(1) 在资源管理器的地址栏中输入 FTP 服务器地址（如 ftp://10.10.24.12)，回车，在弹出的登录身份对话框中输入登录用户名和密码，单击【登录】按钮即可登录，如图 6-15 所示。

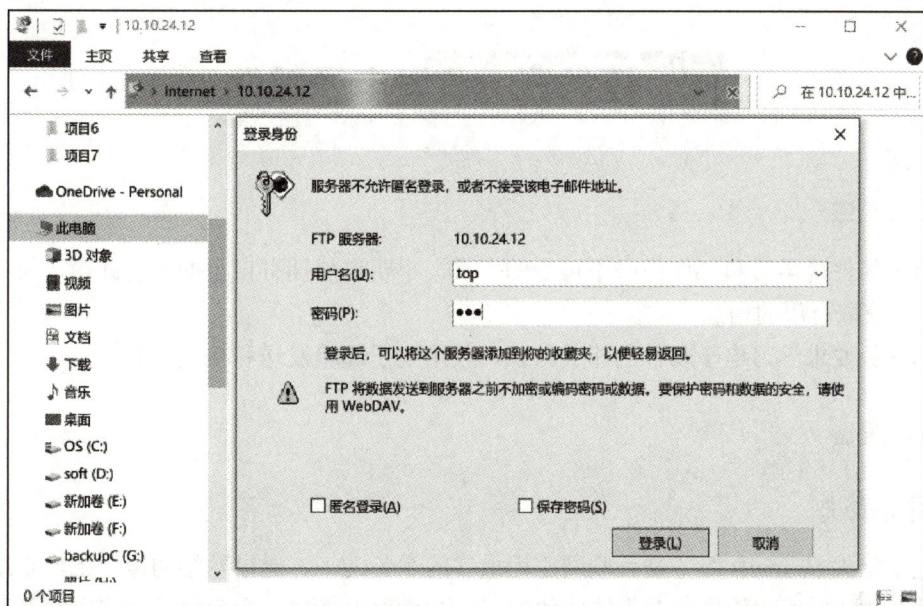

图 6-15 登录 FTP 服务器

(2) 登录成功后，可查看到 FTP 服务器上的资源。

(3) 将需要的资源复制到本地磁盘。

(4) 也可根据提供的权限对服务器上的资源进行其他操作，例如上传、删除、重命名等。

(5) 也可以通过 FTP 客户端软件进行 FTP 资源的下载，如 Xftp、SmartFTP、FlashFXP 等。

3. 远程登录

(1) 单击【开始】→【Windows 附件】→【远程桌面连接】命令，打开【远程桌面连接】窗口，在【计算机】输入文本框中输入要连接的远程计算机的 IP 地址，单击【连接】按钮，如图 6-16 所示。

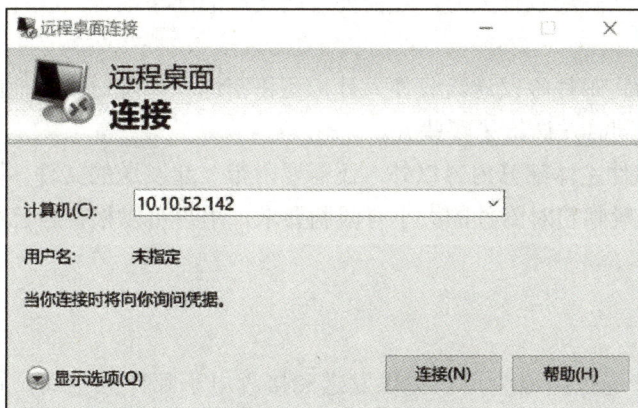

图 6-16 远程桌面连接

(2) 输入远程系统的登录用户名和密码，即可登录远程系统。

(3) 登录成功后，就可以像操作本地系统一样操作远程计算机系统了。

任务三　收发电子邮件

任务描述

电子邮件是学习和工作中必不可少的工具，小明也想拥有自己的电子邮箱，与更多的人联系并获取有用的信息。

本任务要求学习电子邮件的相关知识，使用电子邮箱发送和接收信息。

知识准备

一、电子邮件

电子邮件 (E-mail) 服务是互联网应用最广的服务之一。通过网络的电子邮件系统，用户可以以非常低廉的价格、非常快速的方式，与世界上任何一个角落的网络用户联系。电子邮件可以是文字、图像、声音等多种形式。同时，用户可以得到大量免费的新闻、专题邮件，并轻松实现信息的搜索。电子邮件极大地方便了人与人之间的沟通与交流，促进了社会的发展。

在发送一封电子邮件时，往往需要收件人、主题和正文信息，可以将邮件抄送或密件抄送给其他人，也可以附带文件一起发送。

收件人：指接收邮件的人。在发送电子邮件时需要输入接收邮件的电子邮箱地址。

主题：指邮件的主题内容，往往以简洁的词、句概括，通过主题能让收件人大致了解邮件的内容。

正文：指邮件的主体内容，也就是邮件的详细内容。

抄送：指邮件除发给收件人外，还需要一起发送的邮箱地址。收件人也能看到邮件同时发送给了哪些人。

密件抄送：指将邮件除发送给收件人外，还秘密地一起发送给其他的邮箱地址。收件人不能看到邮件还同时发送给了哪些人。

附件：指除邮件主体部分内容以外，还需要附带一起发送的文件。附件可以是各种形式的单个文件。一般邮箱对附件的大小有限制要求，用户可以根据自己电子邮箱的实际情况，附带附件内容。

二、电子邮箱

电子邮箱是指通过网络为用户提供发送和接收电子邮件的空间，同时对电子邮件提供一定容量限制的存储功能。每个电子邮箱都有一个唯一的标识，其格式为 user@mail.server.name，其中，user 是用户账号，mail.server.name 是电子邮件服务器名，@ 符号用于连接前后两个部分，是固定不变的。例如，zhang@163.com 是一个网易电子邮箱地址。

▶ **任务实现**

在学习了电子邮件和电子邮箱的基本知识后，对电子邮件有了基本的认识，现在可以注册属于自己的免费电子邮箱，并通过电子邮箱发送和接收电子邮件等信息。

上机操作步骤如下：

1. 注册免费电子邮箱

在使用电子邮箱前，先注册一个属于自己的电子邮箱。现在提供免费电子邮箱服务的公司有很多，此处以网易电子邮箱注册为例。

在浏览器地址栏中输入：https://mail.163.com/ 并回车，单击"注册新账号"链接，打开注册页面，用户可以选择使用手机号快速注册，也可以使用普通注册方式，如图6-17所示。

图 6-17　注册电子邮箱

由于每个电子邮箱地址要求是唯一的，为避免重复用户名，建议使用手机号实现快速注册。按照提示注册成功后，即可使用电子邮箱收发送电子邮件。

2. 收、发电子邮件

(1) 在浏览器地址栏中输入：https://mail.163.com/ 并回车，在打开的邮箱登录页面，输入已注册的用户名和登录密码，单击【登录】按钮，打开邮箱首页。

(2) 单击页面左边导航菜单中的"收件箱"菜单，在页面右边窗口即可查看已收到电子邮件列表。单击列表中某一项，即可查看该邮件的具体内容。

(3) 单击"写信"链接，打开写信页面窗口。在"收件人"输入文本框中输入收件人邮箱地址；在"主题"输入文本框中输入邮件主题内容。在正文编辑窗口中撰写邮件正文内容，可以对邮件内容进行样式设置，邮件内容中可以插入图片、表格、超级链接等。如需附带文件发送，可以单击"添加附件"链接，然后选择需要附加的文件。邮件所有内容填写好后，单击【发送】按钮，邮件即可发送到收件人邮箱，如图6-18所示。

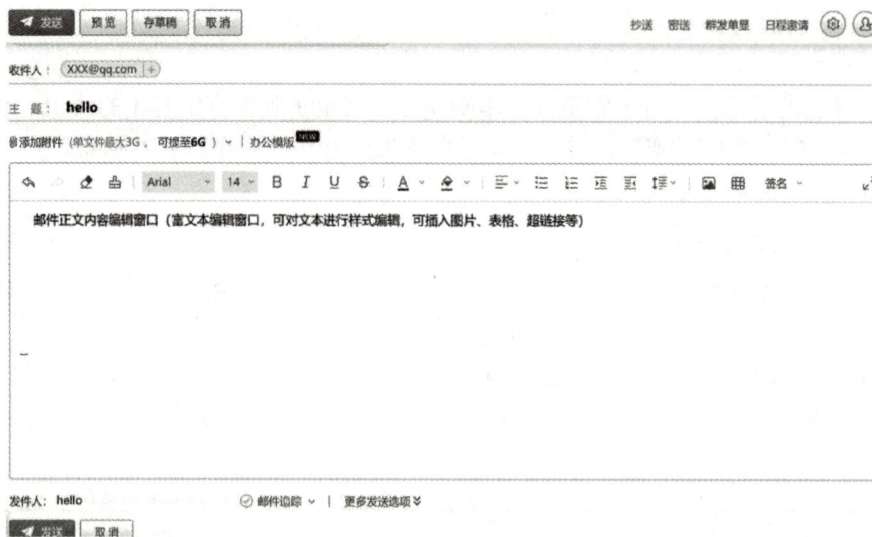

图 6-18　发送邮件

3. 管理电子邮件

随着电子邮箱使用时间的增加，邮箱中的电子邮件数量也会越来越多，对电子邮件进行一定的管理可以提高阅读电子邮件的效率。

在邮件列表上选择某一项邮件，单击鼠标右键，在弹出的快捷菜单中可以对邮件进行"设为代办""设为已读""置顶邮件""删除邮件""举报垃圾邮件"等操作。

将邮件归类后，可以在邮箱首页左边导航菜单中，通过选择相应类的邮件菜单进行查看。

用户还可以对邮件添加标签，对已发送邮件、订阅邮件、垃圾邮件等进行有效管理。读者可以在使用过程中逐渐熟悉掌握。

项 目 小 结

本项目主要介绍了计算机网络的基础知识，包括计算机网络的基本概念和分类、网络拓扑结构、局域网的特点和组成、Internet 的基础知识、TCP/IP、IP 地址、域名系统以及电子邮箱的使用等。通过本项目的学习，对计算机网络有了基本认识，能正确使用 Internet 的基本服务，对自己今后的学习和工作起到帮助作用。

课 后 练 习

一、选择题

1. 局域网的网络硬件部分，主要包括服务器、计算机、网卡和（　　）。

A. 网络拓扑结构　　　　B. 网络协议　　　　C. 网络传输介质　　　　D. 网络操作系统

2. 目前，局域网的传输介质主要包括双绞线、光纤和（　　）。

A. 同轴电缆　　　　B. 电话线　　　　C. 交换机　　　　D. 通信卫星

3. 连入 Internet 的计算机都必须遵循一个统一的基本协议，即 (　　　)。

A. SMTP
B. FTP
C. TCP/IP
D. WWW

4. IPV4 是一个由 (　　) 位的二进制构成的地址。

A. 4
B. 18
C. 32
D. 64

5. 计算机网络最主要的功能是 (　　)。

A. 资源共享
B. 处理邮件
C. 浏览网页
D. 相互通信

6. 广域网和局域网是按照 (　　) 标准来进行划分的。

A. 网络覆盖范围
B. 网络用途
C. 网络使用者
D. 信息交换方式

7. 下列属于网络互联设备的是 (　　)。

A. 双绞线
B. 光纤
C. 交换机
D. 计算机

8. IP 地址 192.168.1.5 属于哪一类 IP 地址 (　　)。

A. A 类
B. B 类
C. C 类
D. D 类

9. IP 地址 10.10.1.2 属于哪一类 IP 地址 (　　)。

A. A 类
B. B 类
C. C 类
D. D 类

10. 计算机网络是通信技术和 (　　) 结合的产物。

A. 电子技术
B. 计算机技术
C. 网络技术
D. 软件技术

二、填空题

1. 从网络覆盖的范围来看，计算机网络可以分为广域网、城域网和 (　　　　　)。

2. IP 地址可以用点分二进制和 (　　　　　) 两种表示方法。

3. 如果一个局域网的主机数量为 120 台，应该选择使用哪一类 IP 地址最恰当 (　　　　　)。

4. 电子邮箱地址 user@163.com，其中"user"表示的是 (　　　　　)。

5. 常说的星形结构、树形结构、总线结构等，指的是计算机网络的 (　　　　　)。

6. IP 地址能够唯一标识一台连入网络的计算机，但记忆较麻烦，与 IP 地址具有同样功能，又便于记忆的是 (　　　　　)。

7. 网络地址 http://www.baidu.com 中的"http"表示的是 (　　　　　)。

8. 网络传输介质除了有线传输介质外，还包括 (　　　　　) 传输介质。

9. Internet 提供的 (　　　　　) 服务供用户可以浏览各种网页，从而实现信息的共享。

10. 一个邮箱地址包括用户名和 (　　　　　) 两部分，使用"@"符号连接。

三、简答题

1. 常见的网络拓扑结构有哪些，分别简要描述。

2. 常见 IP 地址分为几类，分别有什么特点。

3. 域名系统的作用是什么，简要列举常用的顶级域名。

4. Internet 提供的常用服务有哪些？

项目七 / 做好计算机维护

　　计算机在使用过程中，需要经常进行维护，以保证计算机的正常使用，提高系统的运行效率。计算机病毒是威胁计算机安全的重要因素之一，在使用计算机过程中特别要注意计算机病毒的防治，确保计算机数据的安全。本项目通过两个任务介绍计算机维护的基础知识，包括系统和磁盘的维护、计算机病毒的防治等知识。

学习目标

- 了解系统维护基础知识
- 了解磁盘维护知识
- 认识计算机病毒
- 了解计算机病毒的防治

任务一　维护系统与磁盘

任务描述

　　小明在使用计算机的过程中，发现磁盘空间越来越小，系统有时运行缓慢，还出现自动更新提示等。如何对系统和磁盘进行必要的维护，以确保系统的高效运行，小明决定学习系统和磁盘维护的相关知识。

　　本任务要求了解计算机系统维护和磁盘维护的基本知识，能对计算机系统和磁盘进行常规的维护操作，以保证计算机正常和高效运行。

知识准备

一、系统维护

1. 系统维护场所

　　操作系统安装后，还需要时常进行维护。在 Windows 10 操作系统中，常用的维护场所有以下 4 个：

　　(1)【系统配置】窗口。

　　【系统配置】窗口提供了系统配置的相关操作，可以帮助用户确定可能阻止操作系统正常启动的问题。通过配置，可以在禁用服务和程序的情况下启动 Windows 10 操作系统，从而提高系统运行速度。操作方法如下：单击【开始】→【Windows 系统】→【控制面板】，打开【控制面板】窗口，单击【管理工具】，双击【系统配置】项，打开【系统配置】窗口，如图 7-1 所示。

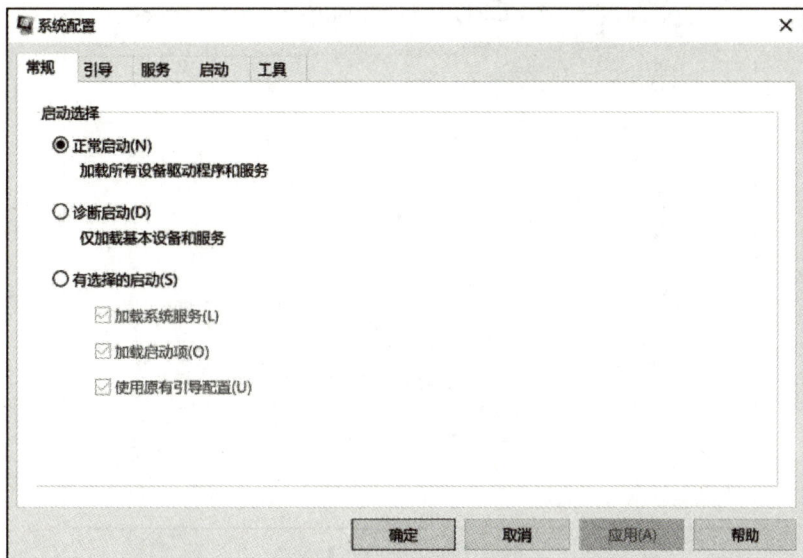

图 7-1　【系统配置】窗口

(2)【计算机管理】窗口。

【计算机管理】窗口提供了一组管理本地或远程计算机的工具，包括任务计划程序、事件查看器、设备管理器、磁盘管理等。操作方法如下：在桌面【此电脑】图标上单击鼠标右键，选择【管理】命令，打开【计算机管理】窗口，如图 7-2 所示。

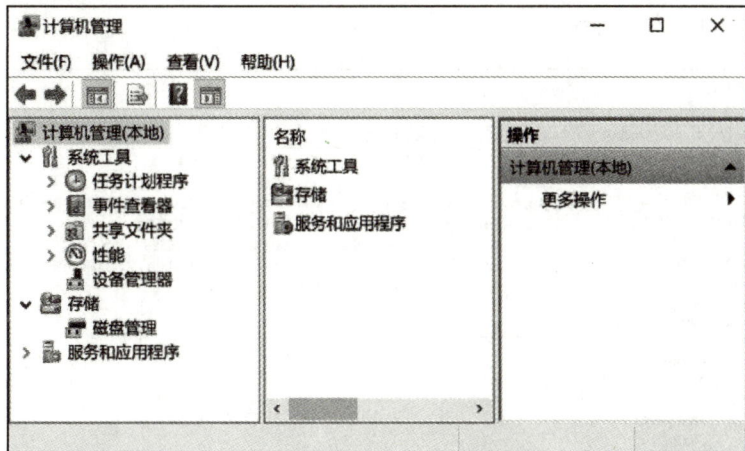

图 7-2　【计算机管理】窗口

(3)【任务管理器】窗口。

【任务管理器】窗口提供了计算机中运行的进程信息、计算机性能信息、应用历史记录、启动项信息、服务状态信息等的查看与管理。操作方法如下：在任务栏空白处，单击鼠标右键，选择【任务管理器】命令，打开【任务管理器】窗口，如图 7-3 所示。通过选择选项卡，查看和管理相应的信息。

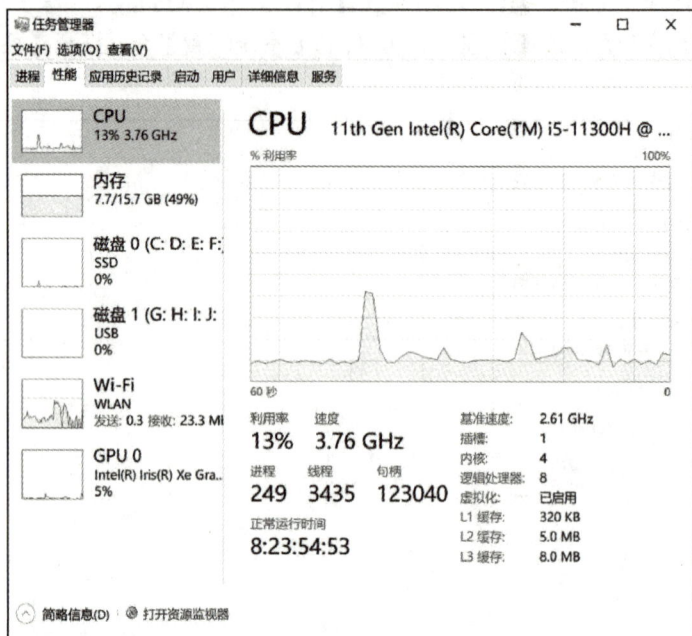

图 7-3 【任务管理器】窗口

(4)【注册表编辑器】窗口。

【注册表编辑器】窗口展示了 Windows 10 操作系统中的各种注册表信息。注册表中存放了系统和应用程序的设置信息，在整个系统中起着核心的作用，是 Windows 10 操作系统的一个重要数据库。操作方法如下：单击【开始】→【Windows 系统】→【运行】命令，弹出【运行】对话框，在"打开"输入文本框中输入"regedit"并回车，此时打开【注册表编辑器】窗口，如图 7-4 所示。

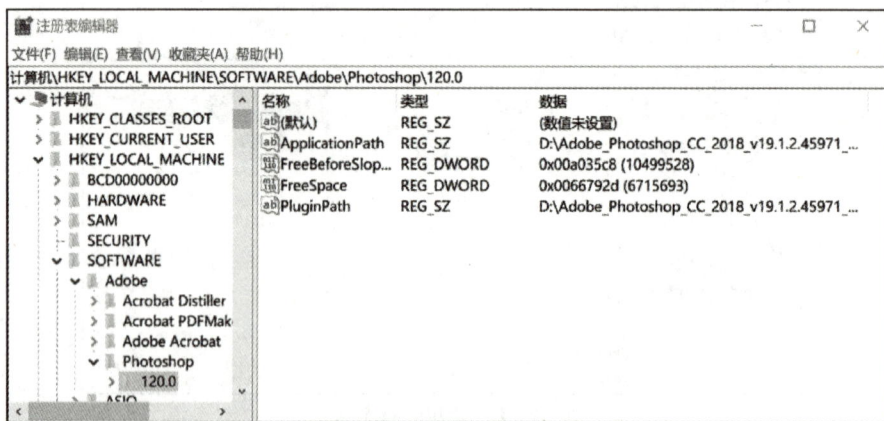

图 7-4 【注册表编辑器】窗口

2. 设置虚拟内存

虚拟内存是 Windows 10 操作系统中的一项内存管理技术，它将一部分硬盘空间虚拟为内存空间使用，使得应用程序认为它拥有连续的、可用的内存空间。虚拟内存技术很好地解决了内存空间不足的问题。操作方法如下：在桌面【此电脑】图标上单击鼠标右键，选择【属性】命令，打开【设置】窗口；单击【高级系统设置】命令，打开【系统属性】对话框；单击【高级】选项卡，在【性能】栏中单击【设置】按钮，打开【性能选项】对话框；单击【高级】选项卡，在【虚拟内存】栏中单击【更改】按钮，打开【虚拟内存】对话框，如图 7-5 所示。

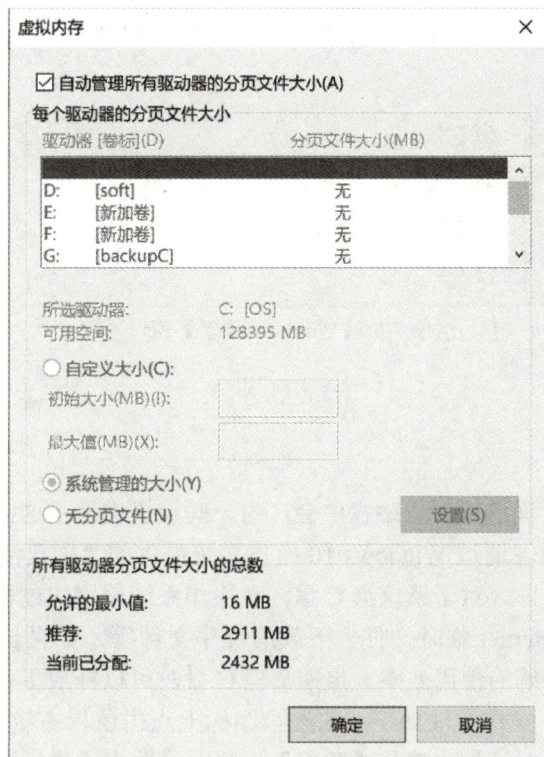

图 7-5 【虚拟内存】对话框

3. 管理自启动程序

在计算机中安装应用程序时，一些应用程序会设置为随操作系统一起启动，如果自启动的应用程序过多，则会影响计算机的开机速度，消耗不必要的计算机内存。在 Windows 10 中提供了对应用程序的启动管理。操作方法如下：在【任务管理器】窗口中，选择【启动】选项卡，即可查看和管理当前计算机系统中所有应用程序的启动状态。

4. 关闭无响应程序

在使用计算机过程中，有时会遇到应用程序无法操作的情况，即程序无响应。此时通过正常的操作，应用程序无法继续运行，也无法关闭，需要强制结束。操作方法如下：在【任务管理器】窗口中，选择【进程】选项卡，即可查看和管理当前应用及后台进程的运行情况。

5. 管理系统更新

Windows 10 操作系统提供系统更新服务，以不断修复系统中的各种问题，保证系统安全。操作方法如下：单击【开始】→【设置】命令，打开【Windows 设置】窗口，单击【更新和安全】，可打开【Windows 更新】窗口，如图 7-6 所示。

图 7-6 【Windows 更新】窗口

二、磁盘维护

1. 磁盘清理

随着计算机使用时间的增加，磁盘中会产生一些垃圾文件，这些垃圾文件占用磁盘空间，影响计算机的使用。通过 Windows 10 操作系统提供的"磁盘清理"工具，可以有效地删除磁盘中的垃圾文件。对于系统盘 C 盘，在操作系统使用的过程中，会产生很多临时文件、缩略图文件、Internet 临时文件、下载的程序文件等，如果长期不清理，会占用大量的磁盘空间，影响系统的使用效率。定期清理 C 盘，可以释放更多的磁盘空间，有利于操作系统的高效运行。操作方法如下：在磁盘图标上点击鼠标右键，选择【属性】命令，在打开的【磁盘属性】对话框中选择【常规】选项卡，单击【磁盘清理】按钮，在弹出的对话框中按照提示对磁盘进行清理。

2. 磁盘优化

磁盘在使用过程中，可能会产生一些对磁盘空间利用不连续的碎片，尤其对于机械硬盘，可能会产生大量的碎片。通过 Windows 10 操作系统提供的"磁盘优化"工具，可以对磁盘进行分析和优化，进行磁盘碎片整理，提高磁盘利用率，使得计算机能更高效运行。操作方法如下：在磁盘图标上点击鼠标右键，选择【属性】命令，在打开的【磁盘属性】对话框中选择【工具】选项卡，单击【优化】按钮，在弹出的窗口中对磁盘进行分析和优化。

3. 磁盘检查

计算机在使用的过程中有时会出现频繁死机、蓝屏或系统运行变慢等异常情况，是因为磁盘出现了逻辑错误。Windows 10 操作系统提供了"磁盘检查"工具，用于检查磁盘中是否存在逻辑错误并对逻辑错误进行修复。操作方法如下：在磁盘图标上点击鼠标右键，选择【属性】命令，在打开的【磁盘属性】对话框中选择【工具】选项卡，单击【检查】按钮，在弹出的对话框中对磁盘进行扫描以检查错误。

▶ **任务实现**

在学习了计算机维护的基本知识后，对 Windows 10 操作系统中的系统维护和磁盘维护有了一定的了解，在使用计算机的过程中，可以对计算机定期进行必要的维护，以保证系统正常、高效运行。

上机操作步骤如下：

1. 系统维护

(1) 在任务栏空白处，单击鼠标右键，在弹出的快捷菜单中选择【任务管理器】命令，打开【任务管理器】对话框，选择【启动】选项卡。

(2) 对不需要开机启动的应用程序，单击鼠标右键，选择【禁用】命令，禁止该应用程序开机自启动，如图 7-7 所示。

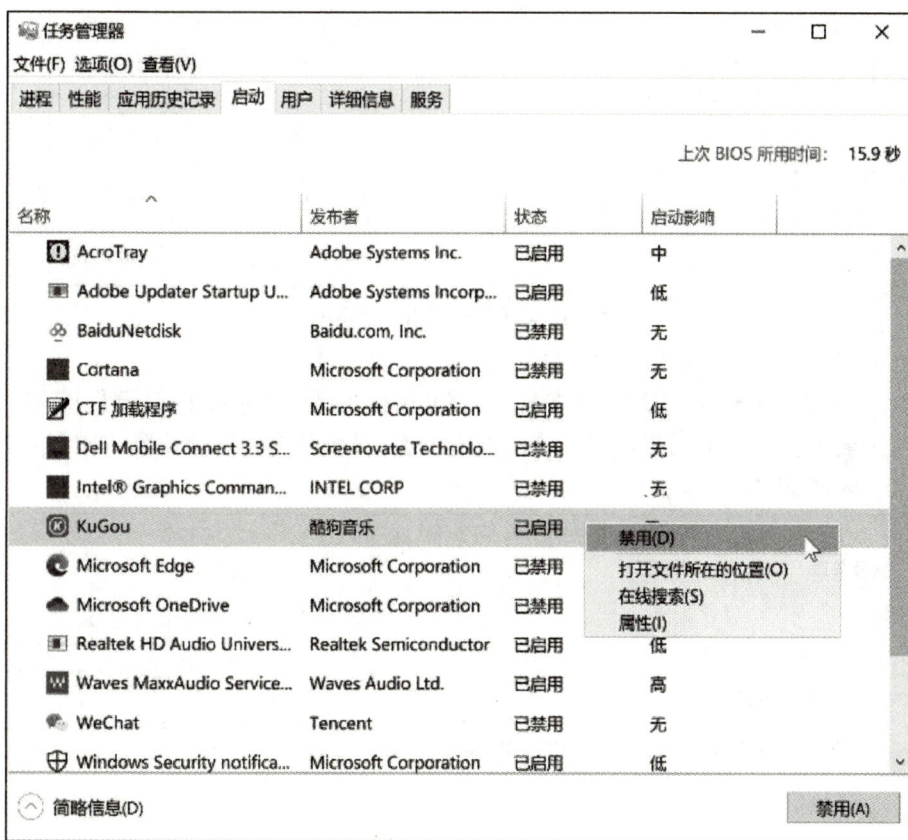

图 7-7 启动管理

(3) 关闭【任务管理器】对话框。

(4) 当某个程序没有响应或系统没有响应时，按 Ctrl + Alt + Delete 组合键，选择【任务管理器】命令，打开【任务管理器】对话框。

(5) 选择【进程】选项卡，在没有响应的应用程序上单击鼠标右键，选择【结束任务】命令，强制结束应用程序任务，如图 7-8 所示。

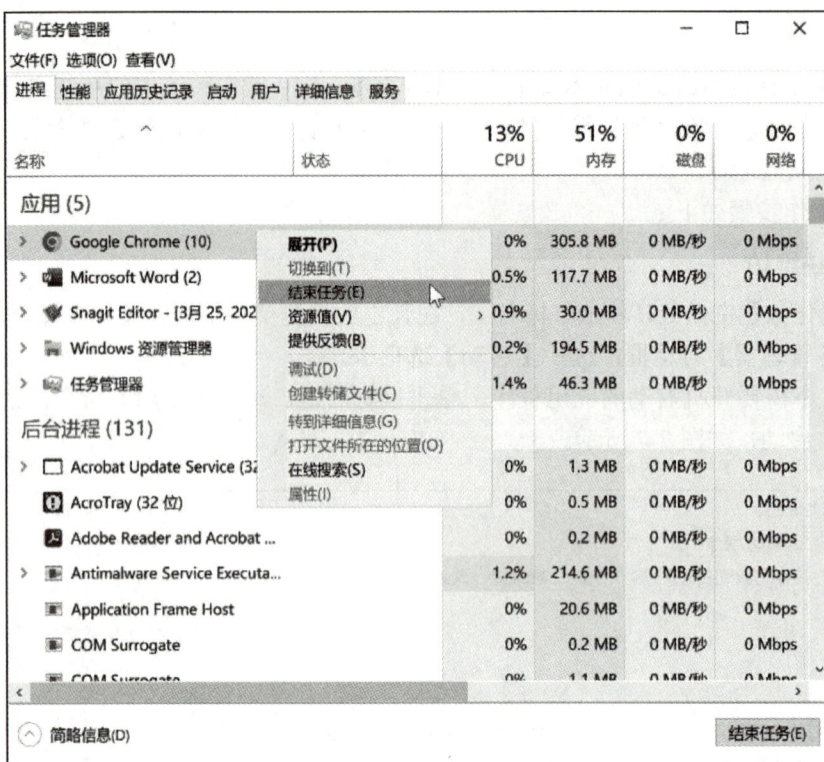

图 7-8 【任务管理器】对话框

（6）关闭【任务管理器】对话框。

（7）单击【开始】→【设置】命令，在打开的【Windows 设置】窗口中，选择【更新和安全】，打开【Windows 更新】对话框，选择【高级选项】，对系统更新进行设置，如图 7-9 所示。设置完毕后，关闭对话框。

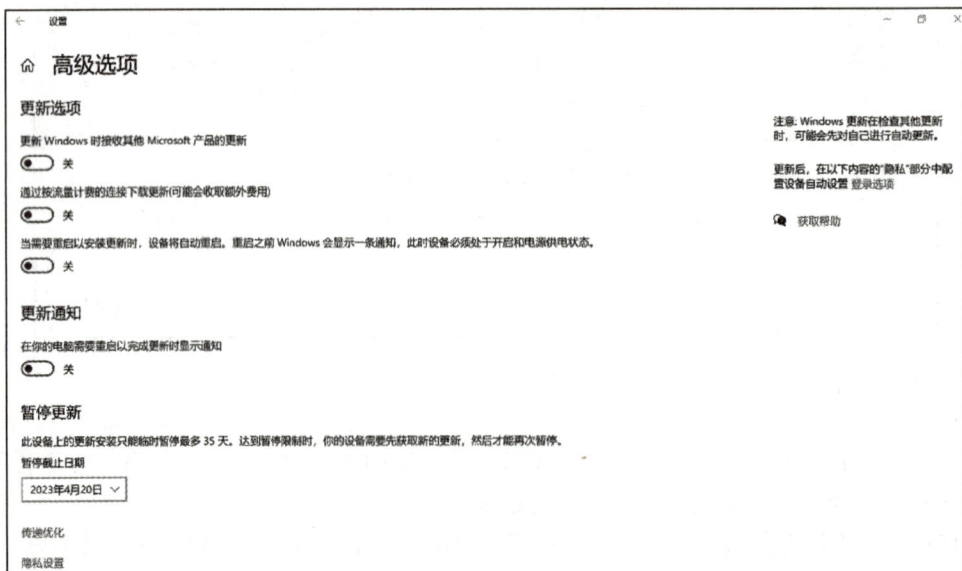

图 7-9　系统更新设置

2. 磁盘维护

磁盘维护操作步骤如下：

(1) 双击桌面上【此电脑】图标，打开【此电脑】窗口，在 C 盘盘符图标上单击鼠标右键，选择【属性】命令，在打开的【磁盘属性】对话框中选择【常规】选项卡，如图 7-10 所示。

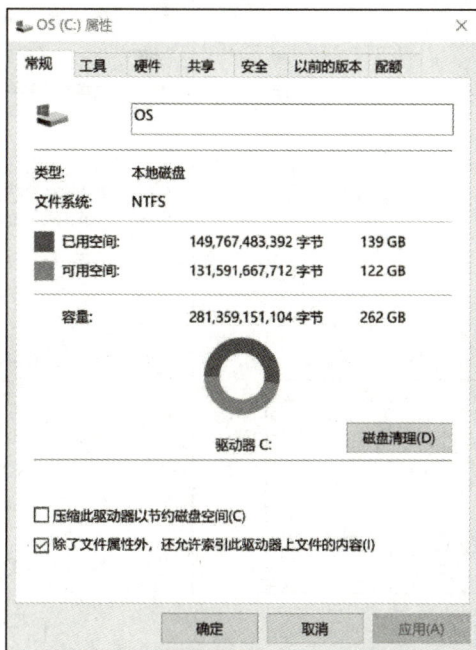

图 7-10 【磁盘属性】对话框

(2) 单击【磁盘清理】按钮，打开【磁盘清理】对话框，选择【要删除的文件】项中的"已下载的程序文件""Internet 临时文件""临时文件""缩略图"，单击【确定】按钮，在弹出的【磁盘清理】确认框中，单击【删除文件】按钮，如图 7-11 所示。

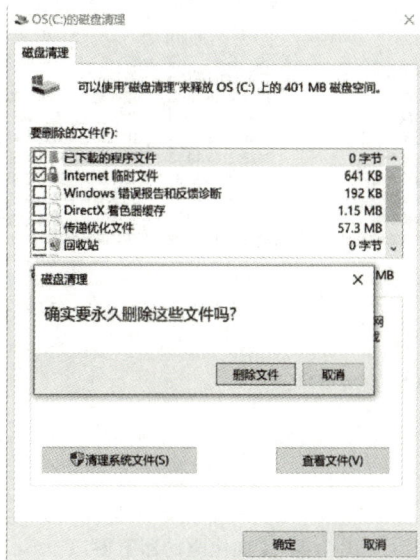

图 7-11 磁盘清理设置

(3) 等待系统对磁盘进行清理，如图 7-12 所示。

(4) 清理完成后，关闭【磁盘属性】对话框。

(5) 打开 C 盘属性对话框，选择【工具】选项卡，如图 7-13 所示。

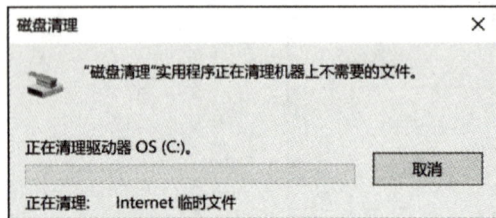

图 7-12　磁盘清理过程

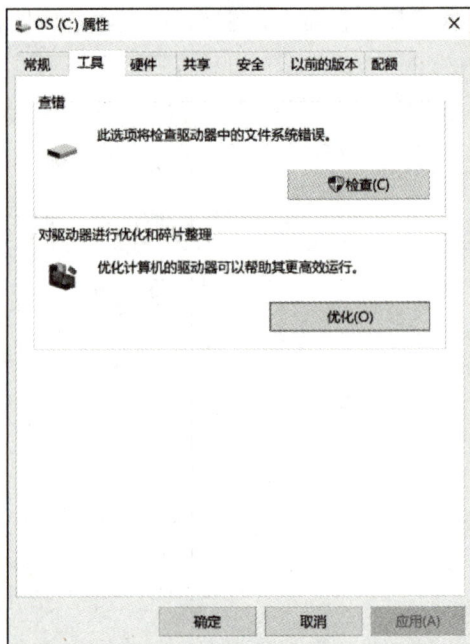

图 7-13　磁盘工具

(6) 单击【对驱动器进行优化和碎片整理】项中的【优化】按钮，弹出【优化驱动器】窗口，如图 7-14 所示。

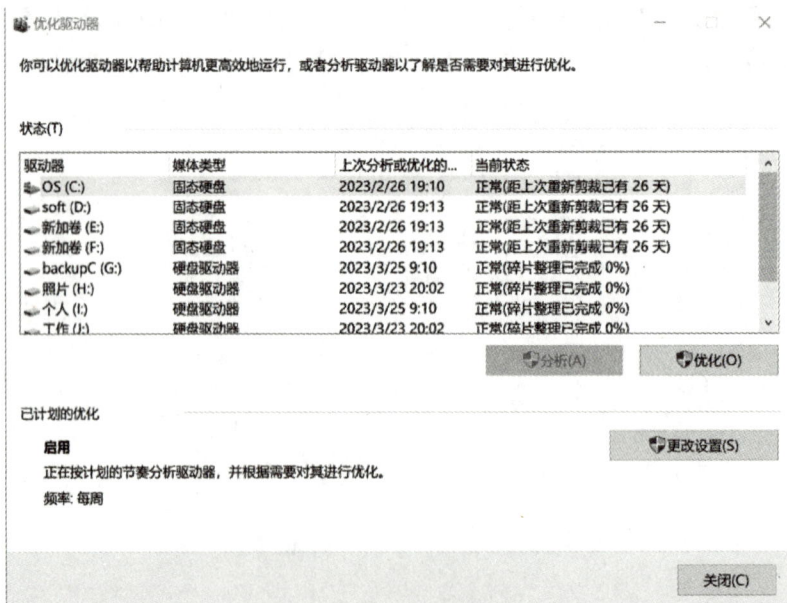

图 7-14　【优化驱动器】窗口

(7) 选择要优化的磁盘，单击【分析】按钮，等待分析结束后，单击【优化】按钮。

等待优化完成后，关闭【优化驱动器】窗口。

(8) 打开 C 盘属性对话框，选择【工具】选项卡，单击【查错】项中的【检查】按钮，在弹出的【错误检查】对话框中，单击【扫描驱动器】，等待扫描，如图 7-15 所示。如果扫描过程中发现错误，用户可以决定是否修复。

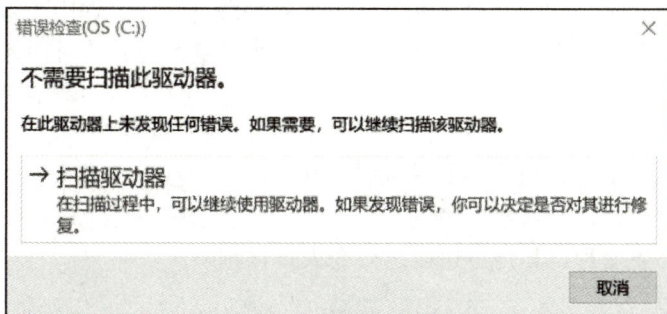

图 7-15 扫描驱动器

(9) 磁盘检查完成后，关闭磁盘属性对话框。

任务二 防治计算机病毒

任务描述

小明在使用计算机的过程中，发现了一些异常的情况，他怀疑计算机中了病毒。但小明对计算机病毒还不是很了解，他决定学习有关计算机病毒的知识，尽可能避免计算机中病毒。如果计算机中了病毒，及早发现并及时清理，可保证计算机数据的安全。

本任务要求学习计算机病毒的有关知识，了解防治计算机病毒的方法，保证计算机数据的安全。

知识准备

一、计算机病毒简介

1. 计算机病毒的定义

《中华人民共和国计算机信息系统安全保护条例》对计算机病毒进行了明确定义："计算机病毒，是指编制或者在计算机程序中插入的破坏计算机功能或者毁坏数据，影响计算机使用，并能自我复制的一组计算机指令或者程序代码。"计算机病毒不是独立存在的，常常隐藏于系统启动区、设备驱动程序和一些可执行文件中，并能利用系统资源进行自我复制和传播。

2. 计算机病毒的特点

计算机病毒的本质也是一种程序，和普通程序相比较通常具有以下 4 个基本特征：
(1) 隐蔽性。

计算机病毒通常寄生在其他程序之中，不容易被发现。有的计算机病毒可以通过杀毒软件识别出来，有的却很难识别。当触发病毒的条件发生时，病毒开始发作，在这之前，病毒很难被发现。

(2) 潜伏性。

病毒侵入计算机后，往往不会立刻发作，而是隐藏在合法文件中，对其他文件进行感染，而不被发现。有的病毒需要几周，有的需要几个月甚至更长的时间才会发作，潜伏期越长传染范围往往越大。

(3) 传染性。

病毒一旦进入计算机，就会搜寻其他符合传染条件的程序或者介质，确定目标后就会将自身代码插入其中，达到自我繁殖的目的。有的计算机病毒还会产生变种，计算机病毒一旦开始复制或产生变种，其传染速度之快令人难以预防。

(4) 破坏性。

计算机病毒区别于正常程序的最大之处，在于它对计算机的正常使用有不同程度的影响或对计算机有一定的破坏性。计算机病毒可能会大量占用系统资源，从而影响计算机的正常使用，如通过非法删除、修改计算机中的文件，破坏计算机中的数据；有的计算机病毒甚至可能破坏计算机硬件。

3. 计算机病毒的分类

计算机病毒从产生到现在，经历了多年的发展，产生了众多的种类，常见的计算机病毒有以下几种类型：

(1) 系统病毒。

系统病毒的前缀一般为 Win32、PE、Win95、W32、W95 等。这些病毒的一般特点是可以感染 Windows 操作系统的扩展名为 *.exe 和 *.dll 的文件，并通过这些文件进行传播，如 CIH 病毒。

(2) 木马病毒。

木马病毒往往通过网络或系统漏洞进入计算机系统，伺机窃取被控计算机中的用户信息，并向外界泄露。黑客病毒收集用户信息，并对计算机进行远程控制。木马病毒和黑客病毒往往是一起出现的。木马病毒的前缀名一般为 Trojan，黑客病毒的前缀名一般为 Hack。木马病毒具有很强的隐蔽性，可以根据黑客意图突然发起攻击。

(3) 脚本病毒。

脚本病毒主要是采用脚本语言设计的计算机病毒，往往通过网页进行传播。脚本病毒的前缀一般为 Script，也有以 VBS、JS 作为前缀名的，例如红色代码 (Script.Redlof)。

(4) 宏病毒。

宏病毒是一种寄存在 Office 文档或模板的宏中的计算机病毒。宏病毒实质是一种脚本病毒，打开感染宏病毒的文件，宏被执行，病毒就会被激活。宏病毒的前缀名一般为 Macro、Word、Word97、Excel、Excel97 等，例如梅丽莎 (Macro.Melissa)。

(5) 后门病毒。

后门病毒往往通过网络，绕过安全控制而获取对程序或系统访问权，从而进入系统，给用户计算机带来安全隐患。后门病毒的前缀名一般为 Backdoor。

(6) 蠕虫病毒。

蠕虫病毒往往利用系统漏洞和网络进行传播，大多蠕虫病毒都会向外发送带毒邮件、阻塞网络。蠕虫病毒的前缀一般为 Worm，例如冲击波病毒和小邮差病毒。

二、计算机病毒防治

1. 计算机感染病毒的表现

计算机感染病毒后，一般表现出不同程度的不正常，根据感染病毒的不同其症状差异也很大。如果计算机出现下列的一些情况，可以考虑计算机是否已感染病毒。

(1) 计算机无法启动。

计算机感染病毒后，操作系统的引导文件可能遭到破坏，从而导致计算机突然无法正常启动，最典型的病毒是 CIH 病毒。

(2) 计算机经常死机

计算机病毒可能在计算机运行中非法打开较多的程序，或进行自我复制，从而占用大量的系统资源，导致计算机死机。

(3) 文件无法打开。

计算机病毒可能对可执行文件进行破坏，或破坏可执行文件的关联，从而导致文件突然无法正常打开。

(4) 系统经常提示内存不足。

在打开很少程序的情况下，系统经常提示内存不足，这通常是病毒占用了大量的系统资源。

(5) 磁盘空间不足。

自我复制型的病毒，通常会在病毒激活后进行自我复制，占用硬盘的大量空间。

(6) 数据突然丢失。

磁盘中的数据突然有大量丢失，可能是病毒对文件进行了非法删除或修改。

(7) 系统运行速度特别慢。

在运行某个程序时，系统响应速度特别慢，远远超出了正常的响应时间。

(8) 系统自动加载某些程序。

一些计算机病毒，可能修改系统注册表，导致某些应用程序被自动加载并在后台运行。

2. 计算机病毒的防治方法

用户在使用计算机的过程中，可以采取一定的措施来防范计算机感染病毒，降低计算机感染病毒的概率。

(1) 切断病毒的传播途径。

病毒往往通过一定的途径进行传播，在使用计算机过程中，对来历不明的光盘、移动存储设备等尽量不使用，必须使用时则在使用前对其进行病毒检查，确保安全。

(2) 养成良好的使用习惯。

用户在上网过程中，应避免浏览不良网站，不打开来历不明的电子邮件，不下载和安装未经安全认证的应用程序。

(3) 提高安全意识。

用户在使用计算机时，应提高安全防范意识，例如开启防火墙功能，及时更新操作系统，备份重要数据，定期对计算机进行查、杀病毒等。

▶ 任务实现

在学习了计算机病毒的相关知识后，对计算机病毒有了一定的了解，在使用计算机的过程中要注意计算机病毒的防治，可以在自己的电脑上配置一些防护的软件，做好对计算机病毒的防范。

上机操作步骤如下：

1. 开启系统防火墙

(1) 单击【开始】→【Windows 系统】→【控制面板】命令，打开【控制面板】窗口。

(2) 在【控制面板】窗口中，单击【Windows Defender 防火墙】，打开【Windows Defender 防火墙】窗口，如图 7-16 所示。

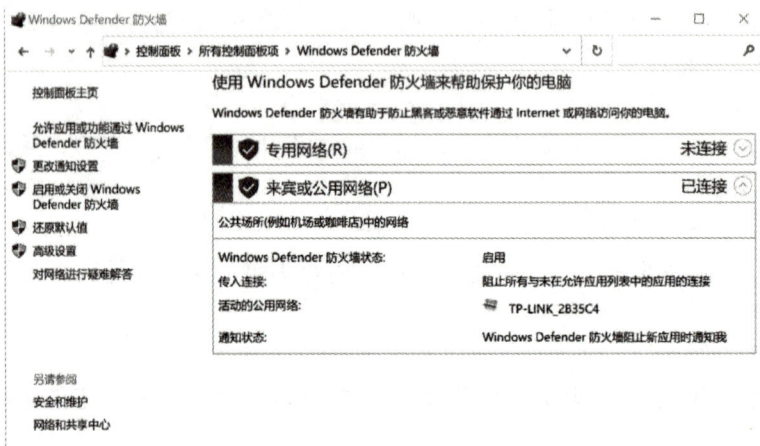

图 7-16 【Windows Defender 防火墙】窗口

(3) 单击左侧的【启用或关闭 Windows Defender 防火墙】命令，打开【自定义设置】窗口,选择"专用网络设置"项和"公用网络设置"项中的"启用 Windows Defender 防火墙"单选项，如图 7-17 所示。

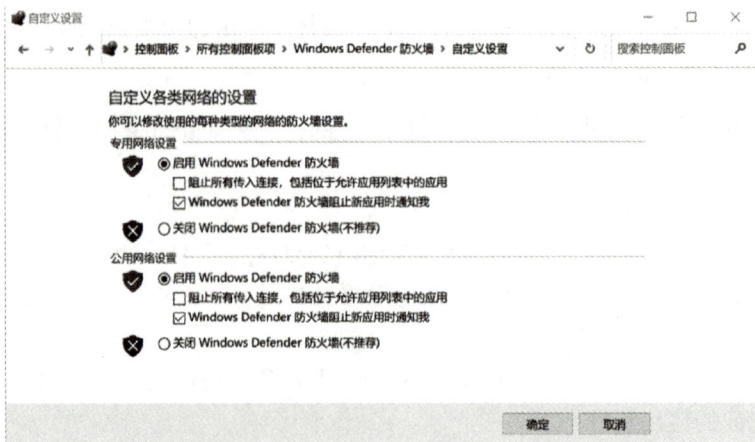

图 7-17 启用 Windows Defender 防火墙

(4) 单击【确定】按钮，关闭窗口。

2. 使用第三方防护软件

对于普通用户而言，使用第三方防护软件是最简单有效的办法。第三方防护软件一般分为两类：安全管理软件和杀毒软件。安全管理软件，如 QQ 电脑管家、360 安全卫士等；杀毒软件，如 360 杀毒、金山新毒霸、百度杀毒、卡巴斯基等。此处以 360 杀毒和 360 安全卫士为例进行介绍，其他软件的使用类似。操作步骤如下：

(1) 在官网下载 360 杀毒 (https://sd.360.cn/) 和 360 安全卫士 (https://weishi.360.cn/) 软件，分别进行安装。

(2) 启动 360 杀毒软件，打开工作界面，单击【快速扫描】按钮右边的向下箭头，选择【自定义扫描】，在弹出的对话框中勾选要扫描位置前面的复选框，然后单击【扫描】按钮，如图 7-18 所示。如果要全盘扫描，可以在工作界面直接单击【快速扫描】按钮。

图 7-18　选择扫描位置

(3) 360 杀毒软件对选定位置进行扫描，将疑似病毒文件或对系统有威胁的文件都显示在窗口中。扫描结束后，选择要清理的文件，单击【立即处理】按钮，对文件进行清理，如图 7-19 所示。

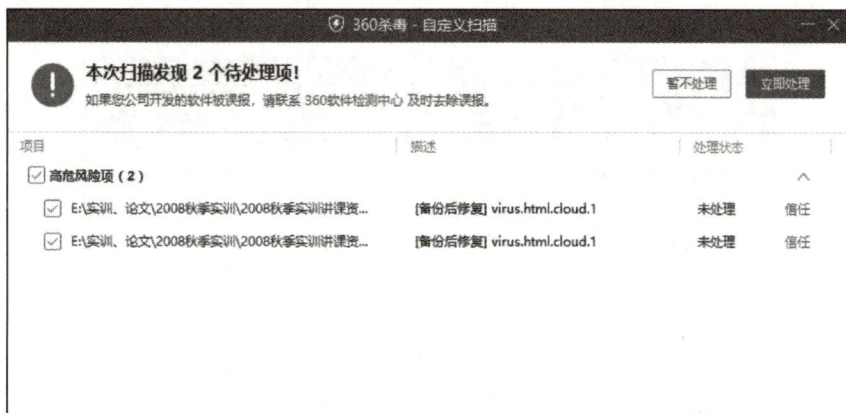

图 7-19　清理文件

(4) 清理文件完成后，单击【确认】按钮，完成杀毒，如图 7-20 所示。最后单击【返回】按钮，或关闭窗口。

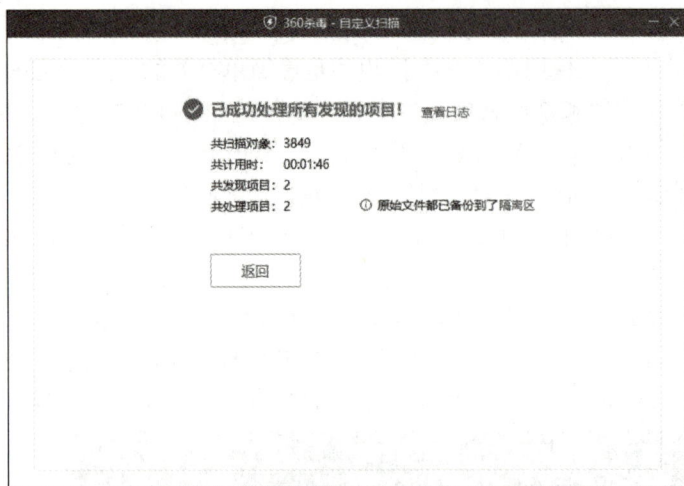

图 7-20　完成处理

(5) 启动 360 安全卫士，打开工作界面，选择【立即体检】按钮，如图 7-21 所示。

图 7-21　360 安全卫士

(6) 软件自动开始智能扫描，如图 7-22 所示。

图 7-22　智能扫描

(7) 扫描结束后,360 安全卫士将检测到的问题项展示在窗口中,单击【一键修复】按钮,对系统进行修复,如图 7-23 所示。

图 7-23　修复系统

(8) 修复完成后,单击【完成】按钮,关闭窗口,如图 7-24 所示。

图 7-24　完成修复

项 目 小 结

本项目主要介绍了计算机系统维护、磁盘维护、计算机病毒以及计算机病毒的防治等知识。通过本项目的学习,对计算机使用过程中的常规维护和病毒防治有了一定的了解,确保计算机在使用过程中正常、高效和安全。

课 后 练 习

一、选择题

1. 以下描述正确的是 (　　)。

A. Windows 10 操作系统安装后,随着系统的使用,C 盘的剩余空间不会改变

B. Windows 10 操作系统安装后，随着系统的使用，C 盘的剩余空间会减少

C. Windows 10 操作系统安装后，随着系统的使用，C 盘的剩余空间会增加

D. 计算机在使用过程中，C 盘的剩余空间可能减少，也可能增加

2. 关于磁盘压缩，以下描述正确的是 (   )。

A. 磁盘压缩就是将磁盘中的文件进行压缩，对磁盘空间没有影响

B. 磁盘压缩是将磁盘的部分文件删除，以空出更多的空间

C. 磁盘压缩是将磁盘中的部分空间分出来，可以作为其他磁盘的扩展，对磁盘文件没有影响

D. 磁盘压缩对磁盘的空间和文件都没有影响，只是对磁盘碎片进行整理

3. 关于磁盘优化说法正确的是 (   )。

A. 磁盘优化主要是对磁盘进行碎片整理

B. 磁盘优化是对磁盘进行错误检查并修复

C. 磁盘优化是将磁盘重新分区，以更好地利用磁盘空间

D. 磁盘优化是对磁盘进行扩展，以获得更大的分区空间

4. 以下关于 Windows 10 系统更新说法正确的是 (   )。

A. Windows 10 系统更新会消耗网络资源，完全没有必要

B. 用户不能设置 Windows 10 系统更新

C. Windows 10 系统更新，是指将 Windows 10 升级到 Windows 11

D. Windows 10 系统更新能及时修复系统中的漏洞，确保计算机的安全，应该及时进行系统更新

5. 下面关于计算机病毒说法正确的是 (   )。

A. 计算机病毒是自己产生的

B. 计算机病毒是一种编制的程序，可能对计算机造成危害

C. 计算机病毒的破坏性体现在对计算机硬件的损坏

D. 计算机病毒不具有传染性

6. 以下关于计算机中病毒后的处理方法，正确的是 (   )。

A. 换计算机

B. 重装操作系统

C. 尽快使用杀毒软件对计算机进行全面体检，查杀病毒，修复损害的文件

D. 不做处理，等待系统自愈

7. 下面关于计算机使用习惯的描述，错误的是 (   )。

A. 不随便使用来历不明的移动存储设备

B. 不浏览不良网站，不打开来历不明的电子邮件

C. 定期对计算机进行维护和体检，确保计算机的正常和安全

D. 防火墙会降低系统运行速度，计算机使用时完全没必要开启防火墙

8. 下面关于防火墙的作用，描述错误的是 (   )。

A. 防火墙是一种软件，可以过滤进出计算机的数据，确保计算机安全

B. 使用计算机时，应开启 Windows 防火墙

C. 防火墙对计算机病毒有一定的预防作用

D. 防火墙能查杀计算机中的病毒

9. 下面关于杀毒软件的描述，正确的是 (　　　)。

A. 杀毒软件能清除计算机中的所有病毒，确保计算机的安全

B. 计算机中病毒后，应使用杀毒软件及时进行检查

C. 安装杀毒软件的计算机，一定不会中病毒

D. 一款杀毒软件一般只针对一种病毒进行查杀

10. 下面描述正确的是 (　　　)。

A. 计算机病毒无法避免，所以使用计算机过程中不用防护

B. 计算机只要不上网，就一定不会中病毒

C. 网络病毒，一般通过网络进行传播，不会对计算机本地文件造成损坏

D. 计算机病毒并不可怕，应养成良好的使用习惯，计算机一般不会中病毒

二、填空题

1. 要查看系统当前的进程、性能、应用历史记录、用户、启动等信息，应该打开(　　　　)窗口。

2. 虚拟内存是将一部分 (　　　　) 的空间当作内存使用。

3. 当计算机中的垃圾文件过多时，应该对磁盘进行 (　　　　) 操作。

4. 对磁盘中的碎片进行整理，应该对磁盘进行 (　　　　) 操作。

5. 计算机病毒区别于普通程序的最大之处，在于它对计算机有 (　　　　) 性。

三、简答题

1. 常见的计算机病毒有哪些，请选择 5 种分别简要描述。

2. 计算机病毒的特征有哪些，分别简要描述。

3. 计算机在使用过程中的常规维护项包括哪些，简要描述。

参 考 文 献

[1] 张敏华，史小英 . 计算机应用基础 (Windows 7 + Office 2016)[M].2 版 . 北京：人民教育出版社，2022.

[2] 罗印，徐文平 . 计算机应用基础 [M]. 北京：航空工业出版社，2019.

[3] 罗印，徐文平 . 计算机应用基础上机实验指导 [M]. 北京：航空工业出版社，2019.

[4] 蔡英，徐文平，罗印 . 计算机应用基础 (Windows 7 + Office 2010)[M]. 北京：高等教育出版社，2016.

[5] 白俊峰，徐文平，罗印 . 计算机应用基础上机实验指导 [M]. 北京：高等教育出版社，2016.